装配式混凝土结构施工技术

主　编　廖俊文　蔡　龙

副主编　刘澧源　周若云　莫　婵

唐善德　刘广斌

参　编　王江营

北京理工大学出版社

BEIJING INSTITUTE OF TECHNOLOGY PRESS

内 容 提 要

本书根据高等院校土建类专业的人才培养目标和教学计划、“装配式建筑混凝土结构施工技术”课程的教学特点和要求，并结合大力发展装配式建筑的国家战略，按照国家、省颁布的有关新规范和新标准编写而成。全书共分为16个任务，主要内容包括：装配式建筑评级、竖向构件识图、水平构件识图、构件运输及存放、观感验收、尺寸验收、强度验收、施工机械及场地布置、构件试吊及安全准备、预制构件吊运及钢筋对位、配制灌浆料、封缝施工、灌浆施工、后浇节点连接、模板安装、打胶施工。

本书可作为高等院校土木工程、装配式建筑工程技术、建筑工程技术、建设工程监理、建设工程管理、建筑装饰工程技术等相关专业的教学用书，也可作为应用型本科、中职、函授、培训机构及土建类工程技术人员的参考用书。

图书在版编目（CIP）数据

装配式混凝土结构施工技术 / 廖俊文，蔡龙主编.
北京：北京理工大学出版社，2024.8.
ISBN 978-7-5763-4453-0
Ⅰ.TU755
中国国家版本馆CIP数据核字第2024WP3974号

责任编辑：钟　博　　文案编辑：钟　博
责任校对：周瑞红　　责任印制：王美丽

出版发行 / 北京理工大学出版社有限责任公司
社　　址 / 北京市丰台区四合庄路6号
邮　　编 / 100070
电　　话 /（010）68914026（教材售后服务热线）
（010）63726648（课件资源服务热线）
网　　址 / http://www.bitpress.com.cn

版 印 次 / 2024年8月第1版第1次印刷
印　　刷 / 河北鑫彩博图印刷有限公司
开　　本 / 787 mm×1092 mm　1/16
印　　张 / 14
字　　数 / 304千字
定　　价 / 88.00元

前言

Preface

当前，世界百年未有之大变局加速演进，中华民族伟大复兴进入不可逆转的历史进程。党的二十大报告明确了新时代新征程党和国家所处的历史方位，对以中国式现代化全面推进中华民族伟大复兴做出一系列重大部署。推动经济社会发展、提高综合国力和国际竞争力，归根结底要靠人才。

“装配式混凝土结构施工技术”是高等院校土建类专业的专业核心课程之一。2020 年人社部将“装配式建筑施工员”正式纳入新职业，呼唤新时代装配式建筑技能人才。

教材是“为党育人、为国育才”的重要载体，本书紧紧围绕立德树人根本任务，强化教材培根铸魂、启智增慧的功能，针对装配式混凝土结构施工技术课程的教学要求，结合《国务院办公厅关于大力发展装配式建筑的指导意见》《住房和城乡建设部关于印发“十四五”建筑业发展规划的通知》(建市〔2020〕11 号）等文件，并加入课程建设的新成果，重点突出任务教学、案例教学，以提高学生的实践应用能力，助力装配式建筑行业高质量发展。

本书主要包含 5 个项目，分别为：装配式建筑识图、构件进场验收、预制构件吊装施工、预制构件灌浆施工、预制构件连接施工。主要内容力求包含现有主流装配式混凝土建筑施工工艺，注重学生德技双线培养，创新教材呈现形式，实现“三全育人”。

本书具有以下特点：

1. 内容采用模块化结构编排，实现“岗课赛证”融通

本书以装配式建筑施工员所需工程识图、装配式施工和质量验收能力为主线，结合装配式建筑施工员岗位技能，融入 1＋ X 装配式建筑构件制作与安装职业技能等级证书考核要求，引入装配式建筑竞赛标准，按照施工工艺流程对课程内容进行重构序化。

2. 技能德育双融合，实现素质量化考评

本书根据装配式建筑施工员岗位的典型工作任务，将工作任务层层分解为具体的操作步骤。由于安全、质量、环保和规范一直是装配式建筑行业最重要的“主旋律”，因此本书紧跟旋律创设四个思政点，并应用四色与四种素养一一对应设计量化指标，有效地将安全意识、责任意识、环保意识和规范意识融入实操考核，实现了素养与课程的有机融合。

“四色严线”技能考评单利用四种颜色对应四种意识——红色对应安全意识；黄色对

应责任意识；绿色对应环保意识；蓝色对应工匠意识（图 1）。

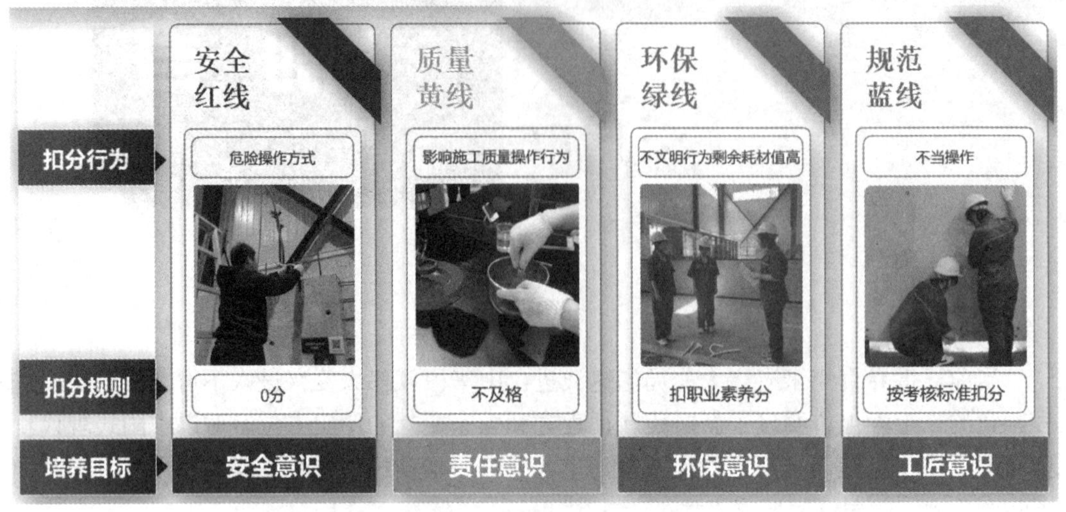

图 1 “四色严线”技能考评要求

3. 以真实项目为载体，实现真实施工教学

本书以真实项目为载体，遵循真实施工工艺流程，按照装配式建筑施工员典型工作任务划分教学任务，每个任务设置知识目标、技能目标、素质目标、素养提升、任务小结、课后练习题等模块供读者学习。

4. 配套“互联网 +”线上资源，实现“云学习”理念

通过扫描二维码，学生可以反复自主学习本书主要知识点。根据 1+X 装配式建筑构件制作及安装证书的相关要求，设置交互式测试题。扫描二维码即可参加测试，方便考查学生对知识点的掌握情况，测试题配有答案和解析，方便学生识记考点。

本书由湖南水利水电职业技术学院廖俊文、湖南工程职业技术学院蔡龙担任主编，湖南水利水电职业技术学院刘澧源、周若云、莫婵，广西水利电力职业技术学院唐善德，杨凌职业技术学院刘广斌担任副主编，湖南省第六工程有限公司王江营参与编写。具体编写分工为：廖俊文编写项目 4，蔡龙编写项目 3 中的任务 3.1、任务 3.2，刘澧源编写项目 2，周若云编写项目 1 中的任务 1.3，莫婵编写项目 5 中任务的 5.1、任务 5.2，唐善德编写项目 1 中的任务 1.1、任务 1.2，刘广斌编写项目 5 中的任务 5.3，王江营编写项目 3 中的任务 3.3。本书编写过程中参阅了大量国内同类教材，在此对这些文献的作者表示诚挚的谢意。

由于本次编写时间仓促，书中难免存在疏漏和不妥之处，欢迎广大读者提出宝贵意见和建议！

编　者

目 录

Contents

项目 1

装配式建筑识图

任务 1.1　装配式建筑评级

1. 知识目标

（1）熟悉装配式建筑的定义、分类、发展历程及发展方向；

（2）掌握装配式建筑结构特点以及和传统建筑的区别。

2. 技能目标

（1）能根据建筑使用范围合理确定装配式结构体系；

（2）能正确计算装配式建筑的预制率装配率。

3. 素质目标

（1）培养对装配式建筑绿色发展理念的认同感，树立绿色环保意识；

（2）培养注重工程质量的责任意识。

4. 素养提升

范玉恕作为建设行业的一名普通劳动者，一直坚持“老老实实做人，结结实实盖房”的职业信念。30 多年来，范玉恕先后组织完成了 26 项、近 40 万平方米的施工任务，工程质量项项优良。范玉恕以实际行动兑现了“不向社会交付一平方米不合格工程”的承诺。范玉恕这种30年如一日的严把工程质量的精神，值得我们所有工程人学习。

通过学习范玉恕“老老实实做人、结结实实盖房”严保建筑质量的案例，使学生贯彻落实“为人民建房，对人民负责”的原则，强调德技双修的重要性，培养学生严保工程质量的底线意识。

1.1.1 熟悉装配式建筑

1.1.1.1 装配式建筑的定义

装配式建筑的定义

装配式建筑又称预制装配式建筑（Prefabricated Construction，PC），是一种新型建筑生产方式，以标准化设计、工业化生产、机械化施工、智能化管理等全产业链的建造模式为特征。

装配式建筑是用预制部品部件在工地装配而成的建筑，装配式建筑的结构系统、外围护系统、设备与管线系统、内装系统的主要部分采用预制部品部件集成。按结构材料分类的装配式混凝土结构、钢结构、木结构都可以称为装配式建筑，是工业化建筑的重要组成部分。

广义的装配式建筑，包括成品住宅在内的装修一体化建筑；狭义的装配式建筑，仅指装配式主体结构，其中又具体指的是混凝土结构、装配式结构、预制构件。

以下是装配式建筑的一些关键特点。

（1）标准化设计：装配式建筑通常采用统一的设计标准，以适应工厂化的生产和现场的快速装配。

（2）工厂化生产：建筑的主要构件（如梁、板、柱等）在工厂内按照预定标准制造，保证了质量的同时，也缩短了施工周期。

（3）装配化施工：预制好的建筑部件被运输到施工现场，通过可靠的连接方式组装成为完整的建筑结构。

（4）一体化装修：装配式建筑通常在工厂中完成内外装修的主要部分，现场只需进行最终的装饰和装配工作。

（5）信息化管理：利用现代信息技术对整个建筑过程进行管理，提高效率和精准度。

（6）环保节能：在工厂中进行集中生产，可以有效减少现场施工带来的噪声、粉尘等环境污染，同时节省材料和能源消耗。

（7）多样化与灵活性：虽然装配式建筑早期因外形呆板而受到批评，但近年来设计的改进已经使其样式丰富，并具有更好的灵活性。

（8）类型多样：装配式建筑根据使用的材料和构造可分为砌块建筑、板材建筑、盒式建筑、骨架板材建筑及升板升层建筑等多种类型。

1.1.1.2 与现浇混凝土建筑的区别

现有混凝土建筑结构多为现浇混凝土结构，施工工序主要包括现场绑扎钢筋笼、现场制作构件模板、浇捣混凝土、养护及拆模等。其结构整体性能与刚度较好，适合抗震设防及整体性要求较高的建筑。但整个施工过程必须在现场操作、存在工序繁多、养护时间长、施工工期长，大量使用模板等问题，尤其在混凝土体积大、养护情况不佳的情况下易产生大面积开裂。

与现浇混凝土建筑相比，装配式混凝土建筑的主要特点如下。

（1）主要构件在工厂或现场预制，采用机械化吊装，可以与现场各专业施工同步进行，具有施工速度快、有效缩短工程建设周期、有利于冬期施工的特点。

（2）构件预制采用定型模板平面施工作业，代替现浇结构立体交叉作业，具有生产效率高、产品质量好、安全环保、有效降低成本的特点。

（3）在预制构件生产环节可以采用反打一次成型工艺或立模工艺等，将保温、装饰、门窗附件及特殊要求的功能高度集成，可以减少物料损耗和施工工序。

（4）对从业人员的技术管理能力和工程实践经验要求较高，装配式建筑的设计、施工应做好前期策划，具体包括工期进度计划、构件标准化深化设计及资源优化配置方案等。

1.1.1.3 装配式建筑的优势

装配式建筑的优势

装配式建筑技术采用新技术、新工艺替代传统现浇工艺建造方式，既可以减少人员投入、提高工程质量，也能积极响应国家“双碳”目标、制造强国、质量强国的号召。具体优势可以总结为“三大可控”。

（1）质量可控。由于预制构件在工厂内标准化生产和养护模式，所以可以解决大部分传统建造模式下混凝土构件的常见的质量通病，如混凝土强度不足、裂缝、蜂窝、麻面等问题。

（2）进度可控。装配式建筑由于其装配化的施工模式，可以节省工期，达到标准层以后，进度精准可控，特别是有精装修的情况下还可以进行穿插施工，在特定条件下，可以将施工周期缩减 1/3 以上。

（3）成本可控。由于装配式建筑的大部分构件由现场施工移至工厂生产，所以现场施工人员可大大减少，可以大量节省现场人工费和模板费。装配式建筑提倡 SI 体系，即装修和设备管线与结构主体分开，避免了对主体结构的大改大修，因此，在全生命周期内，装配式建筑的综合成本低于传统建造方式。

1.1.2 装配式建筑的结构体系

装配式混凝土结构是指由预制混凝土构件通过可靠的连接方式装配而成的混凝土结构，包括装配整体式混凝土结构、全装配混凝土结构等。当主要受力预制构件之间通过后浇混凝土和钢筋套筒灌浆连接等技术进行连接时，足以保证装配式结构的整体性能，使其结构性能与现浇混凝土基本等同，即等同现浇，此时称其为装配整体式结构。当主要受力预制构件之间通过干式节点进行连接时，此时结构的总体刚度与现浇混凝土结构相比，会有所降低，此类结构不属于装配整体式结构。

装配式建筑结构体系

装配整体式混凝土结构是指由预制混凝土构件通过可靠的方式进行连接并与现场后浇混凝土、水泥基灌浆料形成整体的装配式混凝土结构。其主要结构类型有装配整体式剪力墙结构、装配整体式框架结构、装配整体式框架－现浇剪力墙结构等，不同结构体系特点对比见表 1-1。

表 1-1 不同结构体系特点对比

结构类型	结构特点	适用高度	适用范围
装配整体式框架结构	具有较大空间，抗侧向位移能力弱	低层及多层建筑	工业厂房、仓库、商场、办公楼等
装配整体式剪力墙结构	抗侧向位移能力强，空间布置受限	高层建筑	高层住宅、公寓、酒店等
装配整体式框架－现浇剪力墙结构	弥补侧向位移大的缺点，又具有一定的使用空间	多层及高层建筑	高层办公建筑、医院建筑及教学楼建筑

1.1.2.1 装配整体式框架结构

装配整体式混凝土框架结构体系是指全部或部分框架梁、柱、板采用预制构件，通过采用干式或湿式进行连接，形成整体的装配式混凝土结构体系（图 1-1）。框架结构建筑平面布置灵活刚度低，使用范围广泛，主要应用于多层工业厂房、仓库、商场、办公楼、学校等建筑。

1.1.2.2 装配整体式剪力墙结构

装配整体式混凝土剪力墙结构是指除底部加强区以外，根据结构抗震等级的不同，其竖向承重构件全部或部分采用预制墙板构件构成的装配式混凝土结构，简称装配整体式剪力墙结构（图 1-2）。

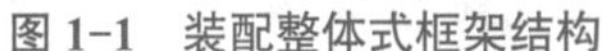

图 1-1　装配整体式框架结构

图 1-2　装配整体式剪力墙结构

一般情况下，楼盖采用叠合楼板和预制墙体，墙端部的暗柱及梁墙节点处采用现浇混凝土，全部或部分剪力墙采用预制墙板构件，通过对构件之间连接部位的现场浇筑并形成整体的装配式混凝土剪力墙结构体系。剪力墙结构比较适合高层住宅及公寓，但空间布局受限。

1.1.2.3　装配整体式框架－现浇剪力墙结构

装配整体式框架－现浇剪力墙结构是我国目前广泛应用的一种结构体系，在《装配式混凝土结构技术规程》(JGJ 1—2014）中明确规定，考虑目前的基础研究，建议剪力墙采用现浇结构，以保证结构整体的抗震性能。因此，现阶段这种结构主要是以装配整体式框架－现浇剪力墙结构（简称装配式框架－现浇剪力墙结构）为主（图 1-3）。

图 1-3　装配整体式框架－现浇剪力墙结构

装配式框架－现浇剪力墙结构的基本组成构件有墙、柱、梁、板、楼梯等。一般楼盖采用叠合楼板，梁采用预制，柱可以预制也可以现浇，墙为现浇墙体，梁柱节点采用现浇。框架结构布置灵活、使用方便，有较大的刚度和较强的抗震能力，可广泛应用于高层办公建筑和旅馆建筑。

全装配混凝土结构主要应用于多层建筑，主要指多层装配式墙－板结构，这种结构的特点是全部墙、板采用预制构件，通过可靠的连接方式进行连接，采用干式工法施工。干式连接暂未有成熟的技术规范。

预制混凝土构件根据其在装配式混凝土建筑中的使用部位不同，又可以分为以下三种类型。

（1）竖向承重结构构件采用现浇结构，外围护墙、内隔墙、楼板、楼梯等采用预制混凝土构件。

（2）部分竖向承重构件以及外围护墙、内隔墙、楼板、楼梯等采用预制构件。

（3）竖向承重结构、水平构件和非结构构件均采用预制构件。

上述三种装配式混凝土结构的预制率由低到高。前两种类型均有运用，其中第一种类型与现浇混凝土结构最为接近。

1.1.3 装配式建筑评级

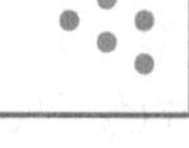

装配式建筑评级

装配式建筑评级反映了建筑项目在预制构件应用程度上的不同水平，这不仅关乎建筑质量和性能，也与建筑的施工效率、环保性能和经济效益紧密相关。随着建筑行业的发展和国家对绿色建筑的重视，装配式建筑的推广和应用越来越受到行业的关注。因此，了解和掌握装配式建筑的评价标准对于从业者来说是非常重要的。

装配式建筑评级常用的两个指标为预制率和装配率。预制率是指工业化建筑室外地坪以上主体结构和围护结构中预制部分的混凝土用量占对应构件混凝土总用量的体积比。其计算方法如下：

$$预制率=\frac{预制构件混凝土体积}{构件混凝土总体积}\times 100\%$$

装配率也是政府制定装配式建筑扶持政策的主要依据指标。装配率不同于预制率，装配率是单体建筑室外地坪以上的主体结构、围护墙和内隔墙、装修和设备管线等采用预制部品部件的综合比例。其计算方法如下：

$$装配率=\frac{预制构件、建筑部品的数量（或面积）}{同类型构件或部品的总数量（或面积）}\times 100\%$$

其中，装配率应根据表 1-2 中评价项分值按式（1-1）计算：

$$P=\frac{Q_1+Q_2+Q_3}{100-Q_4}\times 100\% \tag{1-1}$$

式中 P——装配率；

Q_1——主体结构指标实际得分值；

Q_2——围护墙和内隔墙指标实际得分值；

Q_3——装修和设备管线指标实际得分值；

Q_4——评价项目中缺少的评价项分值总和。

表 1-2 装配式建筑评分表

评价项		评价要求	评分值	最低分值
主体结构（50 分）	柱、支撑、承重墙、延性墙板等竖向构件	35% ≤比例≤ 80%	20 ～ 30*	20
	梁、板、楼梯、阳台、空调板等构件	70% ≤比例≤ 80%	10 ～ 20*	
围护墙和内隔墙（20 分）	非承重围护墙非砌筑	比例≥ 80%	5	10
	围护墙与保温、隔热、装饰一体化	50% ≤比例≤ 80%	2 ～ 5*	
	内隔墙非砌筑	比例≥ 50%	5	
	内隔墙与管线、装修一体化	50% ≤比例≤ 80%	2 ～ 5*	
装修和设备管线（30 分）	全装修	–	6	6
	干式工法楼面、地面	比例≥ 70%	6	–
	集成厨房	70% ≤比例≤ 90%	3 ～ 6*	
	集成卫生间	70% ≤比例≤ 90%	3 ～ 6*	
	管线分离	50% ≤比例≤ 70%	3 ～ 6*	
注：表中带“*”项分值采用“内插法”计算，计算结构取小点后 1 位				

简而言之，预制率单指预制混凝土的比例，而装配率除了需要考虑预制混凝土之外还需要考虑其他预制部品部件（如一体化装修、管线分离、干式工法施工等）的综合比例。

装配式建筑的评级通常依据国家标准《装配式建筑评价标准》（GB/T 51129—2017）进行，以下是装配式建筑评级的具体划分。

（1）A 级：当建筑项目的装配率为 60% ～ 75%，即主体结构竖向构件中预制部品部件的应用比例不低于 35% 时，可评为 A 级装配式建筑。

（2）AA 级：如果装配率达到 76% ～ 90%，则评为 AA 级装配式建筑。

（3）AAA 级：装配率在 91% 及以上的建筑项目，可评为最高等级的 AAA 级装配式建筑。

被评价单体同时满足下列要求时，可被确认为装配式建筑。

（1）主体结构部分的评价分值不低于 20 分。

（2）围护墙和内隔墙部分的评价分值不低于 10 分。

（3）采用全装修。

（4）装配率不低于 50%。

任务小结

建筑工业化有设计标准化、工厂化预制生产、专业化施工、一体化装修、信息化管理五大特点。装配式建筑的评价在推动装配式建筑中有着极其重要的作用。

课后练习题

一、理论题

（1）【单选题】装配式混凝土结构包括（　　）。

A．装配整体式混凝土结构　　B．全装配混凝土结构

C．钢结构　　D．木结构

（2）【多选题】关于装配式建筑的等价评价，以下说法正确的是（　　）。

A．装配式建筑的等级评价以建筑的预制率为评价指标

B．装配式建筑的等级评价以建筑的装配率为评价指标

C．装配式建筑的等级评价分为预评价与项目评价两个阶段

D．装配式建筑的预评价以预制率为评价指标，项目评价以装配率为评价指标

（3）【多选题】装配式建筑应满足（　　）。

A．主体结构的评分分值不低于 20 分

B．围护墙和内隔墙部分的评分分值不低于 10 分

C．采用全装修

D．装配率不低于 50%

（4）【多选题】装配式建筑根据主要受力构件的材料不同，可分为（　　）。

A．装配式混凝土结构　　B．框架结构

C．混凝土混合结构　　D．木结构

E．钢结构

（5）【多选题】关于下式说法正确的是（　　）。

A．P 表示装配率

B．Q_1 表示主体结构指标实际得分值

C．Q_2 表示围护墙和内隔墙指标实际得分值

D．Q_3 表示装修和设备管线实际得分值

E．Q_4 表示评价项目中缺少的评价项分值总和

二、实训题

请根据图 1-4 装配式建筑叠合板平面布置图，进行预制率计算。

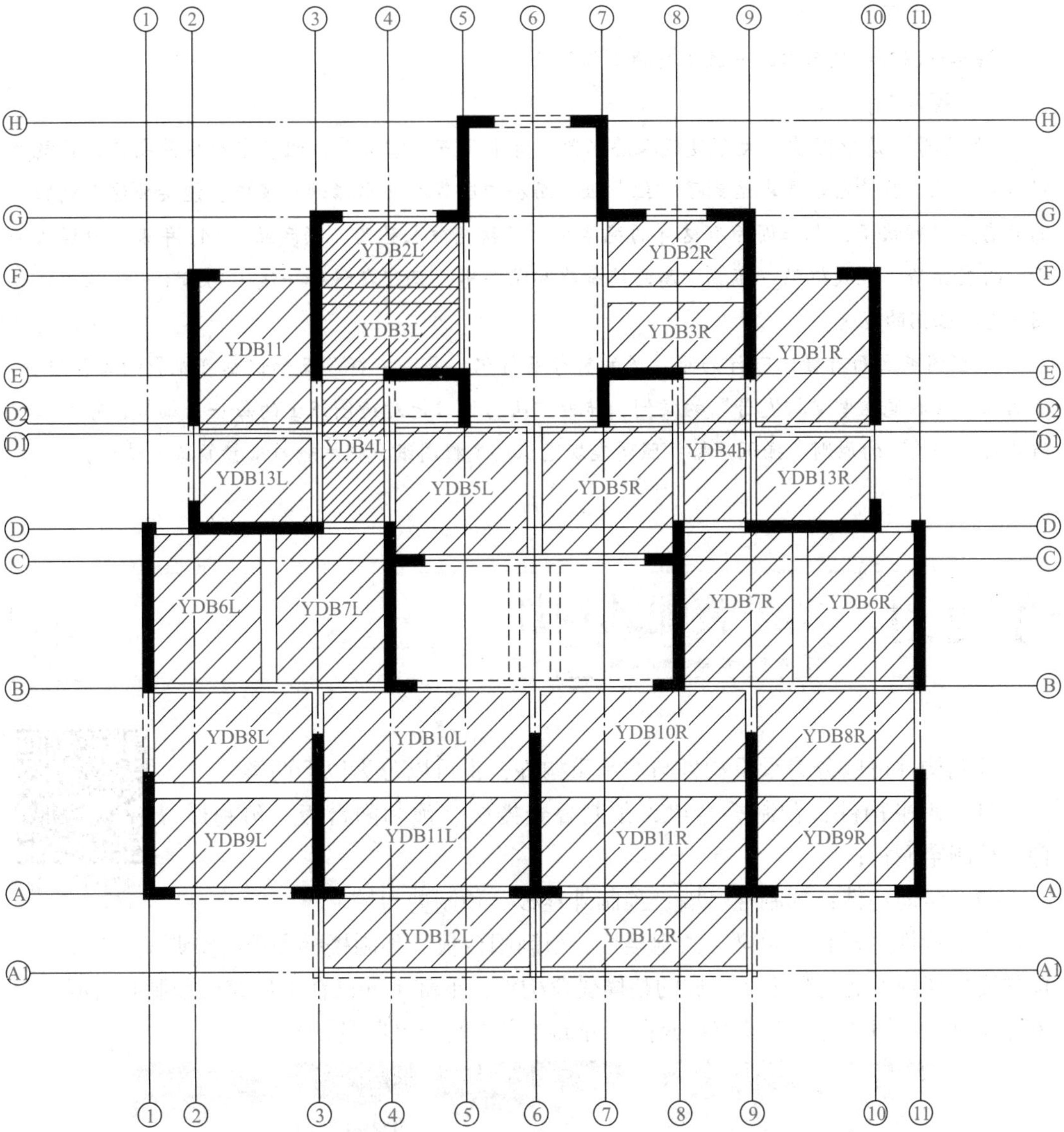

图 1-4　建筑叠合板平面布置图

任务 1.2　竖向构件识图

1. 知识目标

（1）熟悉装配式建筑常用构件的种类及特点；

（2）熟悉装配式建筑预制构件基本构造要求及构件图常用符号表达方式；

（3）熟悉装配式竖向构件的模板图和钢筋图内容组成。

2. 技能目标

（1）能根据装配式建筑构件图纸分辨其构件类型；

（2）具备装配式建筑竖向构件模板图和钢筋图识图能力。

3. 素质目标

培养识图时细致耐心、一丝不苟的工作作风。

4. 素养提升

“蛟龙号”是中国首个大深度载人潜水器，有十几万个零部件，组装中难度最高的工作就是保持密封性，其精密度要求达到了“丝”级。而在中国载人潜水器的组装中，能实现这个精密度的只有钳工顾秋亮，也正因为有这样的绝活儿，顾秋亮被人称为“顾两丝”。43 年来，他埋头苦干、踏实钻研、挑战极限，怀揣崇高的使命感和荣誉感，坚守在科研一线，见证了中国从海洋大国向海洋强国的迈进。

工程图纸上面有数以万计乃至更多的符号及标识，每一个符号及标识都可能影响工程质量。根据钳工顾秋亮组装“蛟龙号”的案例，传授“认真细心地对待图纸上的每一处细节，守护工程质量的第一关”的原则，强调严格按照图集规范识别工程图纸，树立精益求精的工匠精神。

1.2.1 熟悉装配式构件

预制构件认知

预制构件可以分为承重构件与非承重构件，也可以分为以下两类。

（1）水平构件：预制叠合梁、预制叠合楼板、预制阳台板、预制楼梯、预制空调板；

（2）竖向构件：预制柱、墙、预制外挂板、预制剪力墙。

水平构件主要有预制梁、预制楼板、预制阳台板、预制楼梯和预制空调板（图 1–5）。预制梁是现场后浇混凝土而形成的整体受弯构件，下部主筋已在工厂完成预制并与混凝土整浇完成，上部主筋需现场绑扎或在工程绑扎完毕但未包裹混凝土。

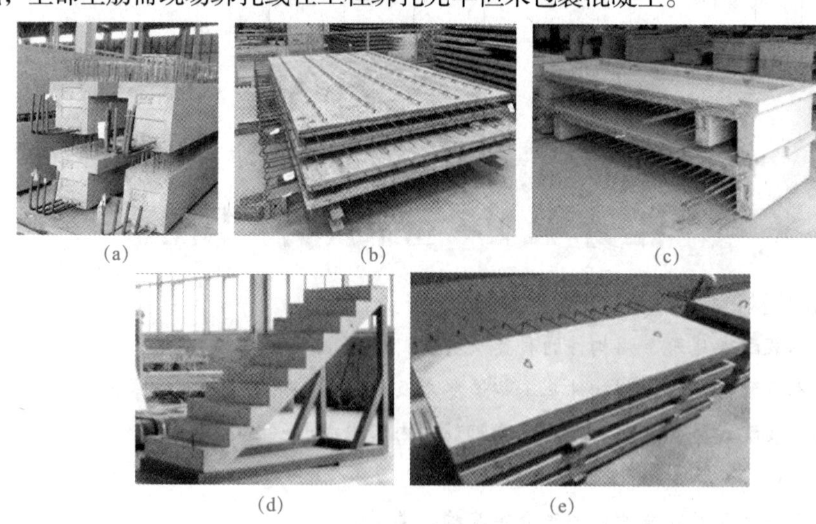

图 1–5　水平构件种类

（a）预制梁（叠合梁）；（b）预制楼板（叠合板）；（c）预制阳台板；（d）预制楼梯；（e）预制空调板

预制楼板包括全预制楼板和叠合楼板，全预制楼板一般在全装配混凝土结构中采用，叠合楼板是由预制板和现浇钢筋混凝土层叠合而成的装配整体式楼板，在装配整体式混凝土结构中采用，其现浇叠合层内可敷设水平设备管线，整体性好，刚度大，可节省模板，板的上、下表面平整，便于饰面层装修。

预制阳台的外形特点是室外三面带有翻边室内一侧有伸出钢筋连接时伸出钢筋锚固到楼板现浇层内。预制楼梯可分为搁置式楼梯和锚固式楼梯。

竖向构件主要有预制柱、预制外挂板和预制剪力墙（图 1-6）。预制柱重要或关键部位框架柱应现浇，上、下层预制柱采用套筒灌浆连接。灌浆套筒如图 1-7 所示。

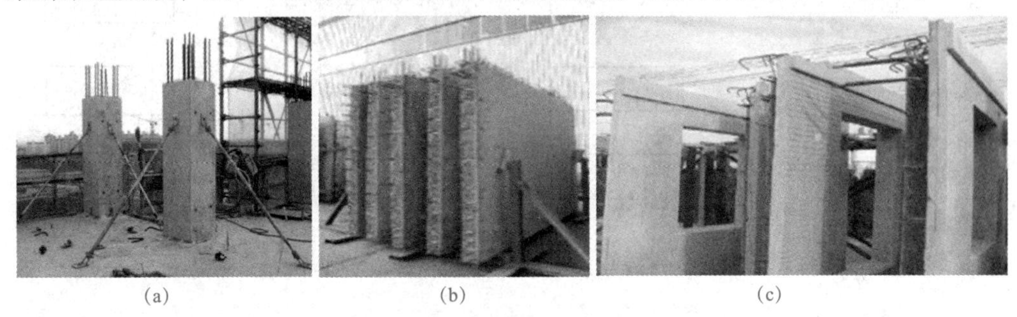

(a)　　(b)　　(c)

图 1-6　竖向构件种类

(a) 预制柱；(b) 预制外挂板（外挂板）；(c) 预制剪力墙

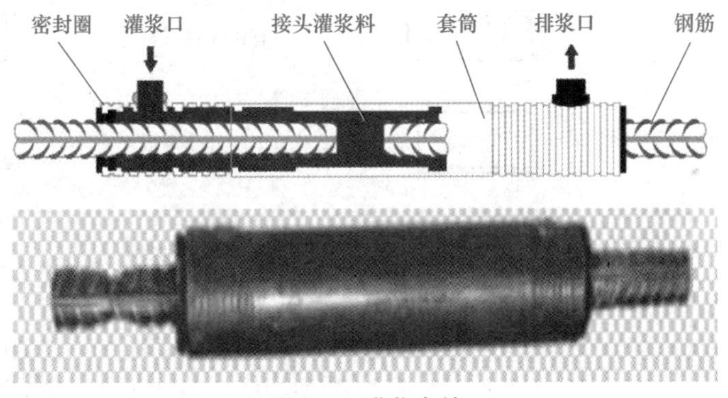

图 1-7　灌浆套筒

预制外挂板的作用是围护和装饰，上部有伸出钢筋与主体结构浇筑在一起，但不参与主体结构受力施工时作为现浇剪力墙的外模板使用。预制剪力墙的主筋需要在现场完成连接，底部加强部位宜现浇，混凝土结构部位可采用部分预制、部分现浇，也可全部预制。

1.2.2　装配式混凝土结构施工图特点及常见图例符号

从国家建筑标准设计图集《装配式混凝土结构住宅建筑设计示例（剪力墙结构）》

（15J939-1）和《装配式混凝土结构表示方法及示例（剪力墙结构）》（15G107-1）中给出的图纸样例，可以看出装配式混凝土剪力墙结构施工图纸的基本组成，以及其与传统现浇结构施工图纸的差异。装配式混凝土结构施工图常见图例和符号见表 1-3。

装配式建筑施工图

表 1-3　装配式混凝土结构施工图常见图例和符号

类型	图例	类型	图例
预制钢筋混凝土（包括内墙、内叶墙、外页墙）		后浇段、边缘构件	
现浇钢筋混凝土墙体		灌浆部位	
橡胶支垫或坐浆		空心部位	
预制构件钢筋		后浇混凝土钢筋	
附加或重要钢筋（红色）		钢筋灌浆套筒连接	
无机保温材料		有机保温材料	
夹心保温外墙		预制外墙模板	
栏杆预留洞口 D1		梯段板吊装预埋件 M1	
梯段板吊装预埋件 M2		栏杆预留埋件 M3	
压光面	Y	粗糙面结合面	C
模板面	M	键槽结合面	J
注：钢筋套筒灌浆连接包括全套筒灌浆连接和半灌浆套筒连接			

对比传统现浇结构施工图，装配式混凝土结构施工图由建筑施工图、结构施工图和设备施工图组成，增加了与装配化施工相关的各种图示与说明。

（1）在建筑设计总说明中，添加装配式建筑设计专项说明。

（2）在进行装配施工的楼层平面图和相关详图中需要分别表示出预制构件和后浇混凝土部分根据项目需要，提供 BIM 模型图。

（3）装配式结构专项说明。

（4）各类预制构件模板图和配筋图。

（5）预制构件节点连接详图。

1.2.3 预制墙板识图

1.2.3.1 预制墙板编号

预制墙板识图

预制混凝土剪力墙如按预制墙体所在位置分类，可分为预制混凝土剪力墙内墙板和预制混凝土剪力墙外墙板。预制混凝土剪力墙内墙仅有一层结构层，预制混凝土剪力墙外墙与内墙相比，因有保温要求，所以增加了保温层和外叶板。预制混凝土剪力墙如按有无洞口分类，可分为无洞口墙、带门洞墙和带窗洞墙。预制混凝土剪力墙如按照有无槽口可分为无槽口墙和带槽口墙，带槽口墙一般用于墙与梁连接的部位。

预制混凝土剪力墙板编号规则见表 1-4，其中，“YWQ1”表示预制外墙，序号为 1。“YNQ5a”指某工程有一块预制混凝土内墙板与已编号的 YNQ5 除线盒位置外，其他参数均相同。为方便起见，将该预制内墙板序号编为 5a。

表 1-4　预制混凝土剪力墙板编号规则

预制墙板类型	代号	序号
预制外墙	YWQ	××
预制内墙	YNQ	××

预制混凝土剪力墙外墙板由外叶墙板、保温层、内叶墙板组成，主要包括无洞口、带一个窗洞（高窗台和矮窗台）、带两个窗洞、带一个门洞墙板五大类。其编号原则如图 1-8 所示。编号示例见表 1-5，例如“WQ-2428”中，“WQ”表示外墙，“24”表示墙板宽度，“28”表示层高，单位为分米（dm）；“WQC1-3328-1514”中，“C1”表示一个高窗洞，“15”表示洞口宽 1 500 mm，“14”表示洞口宽 1 400 mm。在编号中，“WQ”后面的“CA”表示矮洞口，“M”表示门。

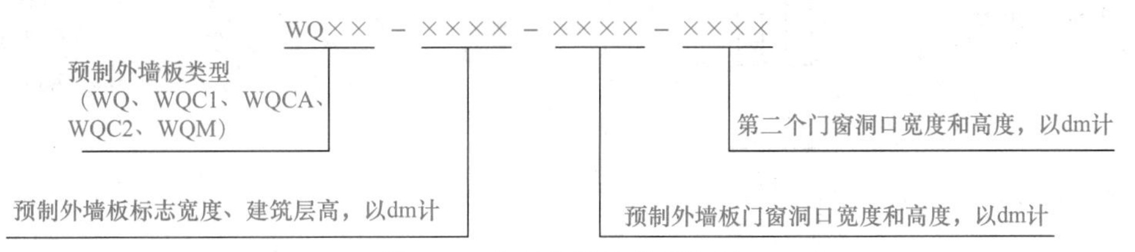

图 1-8　预制外墙板编号原则

表 1-5　预制外墙板编号示例

墙板类型	示意图	墙板编号	标志宽度	层高	门 / 窗洞口宽	门 / 窗洞口宽	门 / 窗洞口宽	门 / 窗洞口宽
无洞口外墙		WQ-2428	2 400	2 800	—	—	—	—
一个窗洞外墙（高窗台）		WQC1-3328-1514	3 300	2 800	1 500	1 400	—	—
一个窗洞外墙（矮窗台）		WQCA-3329-1517	3 300	2 900	1 500	1 700	—	—
两个窗洞外墙		WQC2-4830-0615-1515	4 800	3 000	600	1 500	1 500	1 500
一个窗洞外墙		WQM-3628-1823	3 600	2 800	1 800	2 300	—	—

预制内叶墙板一般分为无洞口外墙、一个窗洞高窗台外墙、一个窗洞矮窗台外墙、两窗洞外墙和一个门洞外墙。内叶墙板编号规则及示例见表 1-6 和表 1-7。外叶墙板编号规则及示例见表 1-8 和表 1-9，后浇段及预制模板的编号规则见表 1-10 和表 1-11。

表 1-6　预制内叶墙板类型示意图及编号规则

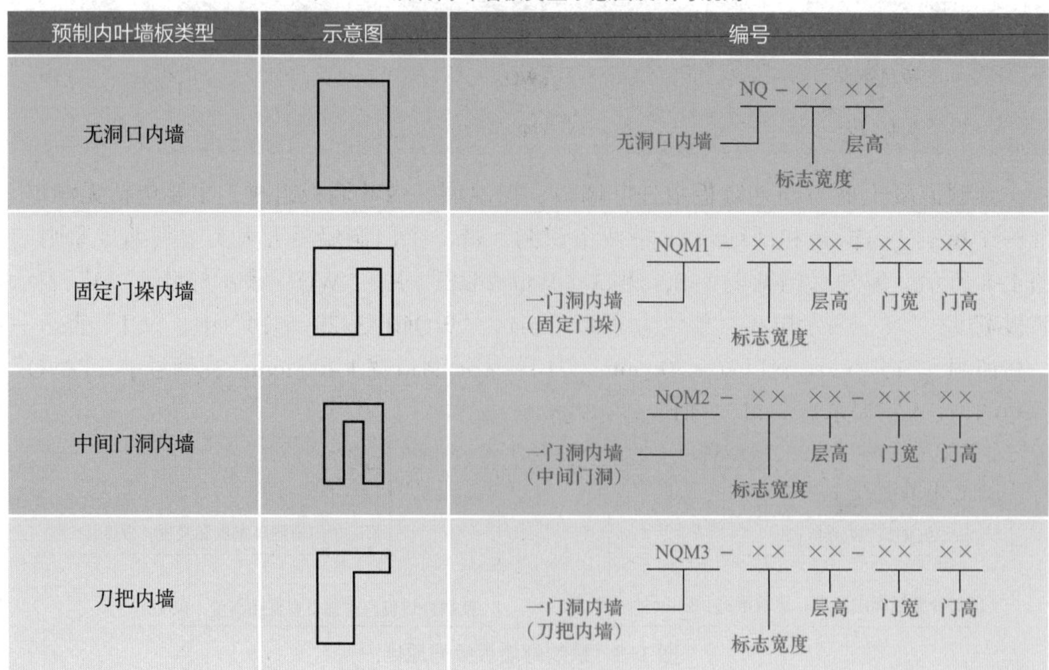

预制内叶墙板类型	示意图	编号
无洞口内墙		NQ－×× ××（无洞口内墙；标志宽度；层高）
固定门垛内墙		NQM1－×× ××－×× ××（一门洞内墙（固定门垛）；标志宽度；层高；门宽；门高）
中间门洞内墙		NQM2－×× ××－×× ××（一门洞内墙（中间门洞）；标志宽度；层高；门宽；门高）
刀把内墙		NQM3－×× ××－×× ××（一门洞内墙（刀把内墙）；标志宽度；层高；门宽；门高）

表 1-7　预制内叶墙板类型示意图及编号规则

墙板类型	示意图	墙板编号	标志宽度	层高	门/窗宽	门/窗高
无洞口内墙		NQ-2128	2 100	2 800		
固定门垛内墙		NQM1-3028-0921	3 000	2 800	900	2 100
中间门洞内墙		NQM2-3029-1022	3 000	2 900	1 000	2 200
刀把内墙	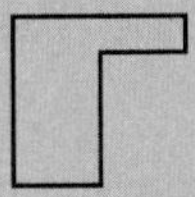	NQM3-3329-1022	3 300	2 900	1 000	2 200

表 1-8　预制外叶墙板类型示意图及编号规则

预制外叶墙板类型	示意图	编号
无洞口外墙	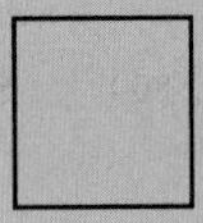	WQ-×× ×× 无洞口外墙；标志宽度；层高
一个窗洞高窗台外墙		WQC1-×× ××-×× ×× 一窗洞外墙（高窗台）；标志宽度；层高；窗宽；窗高
一个窗洞矮窗台外墙		WQCA-×× ××-×× ×× 一窗洞外墙（矮窗台）；标志宽度；层高；窗宽；窗高
两窗洞外墙		WQC2-×× ××-×× ××-×× ×× 两窗洞外墙；标志宽度；层高；左窗宽；左窗高；左窗宽；左窗高
一个门洞外墙	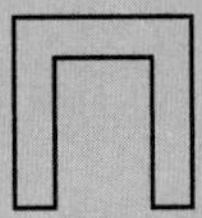	WQM-×× ××-×× ×× 一门洞外墙；标志宽度；层高；门宽；门高

表 1-9　预制外叶墙板类型示意图及编号规则

墙板类型	示意图	墙板编号	标志宽度	层高	门/窗洞口宽	门/窗洞口高	门/窗洞口宽	门/窗洞口高
无洞口外墙		WQ-1828	1 800	2 800	–	–	–	–
一个窗洞外墙（高窗台）		WQC1-3028-1514	3 000	2 800	1 500	1 400	–	–
一个窗洞外墙（矮窗台）		WQCA-3028-1518	3 000	2 800	1 500	1 800	–	–
两个窗洞外墙		WQC2-4828-0614-1514	4 800	2 800	600	1 400	1 500	1 400
一个门洞外墙		WQM-3628-1823	3 600	2 800	1 800	2 300	–	–

表 1-10　后浇段类型编号规则

后浇段类型	代号	序号
约束边缘构件后浇段	YHJ	××
构造边缘构件后浇段	GHJ	××
非边缘构件后浇段	AHJ	××

表 1-11　外墙模板编号规则

名称	代号	序号
预制外墙模板	JM	××

1.2.3.2　预制墙板识图案例

1. 无洞口预制墙板模板图识图案例

识读图 1-9 WQ-2728 模板图。

从厚度方向上看，由内而外依次是内叶墙板、保温板和外叶墙板。

识图案例：固定门垛墙板识图

从宽度方向上看，内叶墙板、保温板、外叶墙板均同中心轴对称布置，内叶墙板与保温板板边距为 270 mm，保温板与外叶墙板的板边距为 20 mm。

从高度方向上看，内叶墙板底部高出结构板顶标高为 200 mm（灌浆区），顶部低于上一层结构板顶标高为 140 mm（水平后浇带或后浇圈梁），保温板底部与内叶墙板底部平齐顶部与上一层结构板顶标高平齐。外叶墙板底部低于内叶墙板底部 35 mm，顶部与上一层结构板顶标高平齐。

墙板底部预埋 6 个灌浆套筒。内叶墙板顶部有 2 个预埋吊件，编号为 MJ1。内叶墙板内侧面有 4 个临时支撑预埋螺母，编号为 MJ2。内叶墙板内侧面有 3 个预埋电气线盒。

2. 无洞口预制墙板钢筋图识图案例

从图 1-10 可知，钢筋的基本形式是内外两层钢筋网片，水平分布筋在外，竖向分布筋在内。水平分布筋在灌浆套筒及其顶部加密布置。无洞口外叶墙板中钢筋采用焊接网片，间距不大于 150 mm。网片混凝土保护层厚度按 20 mm 计。竖向钢筋距离外叶墙板两侧边 30 mm 开始摆放。顶部水平钢筋距离外叶墙板顶部 65 mm 开始摆放。底部水平钢筋距离外叶墙板底部 35 mm 开始摆放。

竖向钢筋有 6⌀16 与灌浆套筒连接的竖向分布筋 3a，6⌀6 不连接灌浆套筒的竖向分布筋 3b，4⌀12 墙端端部竖向构造筋 3c。

水平钢筋有 3⌀8 墙体水平分布筋 3d，2⌀8 灌浆套筒顶部水平加密 3f，1⌀8 灌浆套筒处水平加密筋 3e。

拉筋有 ⌀6@600 墙体拉结筋 3La，26⌀6 端部拉结筋 3Lb，5⌀6 底部拉结筋 3Lc。

3. 带洞口预制墙板模板图识图案例

如图 1-11 所示，其基本尺寸可读出内叶墙板宽 2 700 mm（不含出筋），高 2 640 mm（不含出筋），厚 200 mm。保温板宽 3 240 mm，高 2 780 mm，厚度按设计选用确定。外叶墙板宽 3 280 mm，高 2 815 mm，厚 60 mm。窗洞口宽 1 200 mm，高 1 400 mm，宽度方向居中布置，窗台与内叶墙板底间距 930 mm（建筑面层为 100 mm，间距为 980 mm）。

墙板底部预埋 14 个灌浆套筒，墙板顶部有 2 个预埋吊件，编号为 MJ1，墙板内侧面有 4 个临时支撑预埋螺母，编号为 MJ2，窗洞两侧各有 2 个预埋电气线盒，窗洞下部有 1 个预埋电气线盒，共计 5 个。

识图案例：一个洞口墙板识图

窗台下设置 2 块 B-45 型聚苯板轻质填充块。宽度方向平均分为两个灌浆分区，长度均为 1 350 mm。

内叶墙板两侧均预留凹槽 30 mm×5 mm。内叶墙板对角线控制尺寸为 3 776 mm，外叶墙板对角线控制尺寸为 4 322 mm。

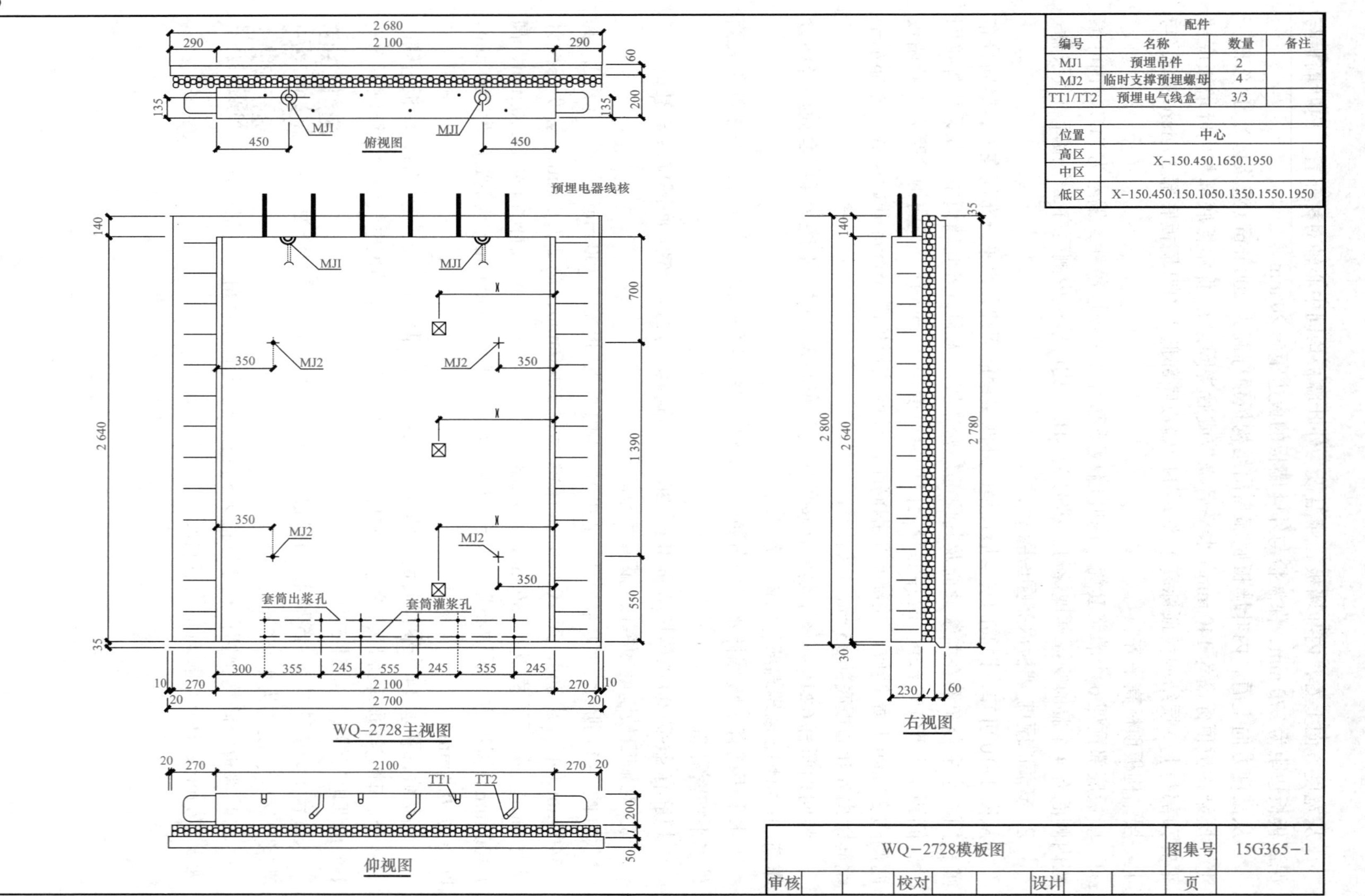

图 1-9 WQ-2728 模板图

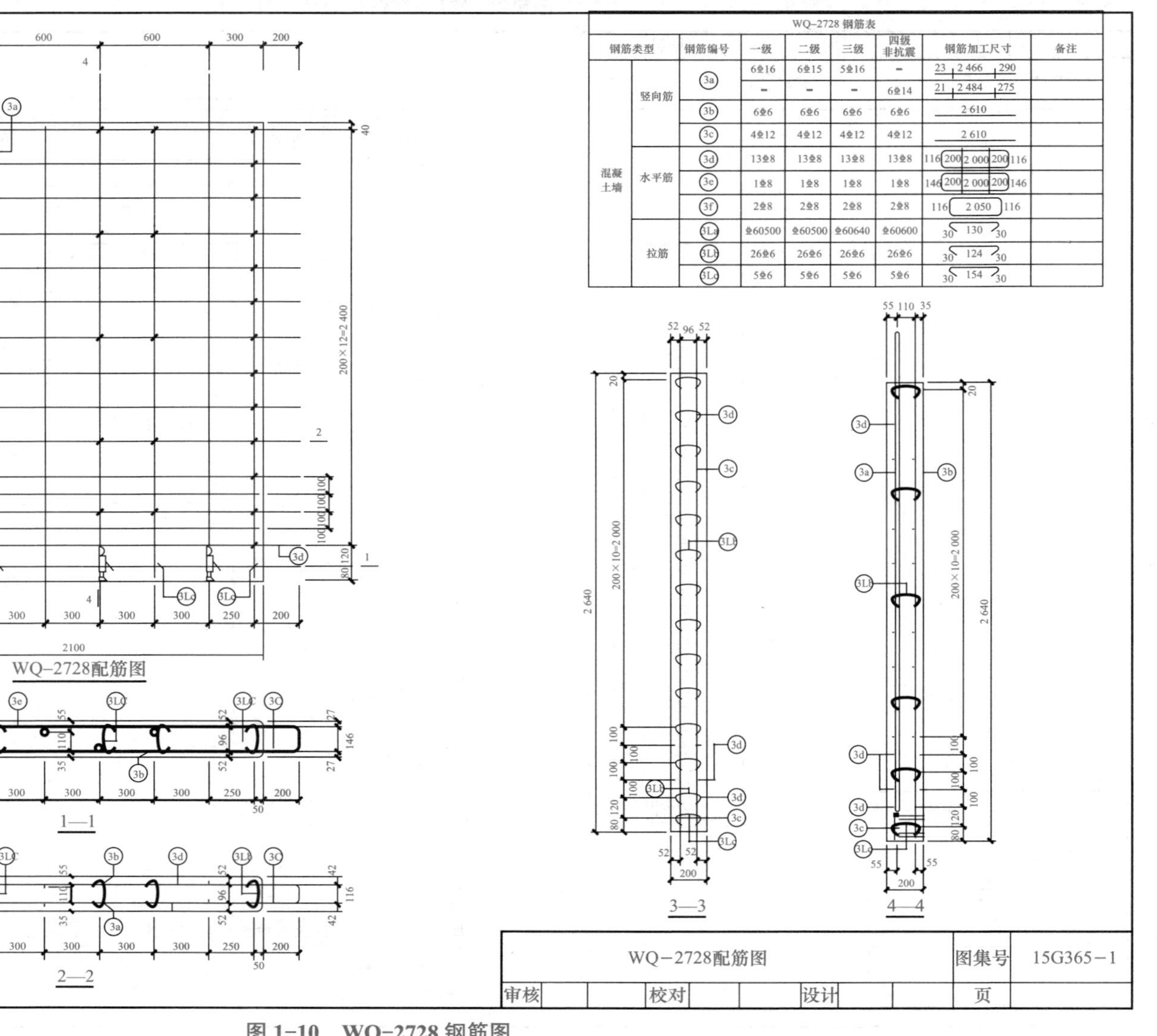

WQ-2728 钢筋表

钢筋类型		钢筋编号	一级	二级	三级	四级 非抗震	钢筋加工尺寸	备注
混凝土墙	竖向筋	3a	6⌀16	6⌀15	5⌀16	−	23 2 466 290	
			−	−	−	6⌀14	21 2 484 275	
		3b	6⌀6	6⌀6	6⌀6	6⌀6	2 610	
		3c	4⌀12	4⌀12	4⌀12	4⌀12	2 610	
	水平筋	3d	13⌀8	13⌀8	13⌀8	13⌀8	116 200 2 000 200 116	
		3e	1⌀8	1⌀8	1⌀8	1⌀8	146 200 2 000 200 146	
		3f	2⌀8	2⌀8	2⌀8	2⌀8	116 2 050 116	
	拉筋	3La	⌀60500	⌀60500	⌀60640	⌀60600	30 130 30	
		3Lb	26⌀6	26⌀6	26⌀6	26⌀6	30 124 30	
		3Lc	5⌀6	5⌀6	5⌀6	5⌀6	30 154 30	

图 1-10　WQ-2728 钢筋图

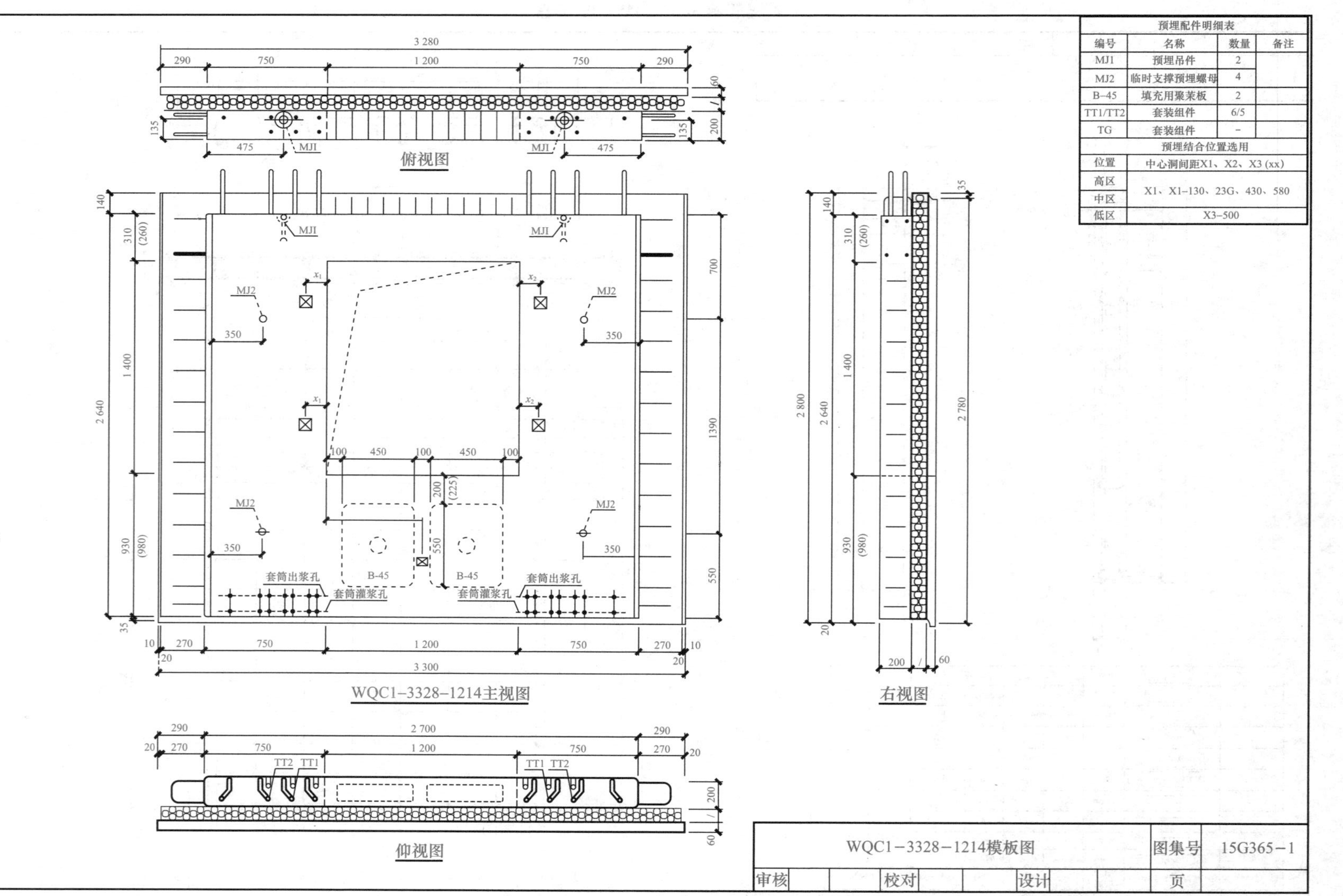

图 1-11　WQC1-3328-1214 模板图

4．带洞口预制墙板钢筋图识图案例

如图 1-12 所示，其基本形式为墙体内外有两层钢筋网片，水平分布筋在外，竖向分布筋在内。窗洞上设置连梁，窗洞口两侧设置边缘构件。

钢筋构件如下。

（1）2⌀16 连梁底部纵筋 1Za。

（2）2⌀10 连梁腰筋 1Zb。

（3）12⌀18 连梁箍筋 1G。

（4）12⌀8 连梁拉筋 1L。

（5）14⌀16 连接灌浆套筒的竖向纵筋 2Za。

（6）6⌀10 不连接灌浆套筒的竖向纵筋 2Zb。

（7）2⌀8 灌浆套筒处水平分布筋 2Gc。

（8）22⌀8 墙体水平分布筋 2Gb。

（9）8⌀8 套筒顶和连梁处水平加密筋 2Gd。

（10）20⌀8 窗洞口边缘构件箍筋 2Ga。

（11）80⌀8 窗洞口边缘构件拉结筋 2La。

（12）22⌀8 墙端端部竖向构造纵筋拉结筋 2Lb。

（13）6⌀8 灌浆套筒处拉结筋 2Lc。

（14）2⌀10 窗下水平加强筋 3a。

（15）10⌀8 窗下墙水平分布筋 3b。

（16）12⌀8 窗下墙竖向分布筋 3c。

外叶墙板中钢筋采用焊接网片，间距不大于 150 mm。网片偏墙板外侧设置，混凝土保护层厚度按 20 mm 计。

竖向钢筋距离外叶墙板两侧边 30 mm 开始摆放，顶部水平钢筋距离外叶墙板顶部 65 mm 开始摆放，底部水平钢筋距离外叶墙板底部 35 mm 开始摆放。

钢筋在洞口处截断处理，但需在洞口边缘设置通长钢筋，一般在距离洞口边缘 30 mm 处设置。洞口角部设置 800 mm 长加固筋，每个角部两根。

5．中间门洞内墙板模板图识图案例

如图 1-13 所示，其基本尺寸为墙板宽 2 100 mm（不含出筋），高 2 640 mm（不含出筋），厚 200 mm。门洞口宽 900 mm，高 2 130 mm。门洞口居中布置，两侧墙板宽均为 600 mm。

墙板底部预埋 12 个灌浆套筒，墙板顶部有 2 个预埋吊件，编号为 MJ1，墙板内侧面有 4 个临时支撑预埋螺母，编号为 MJ2。门洞两侧墙板下部有 4 个预埋临时加固螺母，每侧 2 个，对称布置，编号为 MJ3。门洞两侧各有 3 个预埋电气线盒，共计 6 个。构件详图中并未设置后浇混凝土模板固定所需预埋件。

识图案例：中间门洞墙板识图

6．中间门洞内墙板模板图识图案例

读图 1-14 可知，钢筋分布情况如下。

（1）2⌀18 连梁底部纵筋 1Za。

（2）4⌀12 连梁腰筋 1Zb。

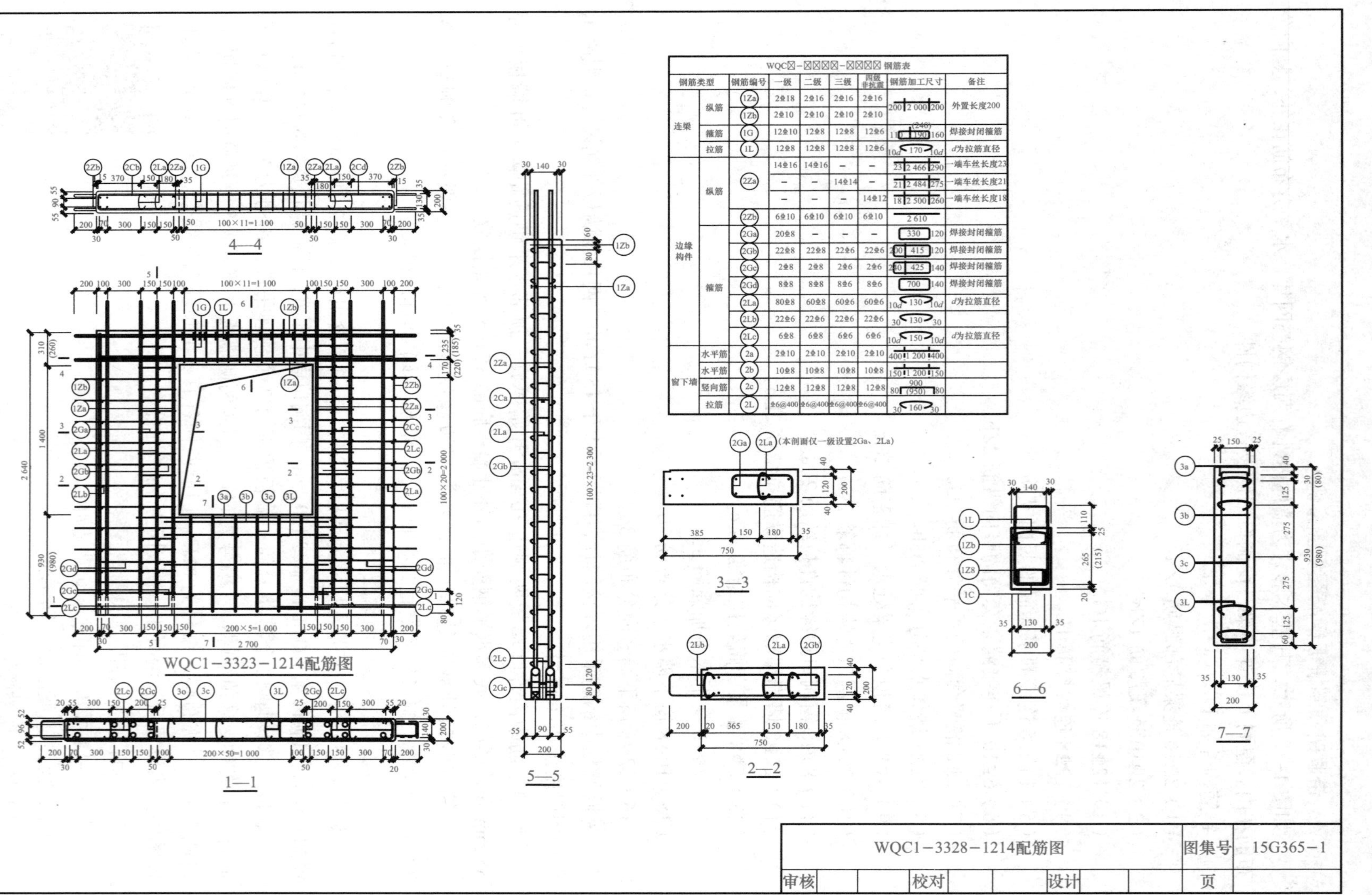

WQC☒-☒☒☒☒-☒☒☒☒ 钢筋表

钢筋类型		钢筋编号	一级	二级	三级	四级非抗震	钢筋加工尺寸	备注
连梁	纵筋	1Za	2Φ18	2Φ16	2Φ16	2Φ16	200 2 000 200	外置长度200
		1Zb	2Φ10	2Φ10	2Φ10	2Φ10		
	箍筋	1G	12Φ10	12Φ8	12Φ8	12Φ6	110 190 (240) 160	焊接封闭箍筋
	拉筋	1L	12Φ8	12Φ8	12Φ8	12Φ6	10d 170 10d	d为拉筋直径
边缘构件	纵筋	2Za	14Φ16	14Φ16	—	—	23 2 466 290	一端车丝长度23
			—	—	14Φ14	—	21 2 484 275	一端车丝长度21
			—	—	—	14Φ12	18 2 500 260	一端车丝长度18
		2Zb	6Φ10	6Φ10	6Φ10	6Φ10	2 610	
	箍筋	2Ga	20Φ8	—	—	—	330 120	焊接封闭箍筋
		2Gb	22Φ8	22Φ8	22Φ6	22Φ6	200 415 120	焊接封闭箍筋
		2Gc	2Φ8	2Φ8	2Φ6	2Φ6	240 425 140	焊接封闭箍筋
		2Gd	8Φ8	8Φ8	8Φ6	8Φ6	700 140	焊接封闭箍筋
		2La	80Φ8	60Φ8	60Φ6	60Φ6	10d 130 10d	d为拉筋直径
		2Lb	22Φ6	22Φ6	22Φ6	22Φ6	30 130 30	
		2Lc	6Φ8	6Φ8	6Φ6	6Φ6	10d 150 10d	d为拉筋直径
窗下墙	水平筋	2a	2Φ10	2Φ10	2Φ10	2Φ10	400 1 200 400	
	水平筋	2b	10Φ8	10Φ8	10Φ8	10Φ8	150 1 200 150	
	竖向筋	2c	12Φ8	12Φ8	12Φ8	12Φ8	80 900 (950) 80	
	拉筋	2L	Φ6@400	Φ6@400	Φ6@400	Φ6@400	30 160 30	

图 1-12 WQC1-3328-1214 钢筋图

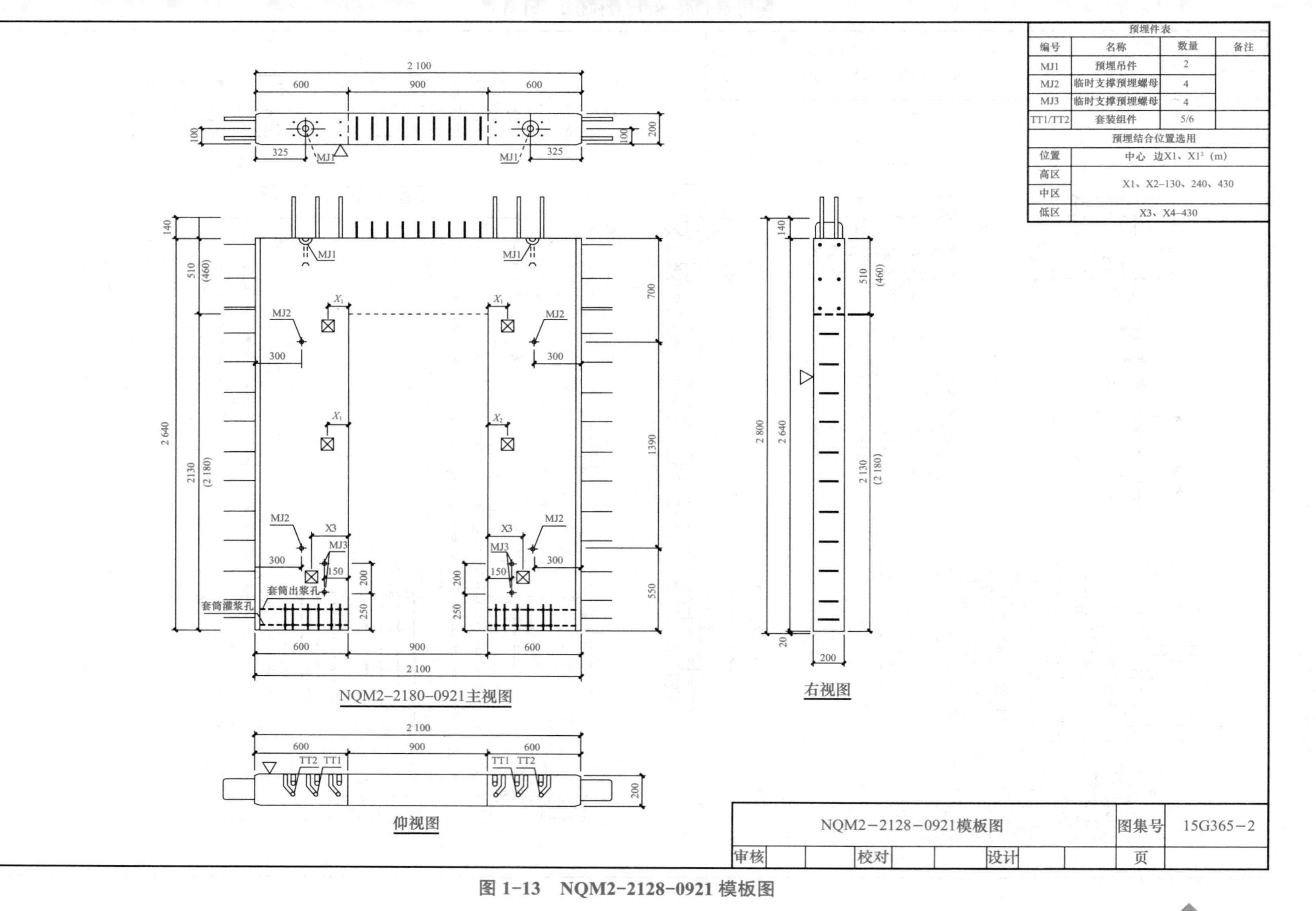

图 1-13　NQM2-2128-0921 模板图

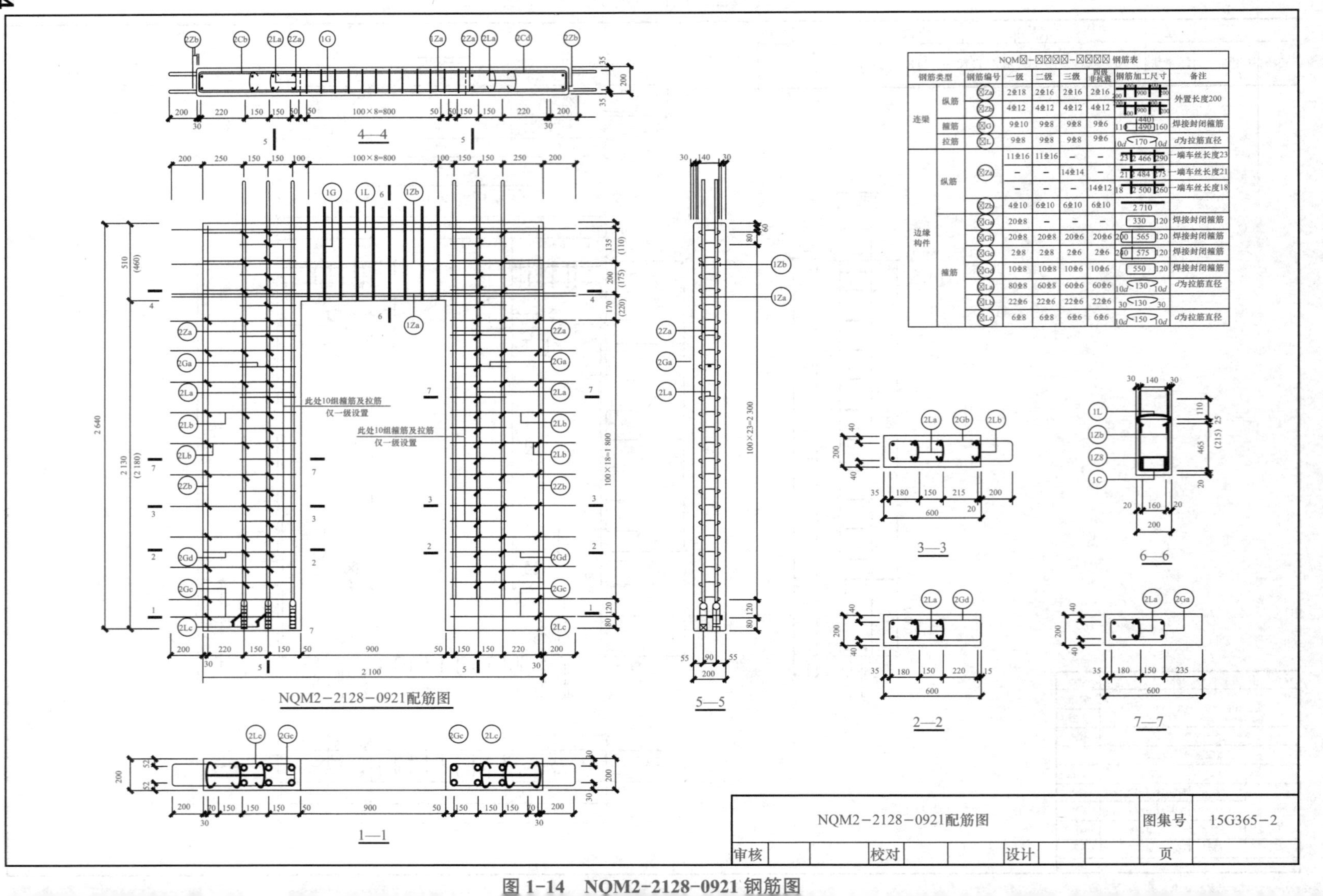

NQM☒-☒☒☒☒-☒☒☒☒ 钢筋表

钢筋类型		钢筋编号	一级	二级	三级	四级 非抗震	钢筋加工尺寸	备注
连梁	纵筋	☒Za	2⌀18	2⌀16	2⌀16	2⌀16	200 400 900 400 200	外置长度200
		☒Zb	4⌀12	4⌀12	4⌀12	4⌀12	200 400 900 400 200	
	箍筋	☒G	9⌀10	9⌀8	9⌀8	9⌀6	110 (440) 490 160	焊接封闭箍筋
	拉筋	☒L	9⌀8	9⌀8	9⌀8	9⌀6	10*d* 170 10*d*	*d*为拉筋直径
边缘构件	纵筋	☒Za	11⌀16	11⌀16	–	–	23 2 466 290	一端车丝长度23
			–	–	14⌀14	–	21 2 484 275	一端车丝长度21
			–	–	–	14⌀12	18 2 500 260	一端车丝长度18
		☒Zb	4⌀10	6⌀10	6⌀10	6⌀10	2 710	
	箍筋	☒Ga	20⌀8	–	–	–	330 120	焊接封闭箍筋
		☒Gb	20⌀8	20⌀8	20⌀6	20⌀6	200 565 120	焊接封闭箍筋
		☒Gc	2⌀8	2⌀8	2⌀6	2⌀6	240 575 120	焊接封闭箍筋
		☒Gd	10⌀8	10⌀8	10⌀6	10⌀6	550 120	焊接封闭箍筋
		☒La	80⌀8	60⌀8	60⌀6	60⌀6	10*d* 130 10*d*	*d*为拉筋直径
		☒Lb	22⌀6	22⌀6	22⌀6	22⌀6	30 130 30	
		☒Lc	6⌀8	6⌀8	6⌀6	6⌀6	10*d* 150 10*d*	*d*为拉筋直径

图 1-14　NQM2-2128-0921 钢筋图

（3）9Φ10 连梁箍筋 1G。

（4）12Φ16 门洞两侧边缘构件竖向纵筋 2Za。

（5）4Φ10 墙端端部竖向构造纵筋 2Zb。

（6）2Φ8 灌浆套筒处水平分布筋 2Gc。

（7）20Φ8 墙体水平分布筋 2Gb。

（8）10Φ8 套筒顶和连梁处水平加强筋 2Gd。

（9）20Φ8 门洞口边缘构件箍筋 2Ga。

（10）80Φ8 门洞口边缘构件拉结筋 2La。

（11）20Φ6 墙端端部竖向构造纵筋拉结筋 2Lb。

（12）6Φ8 灌浆套筒处拉结筋 2Lc。

7. 预制剪力墙平面布置图

堆场上不同规格型号的墙板分别安装到楼层上的具体位置需要参考预制剪力墙平面布置图。预制剪力墙平面布置图内容包括预制剪力墙、现浇混凝土墙体、后浇段、现浇梁、楼面梁、水平后浇带和圈梁等，以及结构楼层标高、嵌固部位位置、墙体、后浇段定位（轴线居中、不居中）、门窗洞口尺寸和定位和剪力墙装配方向。其识图步骤较为简单，如下所示。

（1）看图名比例。

（2）看层高表。

（3）看预制剪力墙和后浇节点分布。

（4）看编号和定位。

（5）看装配方向。

预制柱识图

1.2.3.3 预制柱识图

1. 预制柱模板图识图案例

预制柱的截面形状一般为正方形或矩形，边长不宜小于 400 mm，且不宜小于同方向梁宽的 1.5 倍。纵向钢筋直径不宜小于 20 mm，间距不宜大于 200 mm，不应大于 400 mm。键槽深度不宜小 30 mm，端部斜面倾角不宜大于 30°，柱顶应设置粗糙面，凹凸深度不小于 6 mm。

预制柱吊装预埋件设置在柱顶，一般设置 3 个，呈三角形，也可设置 2 个；水平吊点设置在正面，对称布置，一般设置 4 个或 2 个。临时支撑预埋件设置在正面相邻侧面中间部位。

以 PCZ1 柱模板图为例，从图 1–15 可见柱高 2 630 mm，柱宽 600 mm；吊钉 2 个，水平吊点 2 个。

2. 预制柱钢筋图识图案例

从配筋图 1–16 可知，PCZ2 柱纵筋为 4Φ16 和 12Φ25。端部采用直径为 12 mm、间距为 100 mm 的箍筋进行加密。中间非加密区部采用直径为 12 mm、间距为 200 mm 的箍筋。

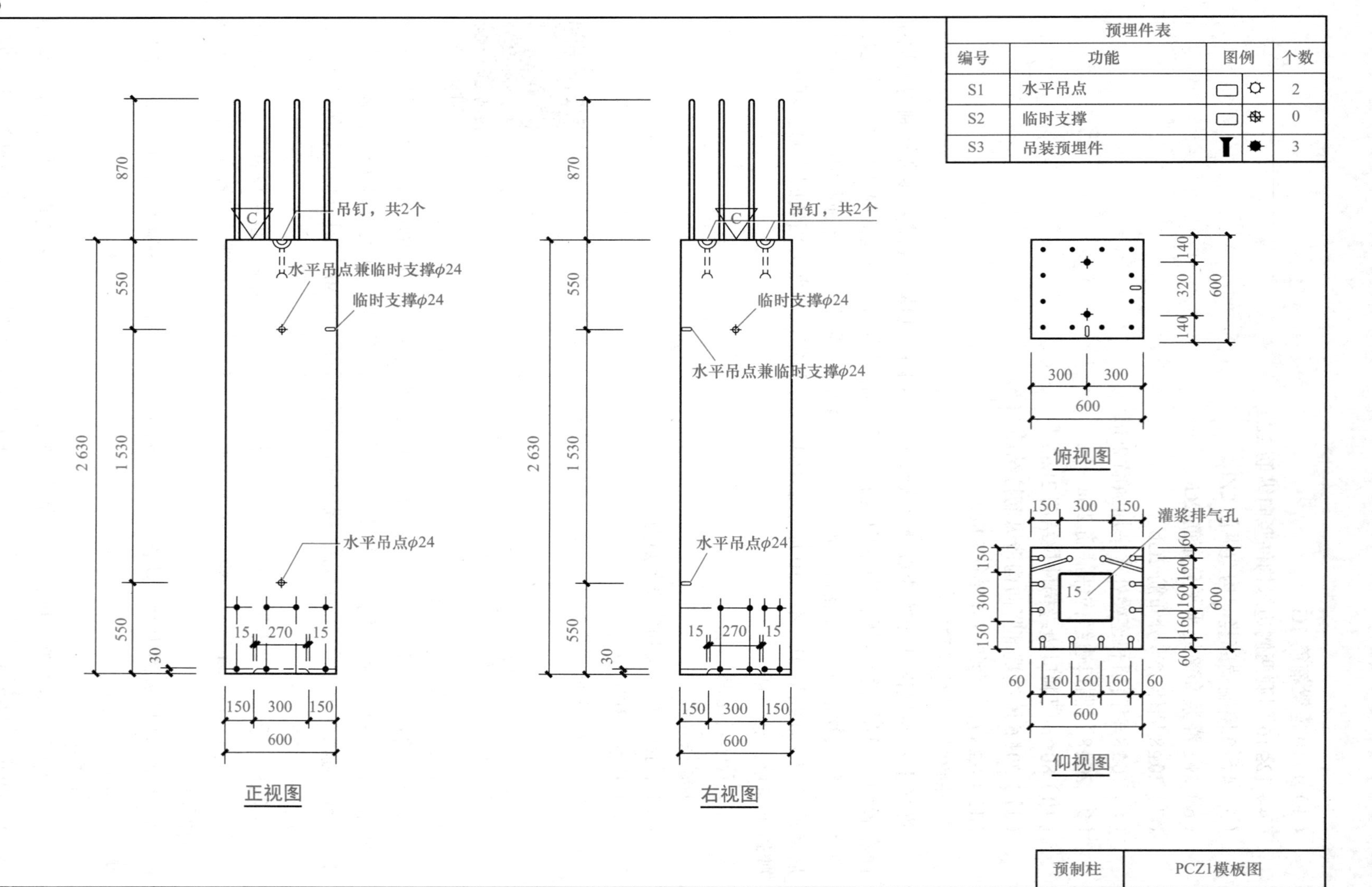

图 1-15　PCZ1 柱模板图

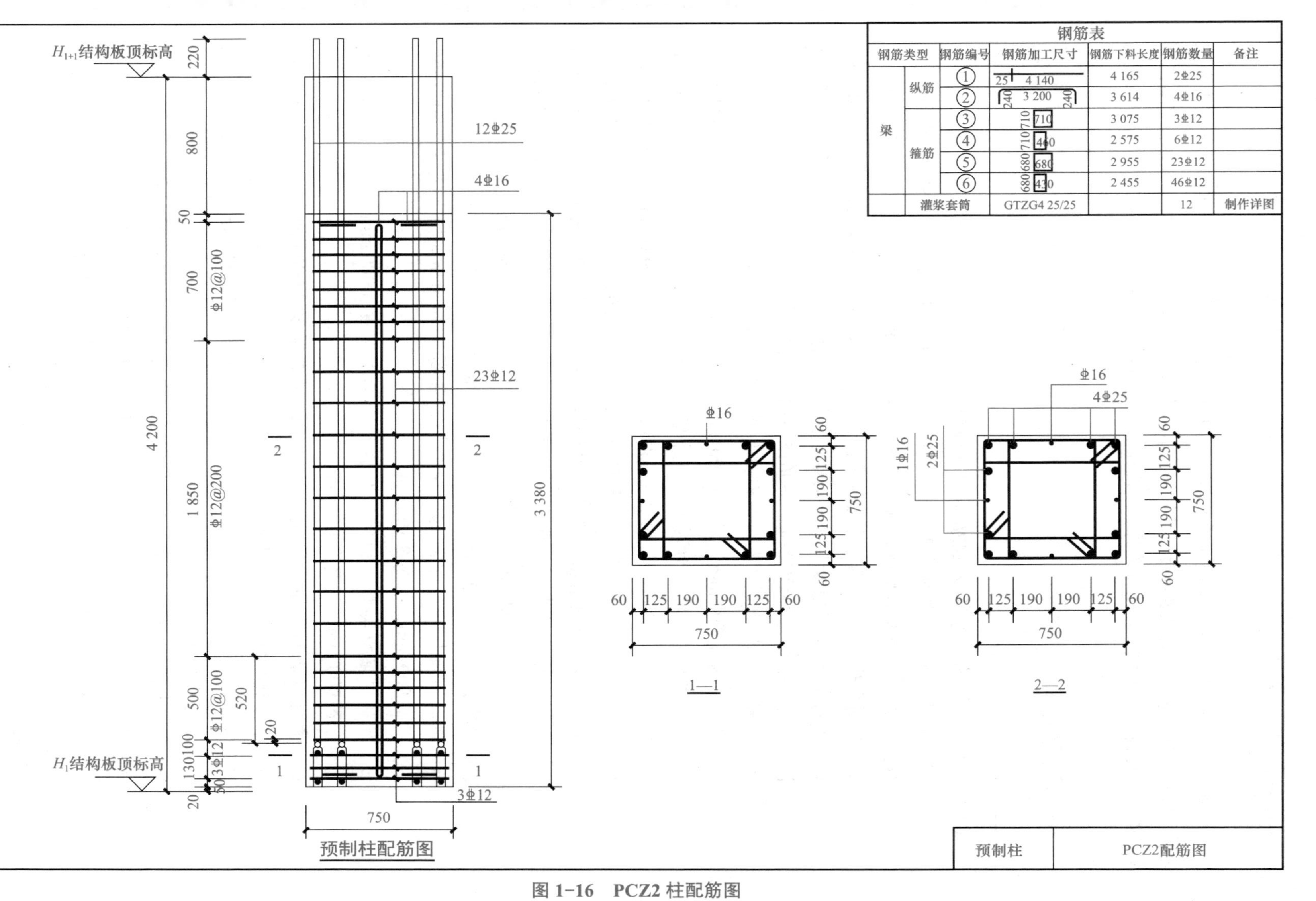

钢筋表

钢筋类型		钢筋编号	钢筋加工尺寸	钢筋下料长度	钢筋数量	备注
梁	纵筋	①	25 4 140	4 165	2⌀25	
		②	240 3 200 240	3 614	4⌀16	
	箍筋	③	710 710	3 075	3⌀12	
		④	710 460	2 575	6⌀12	
		⑤	680 680	2 955	23⌀12	
		⑥	680 430	2 455	46⌀12	
	灌浆套筒		GTZG4 25/25		12	制作详图

图 1-16　PCZ2 柱配筋图

任务小结

与现浇结构施工图相比，装配式建筑施工图包括平立面安装布置图、典型构件安装节点详图、预制构件安装构造详图及各专业设计预留预埋件定位图等内容。装配式混凝土建筑工程施工图，主要由图纸目录、设计总说明、建筑施工图、结构施工图、设备施工图等部分组成。

课后练习题

一、理论题

（1）【单选题】编号为 WQ-2428 的内叶墙板，其含义为（　　）。

A．预制内叶墙板类型为无洞口外墙，标志宽度 2 400 mm，层高 2 800 mm

B．预制内叶墙板类型为无洞口外墙，层高 2 400 mm，标志宽度 2 800 mm

C．预制内叶墙板类型为一个窗洞高窗台外墙，标志宽度 2 400 mm，层高 2 800 mm

D．预制内叶墙板类型为一个窗洞矮窗台外墙，标志宽度 2 400 mm，层高 2 800 mm

（2）【单选题】编号为 WQC2-4830-0615-1515 的内叶墙板，其含义为（　　）。

A．预制内叶墙板类型为两个窗洞外墙，层高 4 800 mm，标志宽度 3 000 mm，其中一窗宽 600 mm，窗高 1 500 mm，另一窗宽 1 500 mm，窗高 1 500 mm

B．预制内叶墙板类型为两个窗洞外墙，标志宽度 4 800 mm，层高 3 000 mm，其中一窗高 600 mm，窗宽 1 500 mm，另一窗宽 1 500 mm，窗高 1 500 mm

C．预制内叶墙板类型为两个窗洞外墙，层高 4 800 mm，标志宽度 3 000 mm，其中一窗高 600 mm，窗宽 1 500 mm，另一窗宽 1 500 mm，窗高 1 500 mm

D．预制内叶墙板类型为两个窗洞外墙，标志宽度 4 800 mm，层高 3 000 mm，其中一窗宽 600 mm，窗高 1 500 mm，另一窗宽 1 500 mm，窗高 1 500 mm

（3）【单选题】编号为 NQM1-3028-0921 的内墙板，其含义为（　　）。

A．预制内墙板类型为固定门垛内墙，层高 3 000 mm，标志宽度 2 800 mm，门宽 900 mm，门高 2 100 mm

B．预制内墙板类型为固定门垛内墙，标志宽度 3 000 mm，层高 2 800 mm，门宽 900 mm，门高 2 100 mm

C．预制内墙板类型为固定门垛内墙，标志宽度 3 000 mm，层高 2 800 mm，门高 900 mm，门宽 2 100 mm

D．预制内墙板类型为中间门洞内墙，标志宽度 3 000 mm，层高 2 800 mm，门宽 900 mm，门高 2 100 mm

（4）【单选题】预制柱纵向受力钢筋的间距不宜大于（　　）mm 且不应大于 400 mm。

A．150　　B．200　　C．250　　D．300

（5）【简答题】什么是预制柱的键槽？绘图表示。为什么预制柱要设置键槽？

二、实训题

1. 任务描述

根据下列竖向构件模板图 1-17 和图 1-18 完成技能考核任务，填好表 1-12 任务考评单。

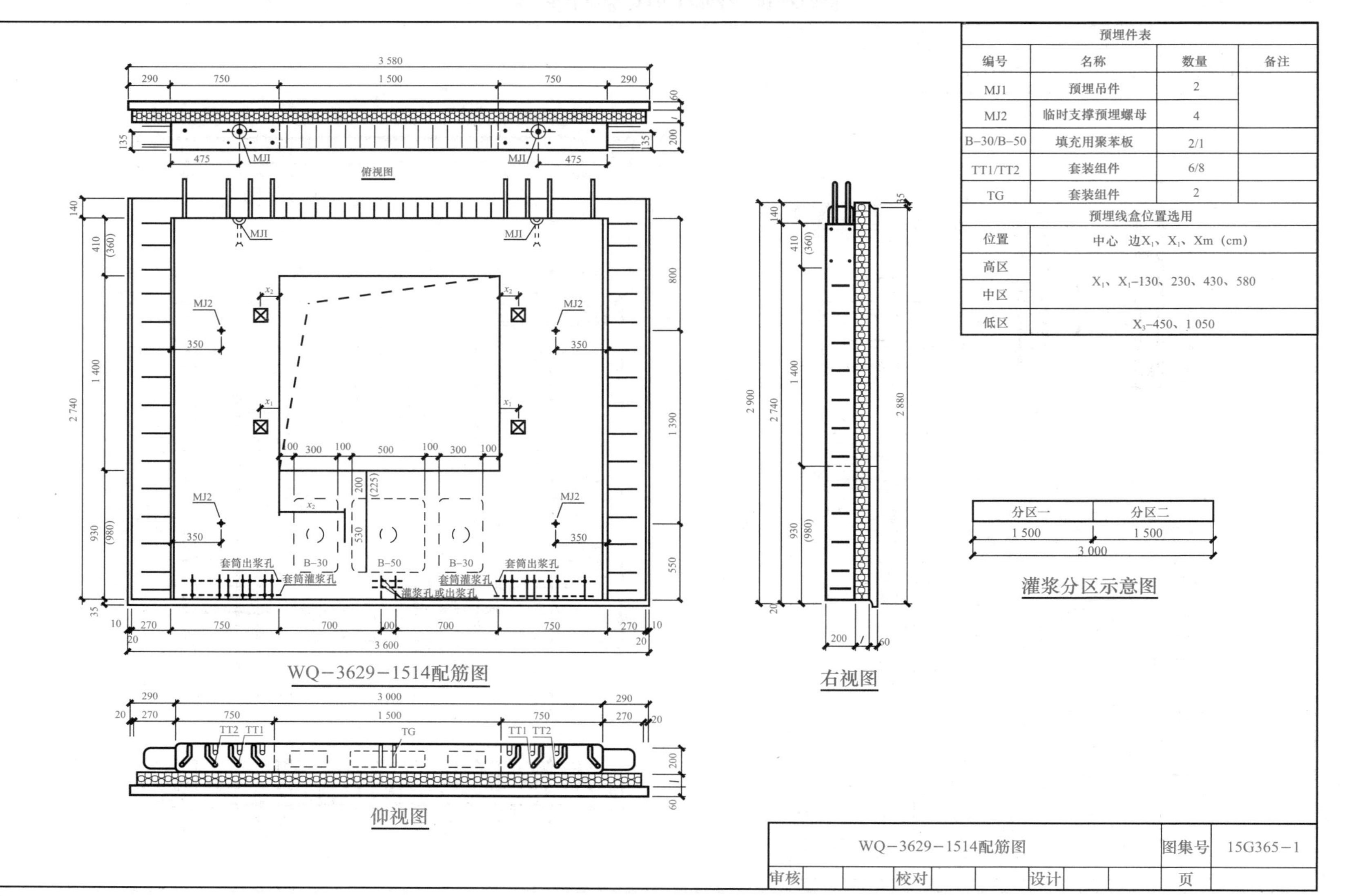

预埋件表			
编号	名称	数量	备注
MJ1	预埋吊件	2	
MJ2	临时支撑预埋螺母	4	
B-30/B-50	填充用聚苯板	2/1	
TT1/TT2	套装组件	6/8	
TG	套装组件	2	
预埋线盒位置选用			
位置	中心　边X_1、X_1、Xm（cm）		
高区	X_1、X_1-130、230、430、580		
中区			
低区	X_3-450、1 050		

图 1-17　考评识图 WQC1-3629-1514 模板图

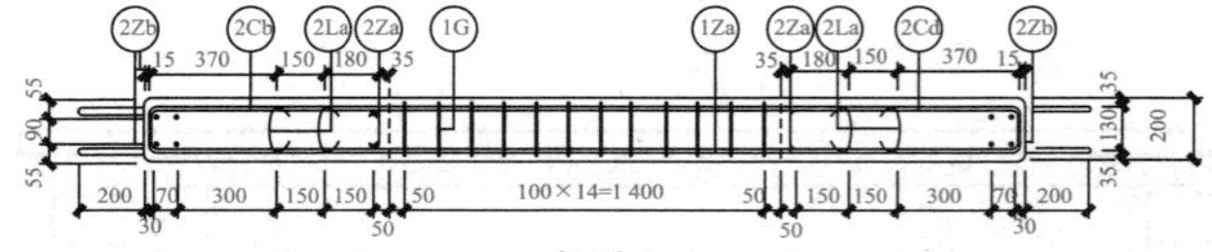

4—4

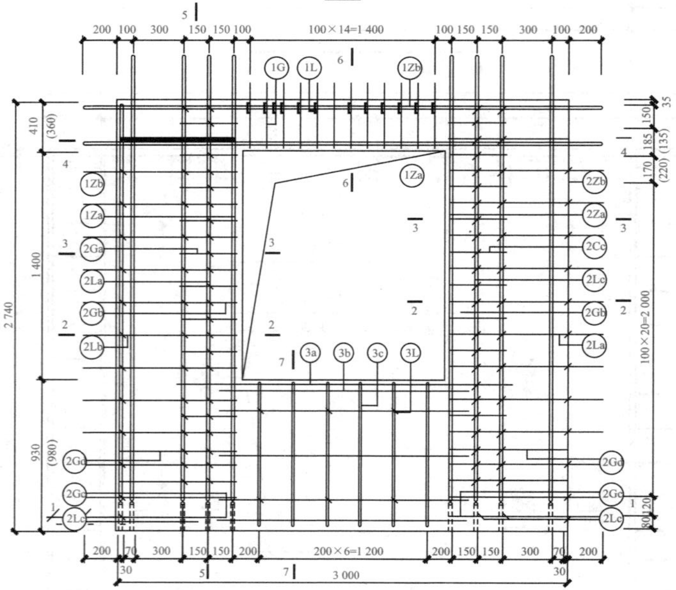

WQC1-3629-1514配筋图

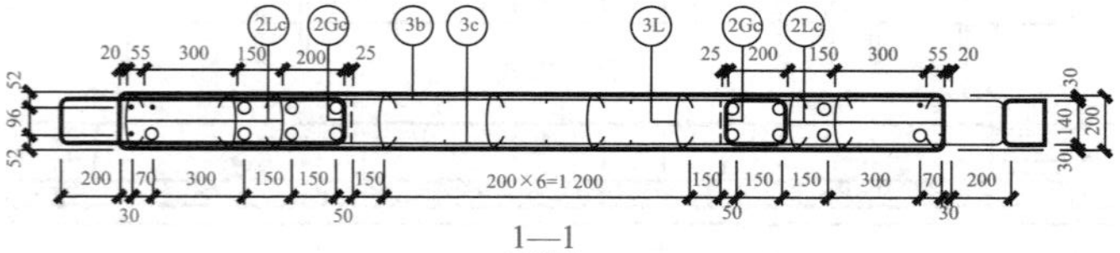

1—1

WQC□-□□□□-□□□□ 钢筋表

钢筋类型		钢筋编号	一级	二级	三级	四级 非抗震	钢筋加工尺寸	备注
连梁	纵筋	1Za	2⌀18	2⌀16	2⌀16	2⌀16	200 3 000 200	外置长度200
		1Zb	4⌀10	4⌀10	4⌀10	4⌀10		
	箍筋	1G	15⌀10	15⌀8	15⌀8	15⌀6	(340) 110 390 160	焊接封闭箍筋
	拉筋	1L	15⌀8	15⌀8	15⌀8	15⌀6	10d 170 10d	d为拉筋直径
边缘构件	纵筋	1Za	14⌀16	14⌀16	—	—	23 2 566 290	一端车丝长度23
			—	—	14⌀14	—	21 2 584 275	一端车丝长度21
			—	—	—	14⌀12	18 2 600 260	一端车丝长度18
		1Zb	6⌀10	6⌀10	6⌀10	6⌀10	2 710	
	箍筋	1Ga	22⌀8	—	—	—	330 120	焊接封闭箍筋
		1Gb	22⌀8	22⌀8	22⌀6	22⌀6	200 415 120	焊接封闭箍筋
		1Gc	2⌀8	2⌀8	2⌀6	2⌀6	240 425 140	焊接封闭箍筋
		1Gd	8⌀8	8⌀8	8⌀6	8⌀6	700 140	焊接封闭箍筋
		1La	82⌀8	60⌀8	60⌀6	60⌀6	10d 130 10d	d为拉筋直径
		1Lb	22⌀6	22⌀6	22⌀6	22⌀6	30 130 30	
		1Lc	6⌀8	6⌀8	6⌀6	6⌀6	10d 150 10d	d为拉筋直径
窗下墙	水平筋	1a	2⌀10	2⌀10	2⌀10	2⌀10	400 1 500 400	
	水平筋	1b	10⌀8	10⌀8	10⌀8	10⌀8	150 1 500 150	
	竖向筋	1c	14⌀8	14⌀8	14⌀8	14⌀8	900 80 (950) 80	
	拉筋	1L	⌀6@400	⌀6@400	⌀6@400	⌀6@400	30 160 30	

3—3 (本剖面仅一级设置2Ga、2La)

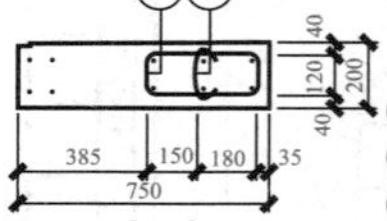

2—2

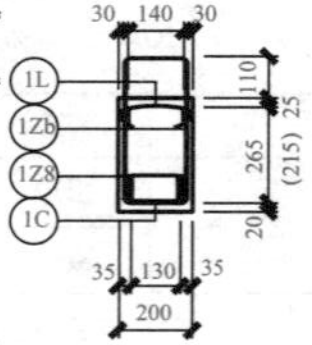

6—6

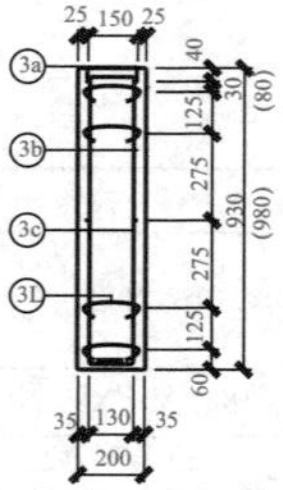

7—7

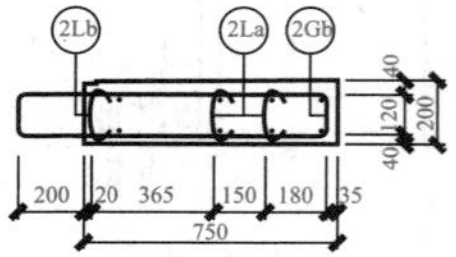

WQC1-3629-1514配筋图			图集号	15G365-1
审核	校对	设计	页	

图 1-18　考评识图 WQC1-3629-1514 配筋图

2. 任务分析

重点：

（1）识别竖向构件模板图。

（2）识别竖向构件钢筋图。

难点：

识别预埋件种类及个数。

表 1-12 “四色严线”竖向构件识图考评单

考核项目	竖向构件识图 WQC1-3629-1514			
评价内容	配分	考核标准	“四色严线”培养目标	得分
职业素养				
检查图纸及工具	5	①查清给定的图纸是否齐全。 ②查清提供的工具是否齐全	规范意识	
遵守纪律	5	考核过程中衣着整洁、态度认真、精神面貌好	规范意识	
安全操作	5	①操作过程中严格按照安全文明生产规定操作，无恶意损坏工具、原材料且无因操作失误造成人员伤害等行为。 ②均满足以上要求可得 5 分，否则总分计 0 分	安全意识	
场地清理	5	任务完成以后场地干净整洁	环保意识	
职业能力				
基本尺寸	10	①内叶墙板宽 ________mm（不含出筋），高 ________mm（不含出筋），厚 ________mm。 ②保温板宽 ________mm，高 ________mm。 ③外叶墙板宽 ____________mm，高 ____________mm，厚 ________mm。 ④均满足以上要求可得 10 分，否则总分计不及格	质量意识	
窗	6	窗洞口宽 ________mm，高 ________mm，窗台与内叶墙板底间距 ________mm	规范意识	
预埋件	14	①灌浆套筒 ____ 个。 ②墙板顶部有 ____ 个预埋吊件，编号 ____，墙板内侧面有 ____ 个临时支撑预埋螺母，编号 ____。 ③窗洞两侧各有 ____ 个预埋电气线盒，窗洞下部有 ____ 个预埋电气线盒（每空 2 分）	规范意识	
填充块	5	窗台下设置 ____ 块 ____ 型聚苯板轻质填充块	规范意识	
凹槽	5	内叶墙板两侧均预留凹槽 ____mm×____mm	规范意识	
对角线	4	内叶墙板对角线控制尺寸为 ____mm，外叶墙板对角线控制尺寸为 ____mm	规范意识	
连梁钢筋	12	①连梁底部纵筋的钢筋编号为 ____，根数直径信息为 ____。 ②连梁腰筋的钢筋编号为 ____，根数直径信息为 ____。 ③连梁拉筋的钢筋编号为 ____，根数直径信息为 ____	规范意识	

续表

考核项目	竖向构件识图 WQC1-3629-1514			
边缘钢筋	8	①墙体水平分布筋的钢筋编号为____，根数直径信息为____。 ②墙端端部竖向构造纵筋拉结筋的钢筋编号为____，根数直径信息为____	规范意识	
窗下墙钢筋	6	①窗下墙水平分布筋的钢筋编号为____，根数直径信息为____。 ②窗下墙竖向分布筋的钢筋编号为____，根数直径信息为____	规范意识	
摆放距离	6	竖向钢筋距离外叶墙板两侧边____mm 开始摆放，顶部水平钢筋距离外叶墙板顶部____mm 开始摆放，底部水平钢筋距离外叶墙板底部____mm 开始摆放	规范意识	
答案填写	4	规范填写、字迹清楚、卷面工整	规范意识	
总分（百分制）				

任务 1.3　水平构件识图

1. 知识目标

（1）熟悉装配式建筑常用水平构件的编号规则；

（2）熟悉装配式常用水平构件的模板图和钢筋图内容组成。

2. 技能目标

（1）能根据装配式建筑水平构件图纸分辨其构件类型；

（2）具备装配式建筑水平构件识图能力。

3. 素质目标

（1）培养学生对装配式建筑行业的自豪感；

（2）在识图中养成严、慎、细、实的作风，培养专注、敬业的工匠精神。

4. 素养提升

2020 年春节期间，新冠疫情牵动着全国人民的心，人们以装配式建筑施工方式快速建起火神山和雷神山两座医院，演绎了以“建筑为生命争取时间”的奇迹。在疫情最严峻的时候，3 万余名工人在火神山、雷神山医院顶风冒雨地坚守岗位，披星戴月地日夜奋战。他们 24 小时不停轮班作业，忙碌起来一天只睡四五个小时乃至通宵无眠；从设计到交工只用了十天时间，“两山”医院建设展现了世界第一的中国速度。

通过学习“火神山、雷神山医院 10 天神速建造”案例，在向学生展现不容小觑的中国速度的同时展示装配式建筑的突出优势，加强学生对装配式建筑的认同与了解，培养学生的职业自豪感、使命感和责任感。

1.3.1 熟悉预制叠合板图纸

1.3.1.1 预制叠合板编号

《桁架钢筋混凝土叠合板（60 mm 厚底板）》（15G366-1）指出预制叠合板编号与构件类型、厚度、尺寸、钢筋有关。其编号方式及含义如图 1-19 所示。根据《装配式混凝土结构表示方法及示例（剪力墙结构）》（15G107-1），预制叠合板命名类型见表 1-13。而各设计院常用的编号规则是直接用叠合板的代号“DHB”+底板的编号“1，2，3……”进行编号。

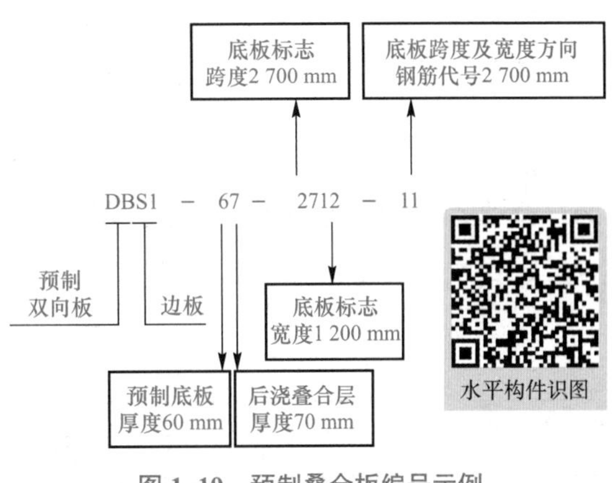

图 1-19 预制叠合板编号示例

表 1-13 预制叠合板编号类型

叠合板类型	代号
叠合楼面板	DLB
叠合屋面板	DWB
叠合悬挑板	DXB

1.3.1.2 预制叠合板模板图识图案例

以预制叠合板 DBS1-67-3012-11 为例进行模板图识图，基本构造可以从图 1-20 上看出，在宽度方向上，支座中线至拼缝定位线间距为 1 200 mm，支座一侧板边至支座中线 90 mm，拼缝一侧板边至拼缝定位线 150 mm，预制板混凝土面宽度为 960 mm。在长度方向上，两侧板边至支座中线均为 90 mm，预制板混凝土面长度为 2 820 mm，预制板四边及顶面均设置粗糙面，预制板底面为模板面，预制混凝土层厚 60 mm。

1.3.1.3 预制叠合板钢筋图识图案例

从图 1-21 可见，钢筋桁架中心线距离板边 180 mm，桁架中心线间距 600 mm，桁架钢筋端部距离板边 50 mm，板的宽度方向钢筋间距为 200 mm，最左侧的宽度方向板筋距板边 130 mm 布置，最右侧的宽度方向板筋距板边 90 mm 布置，在支座一侧外伸 90 mm，在拼缝一侧外伸 290 mm 后做 135° 弯钩，弯钩长度为 40 mm。

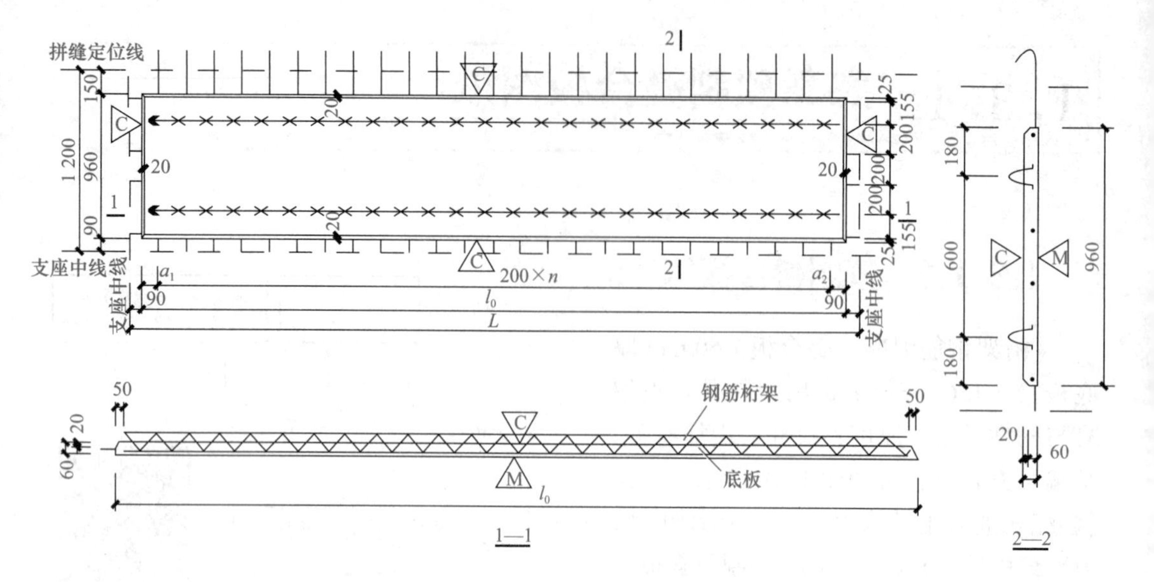

底板参数表

底板编号（X代表1、3）	l_0 /mm	a_1 /mm	a_2 /mm	n	桁架型号			混凝土体积 /m³	底板自重 /t
					编号	长度/mm	质量/kg		
DBS1-67-3012-X1	2 820	130	90	13	A80	2 720	4.79	0.162	0.406
DBS1-68-3012-X1					A90		4.87		

图 1-20　DBS1-67-3012-11 板模板图

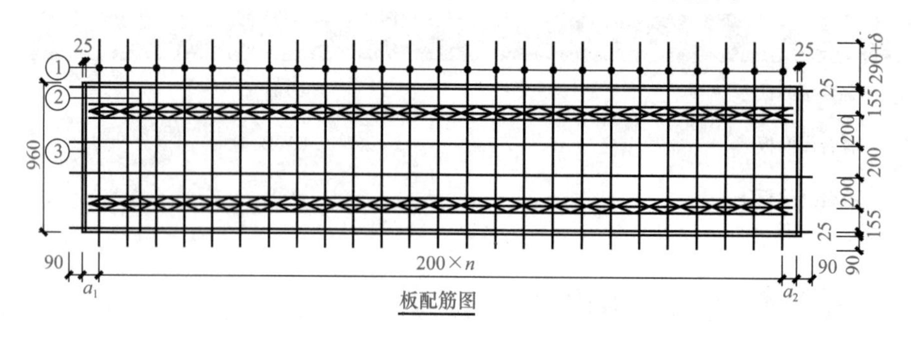

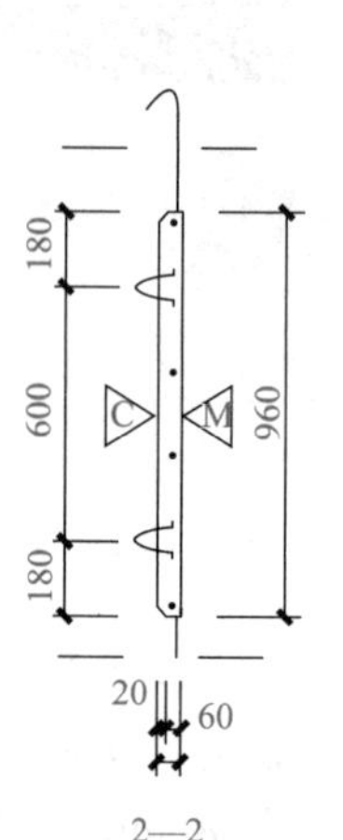

底板配筋表

底板编号（X代表7、8）	① 规格	① 加工尺寸	① 根数	② 规格	② 加工尺寸	② 根数	③ 规格	③ 加工尺寸	③ 根数
DBS1-6X-3012-11	⌀8	1 340+δ 40	14	⌀10	3 000	4	⌀6	910	2
DBS1-6X-3012-31				⌀10					
DBS1-6X-3312-11	⌀8	1 340+δ 40	16	⌀8	3 000	4	⌀6	910	2
DBS1-6X-3312-31				⌀10					
DBS1-6X-3612-11	⌀8	1 340+δ 40	17	⌀8	3 600	4	⌀6	910	2
DBS1-6X-3612-31				⌀10					

底板参数表

底板编号（X代表1、3）	l_0 /mm	a_1 /mm	a_2 /mm	n	桁架型号			混凝土体积 /m²	底板自重 /t
					编号	长度/mm	质量/kg		
DBS1-67-3012-X1	2 820	130	90	13	A80	2 720	4.79	0.162	0.406
DBS1-68-3012-X1					A90		4.87		

水平构件识图叠合板构件 AR 识图

图 1-21　DBS1-67-3012-11 板配筋图

1.3.2 预制楼梯识图

1.3.2.1 预制混凝土楼梯编号

预制楼梯编号方式为“ST-××-××”，其中“ST”表示楼梯类型，“××-××”表示“层高-楼梯间净宽”，如图1-22所示。例如，“ST-28-25”代表双跑楼梯，建筑层高2.8 m、楼梯间净宽2.5 m所对应的预制混凝土板式双跑楼梯梯段板。“JT-29-26”代表剪刀楼梯，建筑层高2.9 m、楼梯间净宽2.6 m所对应的预制混凝土板式剪刀楼梯梯段板。工程实践中，各设计院也可按本院的命名习惯对楼梯进行编号，但要遵循表达简洁、表达一致的原则。

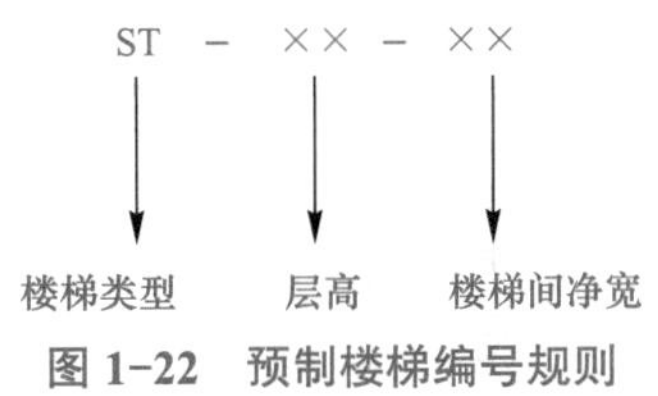

图1-22 预制楼梯编号规则

1.3.2.2 预制混凝土楼梯模板图识图案例

如图1-23所示，介绍ST-28-24的识读方法。

第一步看轮廓总尺寸，从3—3截面图可知，预制楼梯水平投影长度为2 620 mm，垂直投影尺寸为1 620 mm（1 440+180=1 620）；共有8个踏步，踏步宽260 mm，踏步高175 mm。每踏面前缘设置一对防滑凹槽，凹槽深度和细部信息图上未体现。

第二步看斜向梯板尺寸，斜向梯板水平投影长度为1 820 mm（260×7=1 820），梯板厚度为130 mm。斜向梯板的宽度为1 125 mm，从平面图和底面图都可以得到。上端平台板长度为400 mm，宽度为1 220 mm，厚度为180 mm；下端平台板长度为400 mm，宽度为1 125 mm，厚度为180 mm；上端平台板比梯板和下端平台凸出95 mm。

第三步看预留预埋情况，包含销键预留洞、栏杆预留孔、安装吊点预埋件和脱模吊点预埋件。从图上可知，4个安装吊点预埋件（M1）位于预制楼梯正面第2、6阶踏步上，安装吊点预埋件距楼梯边缘200 mm。脱模吊点（M1）预埋件位于预制楼梯第2、6阶踏步侧面，共有2个。脱模吊点预埋件中心距斜向梯板下边缘80 mm。销键预留洞位于预制楼梯上下端平台板上，共有四个。长度方向上，各孔中心距平台边缘100 mm；宽度方向上，上端两孔中心距梯段侧边280 mm，下端两孔中心距梯段侧边分别为280 m、185 mm。上端洞孔等直径，直径为50 mm；下端孔变直径，距离上表面40 mm的高度范围，洞孔直径为60 mm，余下160 mm的高度范围，洞孔直径为50 mm。图上无栏杆预留孔。

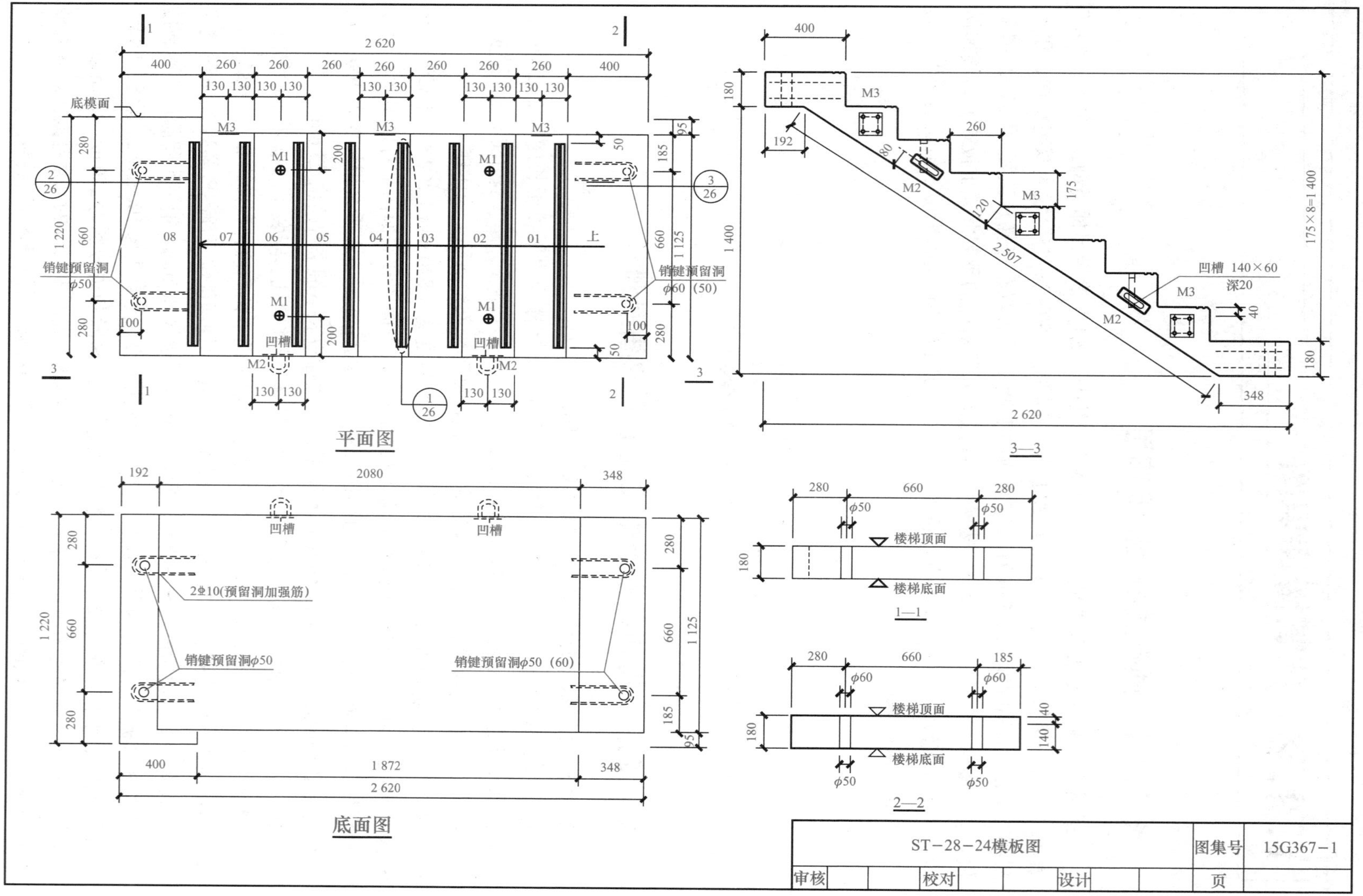

ST−28−24模板图						图集号	15G367−1
审核		校对		设计		页	

图 1-23　ST-28-24 预制楼梯模板图

1.3.2.3 预制混凝土楼梯配筋图识图案例

如图 1–24 所示，预制混凝土楼梯配筋图需要读出钢筋编号、钢筋规格、钢筋数量、钢筋样式、钢筋尺寸和钢筋定位等信息。钢筋识读步骤分为以下三步。

第一步看斜向梯板钢筋。结合钢筋图和钢筋表可知，梯板下部纵筋（1 号钢筋）编号为①，采用直径为 10 mm 的钢筋，共 7 根，钢筋倾斜段长度为 2 700 mm，伸入下端平台的平直段长度为 321 mm。梯板宽度方向，边缘 2 根纵筋距楼梯边缘分别为 40 mm、35 mm，中间纵筋的间距依次为 125 mm、200 mm、200 mm、200 mm、200 mm、120 mm。梯板上部纵筋（2 号钢筋）识读方法同前所述。

梯板上下分布筋（3 号钢筋）编号为③，采用直径为 8 mm 的钢筋，共 20 根。水平段长度为 1 085 mm，弯钩平直段长度为 80 mm。由配筋图可知，分布筋沿着板跨方向均匀布置。在板厚方向，分布筋位于上部纵筋、下部纵筋的内侧。

梯板边缘上部封边筋（11 号钢筋）编号为②，位于梯板两侧上部边缘，采用直径为 14 mm 的钢筋，共 2 根。倾斜段长度为 2 700 mm，伸入上端平台的平直段长度为 150 mm，伸入下端平台的平直段长度为 275 mm。由 2—2 断面图可知，宽度方向，上部封边筋距楼梯边缘分别为 40 mm、35 mm。厚度方向，上部封边筋位于分布筋内侧。梯板边缘下部封边筋（12 号钢筋）识读方法同前所述。

第二步看上端和下端平台板钢筋。由钢筋图、1—1 断面图和钢筋表可知，上端平台纵筋（4 号钢筋）编号为④，采用直径为 12 mm 的钢筋，共 6 根。钢筋为直线形，长度为 1 180 mm。

上端平台箍筋（5 号钢筋）编号为⑤，共设置了 9 道。采用直径为 8 mm 的钢筋；边缘 2 道箍筋距楼梯边缘为 60 mm，中间箍筋的间距依次为 100 mm、150 mm、150 mm、150 mm、150 mm、150 mm、150 mm、100 mm。下端平台纵筋（6 号钢筋）和下端平台箍筋（7 号钢筋）识读方法同前所述。

第三步看加强筋，包含销键预留洞边加强筋和吊点加强筋。销键预留洞边加强筋（8 号钢筋），该钢筋形状为 U 形，位于销键预留洞口处。加强筋直径为 10 mm，共设置了八道。吊点加强筋（9 号钢筋）位于安装吊点处，根据钢筋平面安装定位图可知，一个吊点位置设两道加强筋，间距为 100 mm。加强筋规格为 Φ8，共设置了八道。吊点加强筋（10 号钢筋）形状为直线形，长度为 1 085 mm，该加强筋规格为 Φ8，共设置了两道。

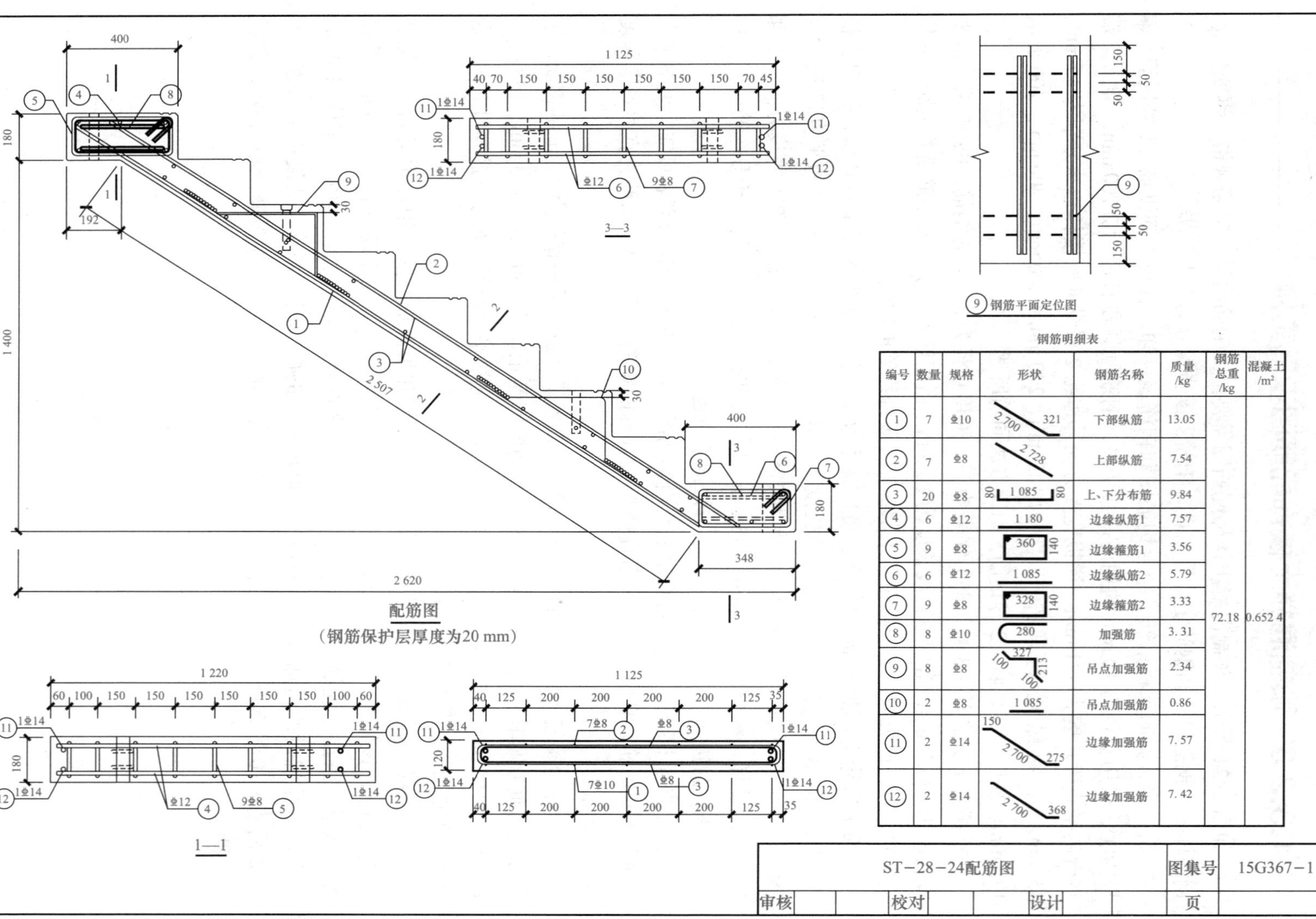

钢筋明细表

编号	数量	规格	形状	钢筋名称	质量/kg	钢筋总重/kg	混凝土/m²
①	7	⌀10	2 700, 321	下部纵筋	13.05	72.18	0.652 4
②	7	⌀8	2 728	上部纵筋	7.54		
③	20	⌀8	80, 1 085, 80	上、下分布筋	9.84		
④	6	⌀12	1 180	边缘纵筋1	7.57		
⑤	9	⌀8	360, 140	边缘箍筋1	3.56		
⑥	6	⌀12	1 085	边缘纵筋2	5.79		
⑦	9	⌀8	328, 140	边缘箍筋2	3.33		
⑧	8	⌀10	280	加强筋	3. 31		
⑨	8	⌀8	327, 213, 100, 100	吊点加强筋	2.34		
⑩	2	⌀8	1 085	吊点加强筋	0.86		
⑪	2	⌀14	150, 2 700, 275	边缘加强筋	7. 57		
⑫	2	⌀14	2 700, 368	边缘加强筋	7. 42		

图 1-24　ST-28-24 预制楼梯配筋图

任务小结

装配式混凝土结构识图的主要内容有构件材料图例、构件编号方法、构件制作详图识读、构件安装平面布置图识读、装配式建筑结构构件安装位置施工顺序图识读等。装配式混凝土结构图纸识读，应重点对装配式建筑装配过程中遇到的图例标识、编号规则、符号说明、图形示例等进行解读。同时，通过工程示例对现场装配中常用的建筑施工图纸进行说明。

课后练习题

一、理论题

（1）【单选题】按照《桁架钢筋混凝土叠合板（60 mm 厚底板）》（15G366-1）的构件编号规则，对 DBS1-67-3012 中 DBS 表示的含义正确的是（　　）。

A．桁架钢筋叠合板底板中板　　B．桁架钢筋叠合板底板双向板

C．桁架钢筋叠合板底板单向板　　D．桁架钢筋叠合板底板边板

（2）【单选题】按照《桁架钢筋混凝土叠合板（60 mm 厚底板）》（15G366-1）的构件编号规则，对 DBS1-67-6015 中 1 表示的含义正确的是（　　）。

A．桁架钢筋叠合板底板边板　　B．桁架钢筋叠合板底板双向板

C．桁架钢筋叠合板底板中板　　D．桁架钢筋叠合板底板单向板

（3）【单选题】按照《桁架钢筋混凝土叠合板（60 mm 厚底板）》（15G366-1）的构件编号规则，对 DBS1-67-6015 中 15 表示的含义正确的是（　　）。

A．构件实际宽度 15 dm　　B．构件实际跨度 15 dm

C．构件标志跨度 15 dm　　D．构件标志宽度 15 dm

（4）【多选题】预制钢筋混凝土楼梯按照结构形式和受力特性的不同，可分为（　　）。

A．预制板式楼梯　　B．旋转楼梯

C．预制双跑楼梯　　D．预制梁式楼梯

（5）【多选题】以下是预制板式楼梯中的常见预密预埋的有（　　）。

A．安装吊点预埋件　　B．支撑预埋件

C．脱模吊点预埋件　　D．销键预留洞

（6）【多选题】预制钢筋混凝土楼梯中钢筋一般由（　　）组成。

A．加强钢筋　　B．梯梁钢筋

C．上、下端平台板钢筋　　D．斜向梯段板钢筋

二、实训题

1. 任务描述

根据图 1-25 所示水平构件施工图完成装配式识图任务，并填好表 1-14 任务考评单。

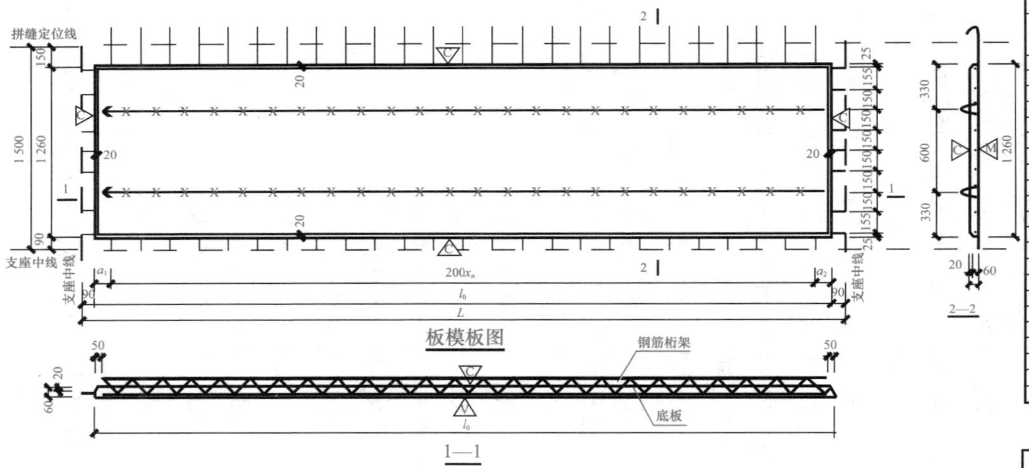

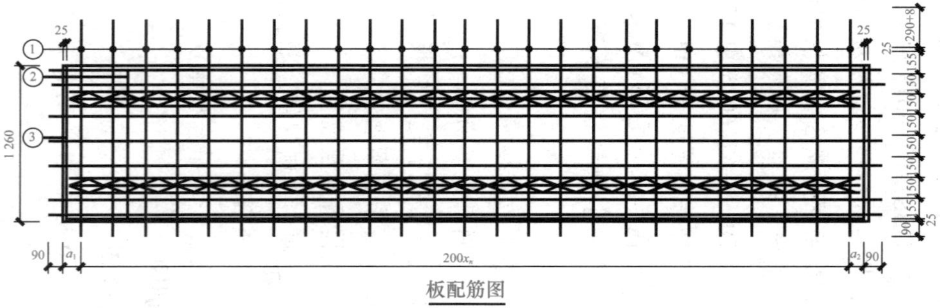

拼缝定位线　支座中线　板模板图　钢筋桁架　底板　1—1　2—2　板配筋图

底板参数表

底板编号(X代表2、4)	l_0 /mm	a_1 /mm	a_2 /mm	n	桁架型号 编号	桁架型号 长度/mm	桁架型号 质量/kg	混凝土体积/m³	底板自重/t
DBS1-67-3015-X1	2 820	130	90	13	A80	2 720	4.79	0.213	0.533
DBS1-68-3015-X1					A90		4.87		
DBS1-67-3315-X1	3 120	80	40	15	A80	3 020	5.32	0.236	0.590
DBS1-68-3315-X1					A90		5.40		
DBS1-67-3615-X1	3 420	130	90	16	A80	3 320	5.85	0.259	0.646
DBS1-68-3615-X1					A90		5.94		
DBS1-67-3915-X1	3 720	80	40	18	B80	3 620	7.18	0.281	0.703
DBS1-68-3915-X1					B90		7.28		
DBS1-67-4215-X1	4 020	130	90	19	B80	3 920	7.77	0.304	0.760
DBS1-68-4215-X1					B90		7.88		
DBS1-67-4515-X1	4 320	80	40	21	B80	4 220	8.37	0.327	0.816
DBS1-68-4515-X1					B90		8.48		
DBS1-67-4815-X1	4 620	130	90	22	B80	4 520	8.96	0.349	0.873
DBS1-68-4815-X1					B90		9.09		
DBS1-67-5115-X1	4 920	80	40	24	B80	4 820	9.55	0.372	0.930
DBS1-68-5115-X1					B90		9.69		
DBS1-67-5415-X1	5 220	130	90	25	B80	5 120	10.15	0.395	0.986
DBS1-68-5415-X1					B90		10.29		
DBS1-67-5715-X1	5 520	80	40	27	B80	5 420	10.74	0.417	1.044
DBS1-68-5715-X1					B90		10.90		
DBS1-67-6015-X1	5 820	130	90	28	B80	5 720	11.33	0.440	1.100
DBS1-68-6015-X1					B90		11.50		

底板配筋表

底板编号(X代表7、8)	① 规格	① 加工尺寸	① 根数	② 规格	② 加工尺寸	② 根数	③ 规格	③ 加工尺寸	③ 根数
DBS1-6X-3015-21 DBS1-6X-3015-41	⌀8	1 640-8 40	14	⌀8 ⌀10	3 000	7	⌀6	1 210	2
DBS1-6X-3315-21 DBS1-6X-3315-41	⌀8	1 640-8 40	16	⌀8 ⌀10	3 300	7	⌀6	1 210	2
DBS1-6X-3615-21 DBS1-6X-3615-41	⌀8	1 640-8 40	17	⌀8 ⌀10	3 600	7	⌀6	1 210	2
DBS1-6X-3915-21 DBS1-6X-3915-41	⌀8	1 640-8 40	19	⌀8 ⌀10	3 900	7	⌀6	1 210	2
DBS1-6X-4215-21 DBS1-6X-4215-41	⌀8	1 640-8 40	20	⌀8 ⌀10	4 200	7	⌀6	1 210	2
DBS1-6X-4515-21 DBS1-6X-4515-41	⌀8	1 640-8 40	22	⌀8 ⌀10	4 500	7	⌀6	1 210	2
DBS1-6X-4815-21 DBS1-6X-4815-41	⌀8	1 640-8 40	23	⌀8 ⌀10	4 800	7	⌀6	1 210	2
DBS1-6X-5115-21 DBS1-6X-5115-41	⌀8	1 640-8 40	25	⌀8 ⌀10	5 100	7	⌀6	1 210	2
DBS1-6X-5415-21 DBS1-6X-5415-41	⌀8	1 640-8 40	26	⌀8 ⌀10	5 400	7	⌀6	1 210	2
DBS1-6X-5715-21 DBS1-6X-5715-41	⌀8	1 640-8 40	28	⌀8 ⌀10	5 700	7	⌀6	1 210	2
DBS1-6X-6015-21 DBS1-6X-6015-41	⌀8	1 640-8 40	29	⌀8 ⌀10	6 000	7	⌀6	1 210	2

宽1 500双向板底板边板模板及配筋图 (DBS1-6X-xx15-21/DBS1-6X-xx15-41)		图集号	15G366-1
审核	校对	设计	页

图 1-25　DBS1-3015-67-21 板

2. 任务分析

重点：

（1）识别水平构件模板图。

（2）识别水平构件钢筋图。

难点：

识别钢筋种类及型号。

表 1-14 “四色严线”水平构件识图考评单

考核项目	水平构件识图 DBS1-3015-67-21			
评价内容	配分	考核标准	“四色严线”培养目标	得分
职业素养				
检查图纸及工具	5	①查清给定的图纸是否齐全。 ②查清提供的工具是否齐全	规范意识	
遵守纪律	5	考核过程中衣着整洁、态度认真、精神面貌好	规范意识	
安全操作	5	①操作过程中严格按照安全文明规定操作，无恶意损坏工具、原材料且无因操作失误造成人员伤害等行为。 ②均满足以上要求可得 5 分，否则总分计 0 分	安全意识	
场地清理	5	任务完成以后场地干净整洁	环保意识	
职业能力				
编号意义	4	① DBS 代表 ________。 ②以上问题回答正确得 4 分，否则总分计不及格	质量意识	
宽度方向	16	支座中线至拼缝定位线间距为 _____mm，支座一侧板边至支座中线 _____mm，拼缝一侧板边至拼缝定位线 _____mm，预制板混凝土面宽度 _____mm	规范意识	
长度方向	20	侧板边至支座中线均为 _____mm，预制板混凝土面长度 _____mm，预制板四边及顶面均设置 _____，预制板底面为 _____，预制混凝土层厚 _____mm	规范意识	
钢筋	30	钢筋桁架中心线距离板边 _____mm，桁架中心线间距 _____mm，桁架钢筋端部距离板边 _____mm，板的宽度方向钢筋间距为 _____mm，最左侧的宽度方向板筋距板边 _____mm 布置，最右侧的宽度方向板筋距板边 _____mm 布置，在支座一侧外伸 _____mm，在拼缝一侧外伸 _____mm 后做 _____ 弯钩，弯钩长度 _____mm	规范意识	
答案填写	10	规范填写、字迹清楚、卷面工整	规范意识	
总分（百分制）				

项目 2

构件进场验收

任务 2.1　构件运输及存放

1．知识目标

（1）熟悉预制构件运输的原则及要求；

（2）掌握存放不同预制构件的方法；

（3）掌握预制构件运输的流程。

2．技能目标

（1）能正确选择合理的运输路线；

（2）能安全存放不同的预制构件，以满足工程质量要求。

3．素质目标

（1）培养预制构件运输及存放过程中的安全、质量、规范意识；

（2）培养学生合作精神和团队协作能力；

（3）培养学生细致耐心、一丝不苟的工作作风。

4．素养提升

江苏省太仓市一辆载满预制构件的半挂车转弯时发生侧翻，装载的预制构件砸向一旁的小轿车，巨大的冲击力将两辆小轿车向一侧推了出去，两辆小轿车虽受损严重所幸车内乘客无人受伤。

运输安全不容忽视，是装配式建筑施工员的责任与担当。根据江苏省太仓市预制构件运输事故案例，强调预制构件运输安全的重要性，传授预制构件运输的存放的要求，培养预制构件运输及存放过程中的安全、质量、规范意识。

2.1.1 熟悉运输

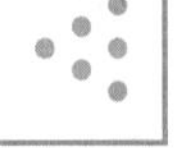

2.1.1.1 运输线路

预制构件运输原则

首先要进行路线勘测，合理选择运输路线。运输路线需要注意线路限高、桥梁载重、运送费用等方面要求，并对沿途具体运输障碍制定措施，尽量选择白天光线充足时运输构件。

由于装配式混凝土建筑的预制构件需要从工厂运输到现场，平面布置必须考虑运输车的重量、尺寸大小，合理规划运输道路。

（1）施工道路宜结合永久道路布置，车载重量参照运输车辆最大载重量，车重加构件约为 50 t，道路承载力需满足载重要求，预制构件运输车行驶道路一般采用混凝土硬化处理或根据现场实际情况，铺设钢板或路基箱，道路两侧应有排水构造设施。

（2）施工道路宜设置成环形道路。根据预制构件运输车长，现场布置道路时设计宽度不宜小于 4 m，会车区道路不宜小于 8 m，转弯半径不宜小于 15 m，如图 2-1 所示。

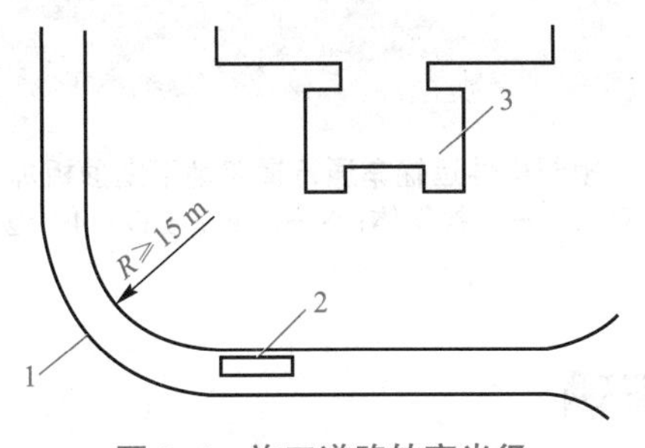

图 2-1　施工道路转弯半径

1—转弯道路；2—构件运输车；3—建筑物

（3）当没有条件设置环形道路时需设置不小于 12 m×8 m 的回车场，如图 2-2 所示。

项目1
项目2
项目3
项目4
项目5

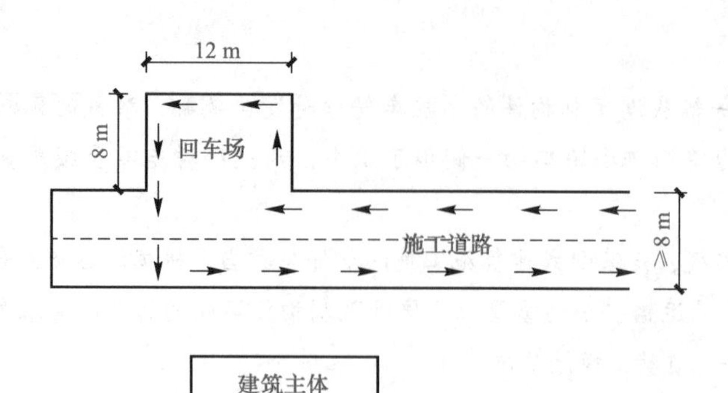

图 2-2　现场预制构件运输车回车场示意

（4）施工现场预制构件运输道路坡度布置宜满足：施工现场道路坡度≤ 15°，坡道过渡处圆弧半径 =15 m，如图 2-3 所示。

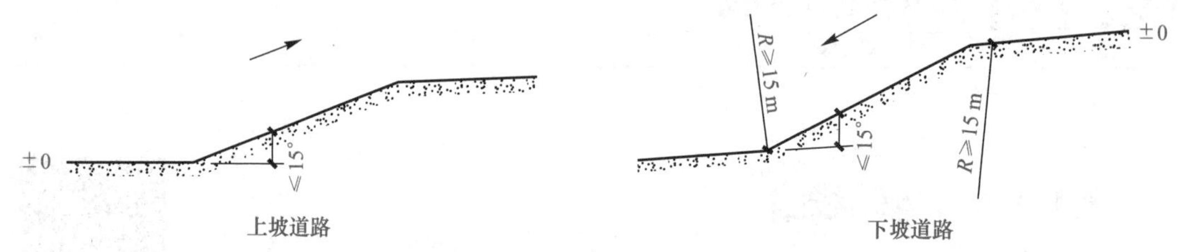

图 2-3　预制构件运输车行驶道路坡度示意

（5）若运输车辆需经过地下室顶板，应提前规划行车路线并对路线范围内地下室顶板结构进行验算和加固处理（图 2-4），加固处理方案须经原设计单位核算。

图 2-4　预制构件运输车通行道路地下室顶板加固示意

1—地下室柱；2—支撑架体；3—地下室顶板；4—地下室底板

2.1.1.2　运输车辆

在选择承运单位时，要对承运单位的技术力量和车辆、机具进行审验，并把审核情况如实报请交通主管部门进行批准，必要时对于大型的预制构件的运输还需要组织模拟运输。

预制构件的运输可采用低平板半挂车或专用运输车，并根据预制构件的不同种类采取不同的固定方式，墙板通过专用运输车运输到工地，运输车分“人”字架式（斜卧式）运输车和立式运输车，如图 2-5 和图 2-6 所示。

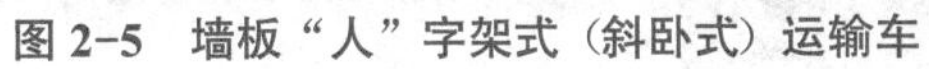
图 2-5　墙板“人”字架式（斜卧式）运输车

图 2-6　墙板立式运输车

运输车辆装载构件后，其总宽度不得超过 2.5 m，货车高度不得超过 4.0 m，总长度不得超过 15.5 m，一般情况下，货车总重量不得超过汽车的允许载重，且不得超过 40 t，如图 2-7 所示。

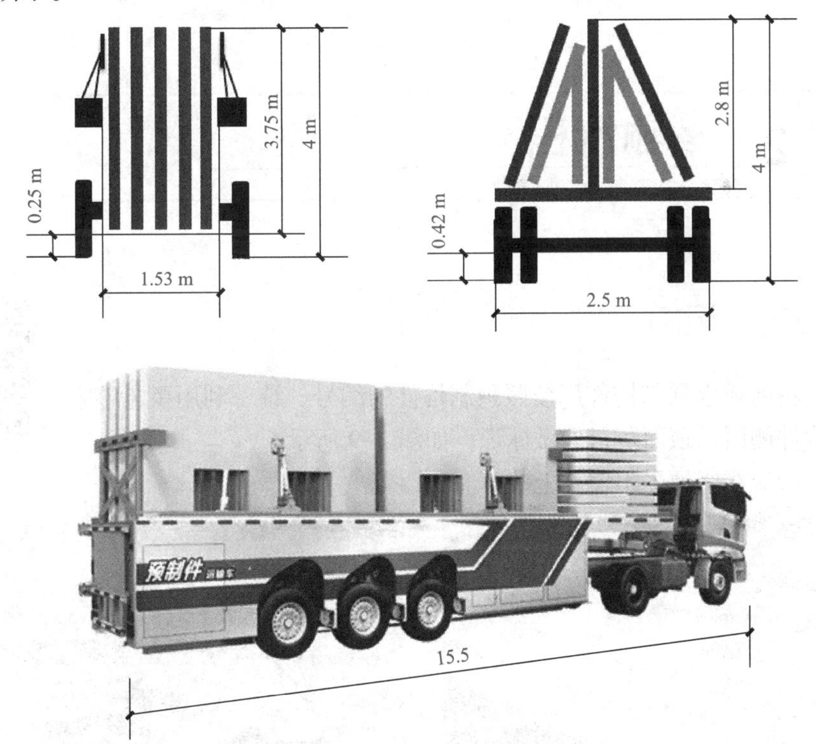

图 2-7　运输车辆的尺寸要求

特殊预制构件经过公路管理部门的批准并采取措施后，货车总宽度不得超过 3.3 m，货车总高度不得超过 4.2 m，总长度不得超过 24 m，总载重不得超过 48 t。

2.1.1.3 操作人员

在吊装作业前，应由技术员进行吊装和卸货的技术交底。其中指挥人员、司索人员（起重工）和起重机械操作人员，必须经过专业学习接受安全技术培训，并取得《特种作业人员安全操作证》，如图 2–8 所示。

图 2–8　特种作业人员安全操作证

2.1.2 运输流程

2.1.2.1 运前

构件运输流程

（1）运输前要求预制构件厂按照预制构件的编号，统一利用黑色签字笔在预制构件侧面及顶面醒目处做标识，如图 2–9 所示。

（2）尽可能在坚硬平坦道路上装车。

图 2–9　预制构件运前标识

2.1.2.2 装车

（1）装载位置尽量靠近半挂车中心位置，左、右两边余留空隙基本一致。

（2）在确保渡板后端无人的情况下，放下和收起渡板。

（3）吊装工具与预制构件连接必须牢靠，较大的预制构件必须直立。

（4）运输车根据预制构件类型设专用运输架或合理设置支撑点，且需有可靠的稳定预制构件的措施，用钢丝带加紧固器绑牢，以防预制构件在运输时受损，如图 2-10 所示。

2.1.2.3 行驶

（1）为了确保行车安全，应进行运输前的安全技术交底。

（2）在运输中，每行驶一段（50 km 左右）路程要停车检查钢构件的稳定和紧固情况，如发现移位、捆扎和防滑垫块松动时，要及时进行调整。

（3）在运输预制构件时，根据预制构件的规格、质量进行选用汽车和起重机，大型货运汽车载物高度从地面起不准超过 4 m、其宽度不得超出车厢（2.5 m）、长度不准超出车身（15.5 m）。

（4）车辆启动应慢、车速行驶均匀，严禁超速、猛拐和急刹车，如图 2-11 所示。

图 2-10 预制构件装车

图 2-11 预制构件运输行驶

2.1.2.4 卸货

（1）汽车未进入装卸地点时，不得打开汽车栏板，并在打开汽车栏板后，严禁汽车再行移动。

（2）卸车时，要保证构件质量前后均衡，并采取有效的防止预制构件损坏的措施。

（3）务必从上至下，依次卸货，不得在预制构件下部抽卸，以防车体或其他预制构件失衡。

（4）预制构件起升高度要严格控制，预制构件底端距车架承载面或地面小于 100 mm，如图 2-12 所示。

图 2-12 预制构件卸货

2.1.3 预制构件存放

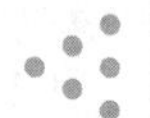

2.1.3.1 存放方式

预制构件的运输及存放虚拟仿真

预制构件的堆场是否合理，直接影响吊装效率及吊装质量。预制构件堆场的大小根据项目实际情况确定，当施工场地宽裕时，宜在预制构件堆场预存一层预制构件，以便应对突发情况。当施工场地受限时，应提前一天将需要吊装的预制构件运抵构件堆场堆放。

预制构件的堆场应设置在起重设备工作范围内，不得有障碍物，并应有满足预制构件周转使用的场地。如构件堆场设置在地下室顶板上时，需核算地下室顶板的荷载。

预制构件存放方式有平放和竖放两种，原则上墙板采用竖放方式，楼面板、屋顶板和柱构件可采用平放或竖放方式，梁构件采用平放方式（图 2-13）。

图 2-13　预制构件现场存放

1. 平放时的注意事项

（1）在水平地基上并列放置 2 根木材或钢材制作的木构件，之后可在上面放置同样的垫木，再放置上层预制构件，一般构件放置不宜超过 6 层。

（2）上下层垫木必须放置在同一条线上，如果垫木上下位置之间存在错位，预制构件除了承受垂直荷载，还要承受弯矩和剪力，有可能造成预制构件损坏。

2. 竖放时的注意事项

（1）存放区地面在硬化前必须夯实，然后进行硬化，硬化厚度应≥ 200 mm，以防止预制构件堆放地面沉降造成预制板堆放倾斜。

（2）要保持预制构件垂直或有一定角度，并且使其保持平衡状态。

（3）柱和梁等立体构件要根据各自的形状和配筋选择合适的存放方式。

2.1.3.2 常用预制构件存放要求

1. 预制墙板堆放

（1）预制内、外墙板采用专用支架直立存放，吊装点朝上放置，支架应有足够的强度和刚度，门窗洞口的预制构件薄弱部位，应用采取防止变形开裂的临时加固措施（图 2-14）。

图 2-14　预制墙板现场存放

（2）L 形墙板采用插放架堆放，方木在预制内、外墙板的底部通长布置，且放置在预制内墙板的 200 mm 厚结构层的下方，墙板与插放架空部分用方木插销填塞。

（3）一字形墙板采用联排堆放，方木在预制内、外墙板的底部通长布置，且放置在预制内、外墙板的 200 mm 厚结构层的下方，上方通过调节螺杆固定墙板。

（4）采用叠层平放时，应采取防止预制构件产生裂缝的措施。

2. 预制叠合板堆放

（1）多层码放预制构件，层与层之间应垫平，各层垫块或方木（长宽高为 200 mm×100 mm×100 mm）应上下对齐。垫木放置在折架侧边，板两端（至板端 200 mm）及跨中位置均应设置垫木且间距不大于 1.6 m，最下面一层支垫应通常设置，并采取防止堆倾覆的措施（图 2-15）。

图 2-15　预制叠合板现场存放

（2）采取多点支垫时，一定要避免边缘支垫低于中间支垫，形成过长的悬臂，导致因较大负弯矩而产生裂缝。

（3）不同板号的预制叠合板应分别堆放，堆放高度不宜大于 6 层。每层之间纵向间距不得小于 500 mm，横向间距不得小于 600 mm。堆放时间不宜超过两个月。

3. 预制空调板堆放

（1）预制空调板叠放时层与层之间垫平各层块或方木（长宽高为 200 mm×100 mm×100 mm）应放置在靠近起吊点（钢筋吊环）的里侧，分别放置 4 块，应上下对齐，最下面一层支垫应通长设置，堆放高度不宜大于 6 层（图 2–16）。

图 2–16　预制空调板现场存放

（2）标识放置在正面，不同板号的预制空调板应分别堆放，伸出的锚固钢筋应放置在通道外侧，以防行人碰伤，两垛之间将伸出锚固钢筋一端对立而放，其伸出锚固钢筋一端间距不得小于 600 mm，另一端间距不得小于 400 mm。

4. 预制叠合梁堆放

（1）在预制叠合梁起吊点对应的最下面一层采用宽度为 100 mm 的方木通长垂直设置，将预制叠合梁后浇层面朝上并放置整齐；各层之间在起吊点的正下方放置宽度为 50 mm 的通长方木，要求其方木高度不小于 200 mm（图 2–17）。

图 2–17　预制叠合梁现场存放

（2）层与层之间垫平。各层方木应上下对齐，堆放高度不宜大于 4 层。

（3）每构件之间，其伸出的锚固钢筋一端间距不得小于 600 mm，另一端间距不得小于 400 mm。

5. 预制楼梯堆放

（1）预制楼梯正面朝上，在预制楼梯安装点对应的最下面一层采用宽度为 100 mm 的方木通长垂直设置。同种规格依次向上叠放，层与层之间垫平，各层垫块或方木应放置在起吊点的正下方，堆放高度不宜大于 4 层（图 2–18）。

图 2-18　预制楼梯现场存放

（2）方木选用长宽高为 200 mm×100 mm×100 mm，每层放置四块，并垂直放置两层方木且应上下对齐。

（3）每构件之间，其纵横向间距不得小于 400 mm。

6. 注意事项

（1）堆放预制构件时应使预制构件与地面之间留有空隙，须放置在木头或软性材料上，堆放预制构件的支垫应坚实。堆垛之间宜设置通道，必要时应设置防止预制构件倾覆的支撑架。

（2）连接止水条、高低口、墙体转角等薄弱部位，应采用定型保护垫或专用套件做加强保护。

（3）预制构件存放在地下室顶板时，要对存放地点进行加固处理。

（4）预制构件应按型号、单位工程、出厂日期分别存放。

（5）预制构件的堆放应预埋吊点向上标志向外，垫或垫块在预制构件下的位置宜与脱模吊装时的起吊位置一致。

任务小结

装配式构件运输标准是为了保障装配式构件在运输过程中的安全性、完整性和质量，需要遵循一系列的规定和标准，从包装、车辆要求、固定要求、路线规划到安全标识等多个方面进行全面考虑和执行，这些标准对于装配式构件的运输过程具有重要的指导意义，有助于提高运输效率和保障运输安全。

课后练习题

一、理论题

（1） 在运输构件时，大型货运汽车载物高度从地面起不准超过（　　）m。

A．3.0　　　　B．4.0　　　　C．5.0　　　　D．6.0

（2） 预制构件的运输的流程为（　　）。

A．装车－运前－行驶－卸货　　B．运前－行驶－装车－卸货

C．行驶－运前－装车－卸货　　D．运前－装车－行驶－卸货

（3） 预制叠合板进场后，不同板号应分别堆放，堆放高度不宜大于（　　）层，堆放时间不宜超过（　　）个月。

A．6　2　　B．5　1　　C．4　2　　D．4　1

二、实训题

1. 任务描述

请根据路线图设计从远大住工运送一批预制叠合板到集美天宸项目集运输初步方案。

2. 任务分析

重点：

（1）预制构件运输流程。

（2）预制构件运输要求。

难点：

确保预制构件按时、安全运输到施工场地。

"四色严线"预制构件运输方案任务单见表2-1。

表2-1 "四色严线"预制构件运输方案任务单

任务名称	预制构件运输方案		
组长姓名		班级	
小组编号		小组成员	
地点		时间	
路线图			

续表

任务名称	预制构件运输方案
任务要求	1．合理分工，团队协作； 2．完成从远大住工到集美天宸项目的预制叠合板运输方案； 3．规范填写任务单
预制叠合板运输方案（远大住工－集美天宸项目）	
运输方案成果评价	

“四色严线”预制构件运输方案考评单见表 2–2。

表 2–2 “四色严线”预制构件运输方案考评单

考核项目	预制构件运输方案			
评价内容	配分	考核标准	“四色严线”培养目标	得分
职业素养				
遵守纪律	10	考核过程中态度认真、遵守纪律、精神面貌好	规范意识	
安全操作	5	①操作过程中严格按照安全文明生产规定操作，无恶意损坏工具、原材料且无因操作失误造成人员伤害等行为； ②均满足以上要求可得 5 分，否则总分计 0 分	安全意识	
场地清理	5	任务完成以后场地干净整洁	环保意识	
职业能力				
运输线路	5	①符合线路限高、桥梁载重、运送费用、沿途具体运输障碍制定措施，白天光线充足时运输构件等要求； ②按路线符合该项要求得 5 分，否则总分计不及格	质量意识	
运输车辆	20	①承运单位的技术力量和车辆、机具进行审验； ②组织模拟运输； ③低平板半挂车或专用运输车，根据构件的不同种类而采取不同的固定方式，运输车分“人”字架式（斜卧式）运输车和立式运输车； ④运输车辆装载构件后，其总宽度不得超过 2.5 m，货车高度不得超过 4.0 m，总长度不得超过 15.5 m，一般情况下，货车总质量不得超过汽车的允许载重，且不得超过 40 t	规范意识	
操作人员	10	①在吊装作业前，应由技术员进行吊装和卸货的技术交底； ②指挥人员、司索人员（起重工）和起重机械操作人员，必须经过专业学习接受安全技术培训，并取得《特种作业人员安全操作证》	规范意识	
装车要求	10	①醒目处做标识；坚硬平坦道路上装车。 ②装载位置尽量靠近半挂车中心位置；吊装工具与预制构件连接必须牢靠，较大预制构件必须直立；根据构件类型设专用运输架或合理设置支撑点，需有可靠的稳定构件措施	规范意识	

续表

考核项目	预制构件运输方案			
行驶要求	10	①运输前的安全技术交底；每行驶一段（50 km 左右）路程要停车检查钢构件的稳定和紧固情况； ②车辆启动应慢、车速行驶均匀，严禁超速、猛拐和急刹车； ③均满足以上要求可得 10 分，否则总分计 0 分	安全意识	
卸货要求	15	①未进入装卸地点时，不得打开汽车栏板，并在打开汽车栏板后，严禁汽车再行移动； ②卸车时，要保证构件质量前后均衡，并采取有效的防止构件损坏的措施； ③从上至下，依次卸货；预制构件起升高度要严格控制，预制构件底端距车架承载面或地面小于 100 mm	规范意识	
方案填写	10	规范填写、字迹清楚	规范意识	
总分（百分制）				

任务 2.2　观感验收

1. 知识目标

（1）掌握预制构件观感验收的相关条例及全验收规范；

（2）掌握预制构件观感验收要求及验收方法。

2. 技能目标

（1）能正确编写观感验收资料；

（2）能正确完成施工现场前期的预制构件观感验收工作。

3. 素质目标

（1）培养预制构件观感验收过程中的质量和规范意识；

（2）培养诚实信用的工作态度，勇于拒收不合格产品；

（3）培养细致耐心、一丝不苟的工作作风。

4. 素养提升

通过讲解各类混凝土结构质量缺陷案例，传授学生混凝土预制构件进场验收的重要性，强调观感验收的内容及规范验收方法，培养学生严保工程质量的底线意识。

2.2.1 熟悉进场验收

观感验收

预制构件包括在专业企业生产和总承包单位制作的构件。对于专业企业的预制构件《混凝土结构工程施工质量验收规范》（GB 50204—2015）

规定其作为“产品”需进行进场验收，具体应符合国家现行有关标准的规定。现场制作的预制构件，按照现浇结构相关要求进行各分项工程验收。

装配式建筑宜建立预制混凝土构件生产首件验收制度。预制混凝土构件生产首件验收制度是指预制混凝土构件制作的同类型首个预制构件，应由建设单位组织设计单位、施工单位、监理单位、预制混凝土构件制作单位进行验收，验收合格后才能进行批量生产。当采用驻厂监理时，驻厂监理工程师应在预制构件隐蔽验收部位、混凝土浇筑等关键工序进行监理旁站。

混凝土预制构件专业生产企业制作的预制构件或部件进场后，预制构件或部件性能检验应考虑构件特点及加载检验条件，《混凝土结构工程施工质量验收规范》（GB 50204—2015）提出了梁板类简支受弯预制构件的结构性能检验要求：其他预制构件除设计有专门要求外进场时可不做结构性能检验。

对所有进场时不做结构性能检验的预制构件，可通过施工单位或监理单位代表驻厂监督生产的方式进行质量控制，此时构件进场的质量证明文件应经监督代表确认。当无驻厂监督时。预制构件进场时应对预制构件主要受力钢筋数量、规格、间距及混凝土强度、混凝土保护层厚度等进行实体检验。

预制构件进场须附隐蔽验收单及产品合格证，施工单位和监理单位应对进场预制混凝土构件进行质量检查。预制构件进场质量检查内容如下：

（1）预制构件质量证明文件和出厂标识。

（2）预制构件外观质量。

（3）预制构件尺寸偏差。

重点注意做好构件图纸编号与实际构件的一致性检查和预制构件在明显部位标明的生产日期、构件型号、生产单位、构件生产单位验收标志的检查。

2.2.2 预制构件质量证明文件和出厂标识检查

质量证明文件包括产品合格证明书、混凝土强度检验报告及其他重要检验报告等；预制构件的钢筋、混凝土原材料、预应力材料、预埋件等检验报告在预制构件进场时可不提供但应在构件生产企业存档保留，以便需要时查阅。

埋入灌浆套筒的应按《钢筋套筒灌浆连接应用技术规程》（JGJ 355—2015）的有关规定提供验收资料，包括套筒灌浆接头型式检验报告、套筒进场外观检验报告、第一批灌浆料进场检验报告、接头工艺检验报告、套筒进场接头力学性能检验报告。

预制构件表面的标识应清晰、可靠，以确保能够识别预制构件的“身份”，并可追溯在施工全过程中发生的质量问题。预制构件表面的标识内容一般包括生产单位、构件型号、生产日期、质量验收标志等，如图 2-19 所示。如有必要，还需通过约定标识表示构件在结构中安装的位置和方向、吊运过程中的朝向等。

图 2-19　预制构件标识

2.2.3 外观质量检查

预制构件外观质量不应有严重缺陷，有严重缺陷的预制构件不得使用。有一般缺陷时，应由预制构件生产单位或施工单位进行修整处理，修整技术处理方案应经监理单位确认后方可实施，经修整处理后的预制构件应重新检查，检查数量为全数检查。预制构件外观质量缺陷主要表现形式如下。

混凝土外观缺陷

2.2.3.1　露筋

露筋：预制构件内钢筋未被混凝土包裹而外露（图 2-20）。

图 2-20　露筋

严重缺陷：主筋有露筋。

一般缺陷：其他钢筋有少量露筋。

处理方法：将划定区域内的松散混凝土凿除，露出新鲜坚实的集料，然后用水冲洗干净并湿润，用水泥砂浆压实抹平或细石混凝土分层浇筑方法处理。

2.2.3.2 蜂窝

蜂窝：混凝土表面缺少水泥砂浆面形成石子外露（图 2-21）。

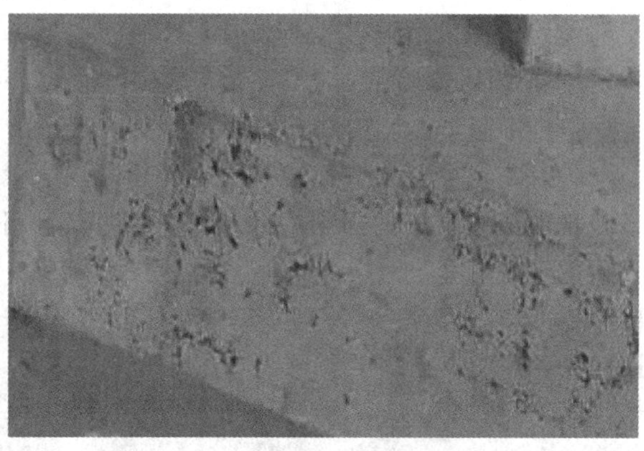

图 2-21 蜂窝

严重缺陷：主筋部位有蜂窝。

一般缺陷：搁置点位置有蜂窝。

处理方法：将坑内杂物清理干净并用水充分湿润，然后水泥砂浆压实修复。

2.2.3.3 孔洞

孔洞：混凝土中孔穴深度和长度均超过保护层厚度（图 2-22）。

严重缺陷：预制构件主要受力部位有孔洞。

一般缺陷：预制构件非受力部位有孔洞。

处理方法：将松散混凝土凿除后，用钢丝刷或压力水冲刷湿润，支设带拖盒的模板，然后用半干硬的细石混凝土仔细分层浇筑并强力振捣养护。

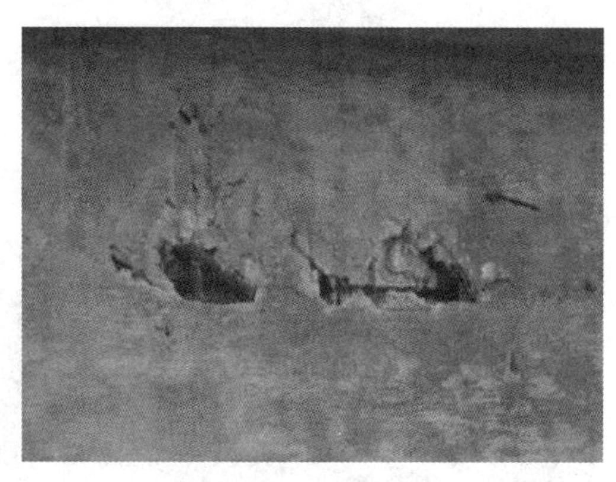

图 2-22 孔洞

2.2.3.4 夹渣

夹渣：混凝土中夹有杂物且深度超过保护层厚度（图 2-23）。

严重缺陷：预制构件主要受力部位有夹渣。

一般缺陷：预制构件其他部位有少量夹渣。

处理方法：如果夹渣面积较大而深度较浅，可将夹渣部位表面全部凿除，刷洗干净后，在表面抹 1∶2 的水泥砂浆，如果夹渣部位较深，先将该部位夹渣全部凿除，安装好模板，用钢丝刷刷洗或压力水冲刷，湿润后用半干硬的细石混凝土仔细分层浇筑并强力振捣养护。

2.2.3.5　疏松

疏松：混凝土中局部不密实（图 2–24）。

严重缺陷：预制构件主要受力部位有疏松。

一般缺陷：预制构件其他部位有少量疏松。

处理方法：对于大面积混凝土疏松，强度较大幅度降低的预制构件，必须返厂。对于局部混凝土疏松的预制构件，应全部凿除，用钢丝刷刷洗或压力水冲刷，湿润后用半干硬的细石混凝土分层浇筑并强力振捣养护。

图 2–23　夹渣

图 2–24　疏松

2.2.3.6　裂缝

裂缝：缝隙从混凝土表面延伸至混凝内部（图 2–25）。

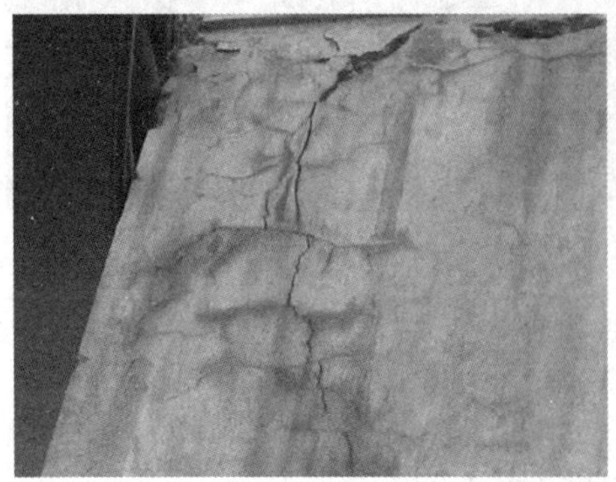

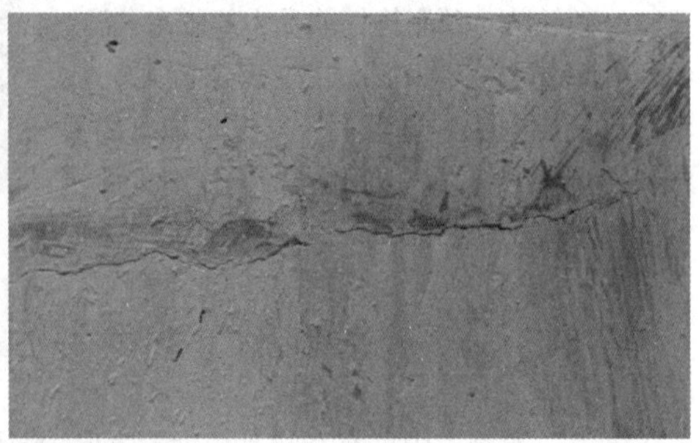

图 2–25　裂缝

严重缺陷：预制构件主要受力部位有影响结构性能的裂缝。

一般缺陷：影响预制构件使用功能的裂缝或其他部位有少量不影响结构性能或使用功能的裂缝。

处理方法：在裂缝不降低承载力的情况下，采取表面修补法、充填法、注入法等处理方法。

2.2.3.7　连接部位缺陷

连接部位缺陷：预制构件连接处混凝土缺陷及连接钢筋、连接件松动、灌浆套筒未保护（图 2–26）。

严重缺陷：连接部位有影响结构传力性能的缺陷。

一般缺陷：连接部位有基本不影响结构传力性能的缺陷。

处理方法：根据预制构件连接部位质量缺陷的种类和严重情况，按上述露筋、蜂窝、孔洞、夹渣、疏松和裂缝的有关措施进行修复加固。

2.2.3.8　外形缺陷

外形缺陷：内表面缺棱少角、棱角不直、翘曲不平等，外表面面砖黏结不牢、位置偏差、面砖嵌缝没有达到横平竖直，转角面砖棱角不直、面砖表面翘曲不平等（图 2–27）。

严重缺陷：清水混凝土构件有影响使用功能或装饰效果的外形缺陷。

一般缺陷：其他混凝土构件有不影响使用功能的外形缺陷。

处理方法：对于外形缺失和凹陷的部分，先用稀草酸溶液清除表面脱模剂的油脂并用清水冲洗干净，再用与原混凝土完全相同的原材料及配合比砂浆抹灰补平：对于外形翘曲、凸出及错台的部分，先凿除多余部分，清洗湿透后用砂浆抹灰补平。

图 2–26　连接部位缺陷

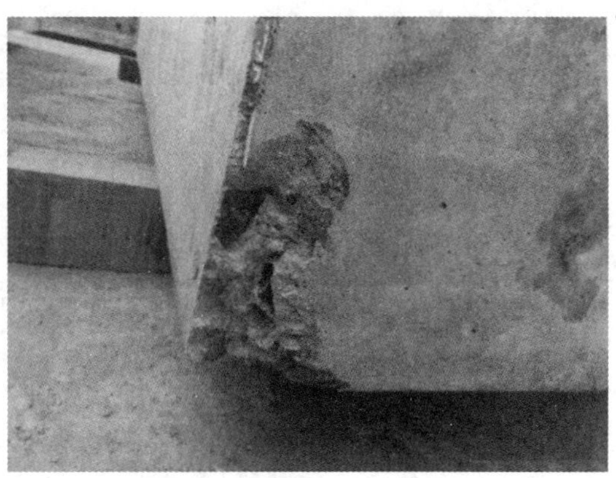

图 2–27　外形缺陷：缺棱少角

2.2.3.9 外表缺陷

外表缺陷：预制构件内表面麻面、掉皮、起砂、污染等；外表面面砖污染、预埋门窗框破坏（图 2-28）。

严重缺陷：具有重要装饰效果的清水混凝土构件、门窗框有外表缺陷。

一般缺陷：其他混凝土构件有不影响使用功能的外表缺陷，门窗框不宜有外表缺陷。

处理方法：出现麻面、掉皮和起砂现象，使用外形缺陷修补方法，养护 24 h；出现玷污由人工用细砂纸仔细打磨，将污渍去除，使构件外表颜色一致。

图 2-28　外表缺陷：麻面

任务小结

预制构件进场检查是建筑工程中不可或缺的环节，其目的是确保现场使用的预制构件符合设计要求，从而保障建筑工程的质量和安全。预制构件进场验收时，需要进行预制构件质量证明文件和出厂标识检查。预制构件的观感验收内容主要包括露筋、蜂窝、孔洞、夹渣、疏松、裂缝、连接部位缺陷、外形缺陷、外形缺陷等。

课后练习题

一、理论题

（1）【单选题】下列不属于混凝土的质量问题是（　　）。

A．蜂窝　　B．麻面　　C．裂缝　　D．锈蚀

（2）【单选题】图 2-29 所示为预制构件外观质量缺陷中的（　　）。

A．蜂窝　　B．麻面

C．露筋　　D．裂缝

图 2-29　2 题图

（3）【单选题】预制构件表面标识主要包括（　　）。

A．项目名称　　B．构件编号

C．安装方向　　D．质量合格标志

二、实训题

1. 任务描述

在1+X装配式虚拟仿真实训场中，根据观感验收任务单完成预制剪力墙、预制柱、叠合梁和叠合板等构件的观感验收任务（表2-3）。

表2-3　观感验收“四色严线”技能考核任务单

任务名称	观感验收		
1号指挥员	姓名	班级	小组编号
2号主操员	姓名	班级	小组编号
3号助理员	姓名	班级	小组编号
Q 4号质检员	姓名	班级	小组编号
地点		时间	
任务要求	1．合理分工，团队协作； 2．完成预制剪力墙、预制柱、叠合梁和叠合板等构件的观感验收； 3．规范填写观感验收任务单和考核单		
施工平台	 图1　1+X装配式虚拟仿真实训场		

续表

<table>
<tr><th>任务名称</th><th colspan="3">观感验收</th></tr>
<tr><td>施工图纸</td><td colspan="3">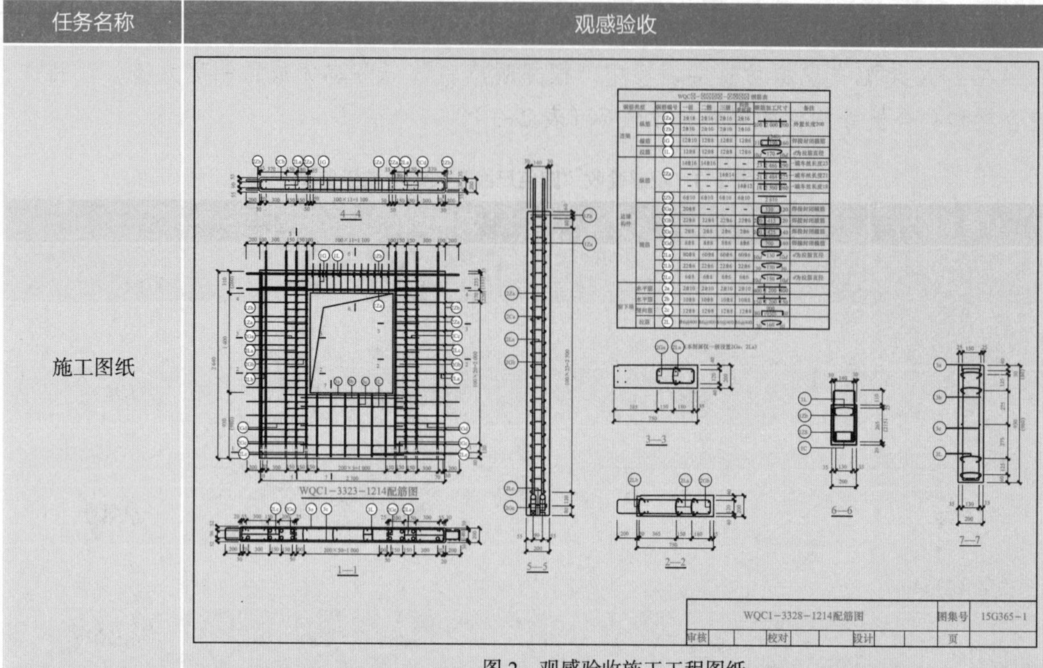

图 2　观感验收施工工程图纸</td></tr>
<tr><td colspan="4">1- 观感验收</td></tr>
<tr><td>序号</td><td>项目</td><td>现场状况</td><td>质量评价</td></tr>
<tr><td>1</td><td>露筋</td><td></td><td></td></tr>
<tr><td>2</td><td>蜂窝</td><td></td><td></td></tr>
<tr><td>3</td><td>孔洞</td><td></td><td></td></tr>
<tr><td>4</td><td>夹渣</td><td></td><td></td></tr>
<tr><td>5</td><td>疏松</td><td></td><td></td></tr>
<tr><td>6</td><td>裂缝</td><td></td><td></td></tr>
<tr><td>7</td><td>连接部位缺陷</td><td></td><td></td></tr>
<tr><td>8</td><td>外形缺陷</td><td></td><td></td></tr>
<tr><td>9</td><td>外表缺陷</td><td></td><td></td></tr>
<tr><td colspan="3">预制构件观感质量综合评价</td><td></td></tr>
</table>

2. 任务分析

重点：

（1）辨别混凝土质量问题类型。

（2）正确编写观感验收资料。

难点：

能够给出混凝土质量问题的解决措施。

3. 任务考核

考核对标“1+X 标准”，随机确定角色。当学生在相邻任务抽到相同角色时，则和编号大的同学调换角色，例如：A 同学连续两次抽到质检员，第二次时，就与考评员交换角色（表 2–4 和表 2–5）。

表 2–4　岗位任务的角色职责

号码	对应角色	角色职责
1 号	指挥员	负责整个任务过程指令下达，合理分工，及时纠正主操员错误操作
2 号	主操员	负责主要施工操作
3 号	助理员	负责配合 2 号主操员完成施工任务
4 号	质检员 Q	负责质量验收、相关记录、规范填写任务验收单
5 号	考评员	负责考核打分

表 2–5　观感验收“四色严线”技能考核考评单

考核项目	预制剪力墙进场验收				
5 号考评员	姓名		班级	小组编号	
考评对象			考核对象小组编号		
评价内容	配分	考核标准		“四色严线”培养目标	得分
职业素养					
佩戴安全帽	5	①内衬圆周大小调节到头部稍有约束感为宜。 ②系好下颚带，下颚带应紧贴下颚，松紧以下颚有约束感，但不难受为宜。 ③满足要求计满分，违反该条计 0 分		安全意识	
穿戴工装、手套	5	①劳保工装做的“统一、整齐、整洁”，并做的“三紧”，即领口紧、袖口紧、下摆紧，严禁卷袖口、卷裤腿等现象。 ②必须正确佩戴手套，方可进行实操考核。 ③满足要求计满分，违反该条计 0 分		安全意识	

续表

考核项目		预制剪力墙进场验收			
安全操作		5	①操作过程中严格按照安全文明生产规定操作，无恶意损坏工具、原材料且无因操作失误造成人员伤害等行为。 ②满足要求计满分，违反该条计 0 分	安全意识	
场地清理		5	任务完成以后场地干净整洁	环保意识	
职业能力					
分工合理		10	人员安排合理，分工明确	规范意识	
检查项目	露筋	5	存在检查项目缺失（每漏一处扣 5 分，扣完为止）	规范意识	
	蜂窝	5	存在检查项目缺失（每漏一处扣 5 分，扣完为止）	规范意识	
	孔洞	5	存在检查项目缺失（每漏一处扣 5 分，扣完为止）	规范意识	
	夹渣	5	存在检查项目缺失（每漏一处扣 5 分，扣完为止）	规范意识	
	疏松	5	存在检查项目缺失（每漏一处扣 5 分，扣完为止）	规范意识	
	裂缝	5	存在检查项目缺失（每漏一处扣 5 分，扣完为止）	规范意识	
	连接部位缺陷	5	存在检查项目缺失（每漏一处扣 5 分，扣完为止）	规范意识	
	外形缺陷	5	存在检查项目缺失（每漏一处扣 5 分，扣完为止）	规范意识	
	外表缺陷	5	存在检查项目缺失（每漏一处扣 5 分，扣完为止）	规范意识	
填写资料		15	规范填写、字迹清楚，验收单填写正确（每处错误扣 5 分）	规范意识	
如实填写		10	如实评判施工质量问题则得 5 分，弄虚作假填写则总分计不及格	质量意识	
总分					

任务 2.3　尺寸验收

1．知识目标

（1）掌握预制构件尺寸验收的相关条例及全验收规范；

（2）掌握预制构件尺寸验收要求及验收方法；

（3）掌握靠尺的正确使用方法。

2．技能目标

（1）能正确使用靠尺测量构件的平整度及垂直度；

（2）能正确编写尺寸验收资料；

（3）能正确完成施工现场前期的预制构尺寸验收工作。

3．素质目标

（1）培养预制构件尺寸验收过程中的质量和规范意识；

（2）培养诚实信用的工作态度，勇于拒收不合格产品；

（3）培养细致耐心、一丝不苟的工作作风。

4．素养提升

技术能手冯立雷从职业院校毕业后进入建筑行业工作，在十几年的工作生涯中，面对很多小的工艺和技术，他始终保持高度的重视，每天让小技术、小细节提升一小步，一天一小步，积少成多，就是进步的创新，最终做到效益和质量最佳。正如他所说，“把一个工程做成精品并不难，难的是把每个工程都做成精品”，正是有了注重细节的信念，他才能够在建筑行业一步一个脚印，做出了自己应有的贡献。学习尺寸验收环节，最重要的就是要注重细节，这样才能保证每个预制构件都是精品。

2.3.1 尺寸验收的要求

2.3.1.1 检查数量要求

进行预制构件尺寸验收时，对于同一生产企业、同一品种的预制构件，不超过100个为一批，每批抽查预制构件数量的5%且不少于3件。

尺寸验收

2.3.1.2 验收内容的要求

在进行预制构件尺寸验收时，需要使用钢卷尺、靠尺、楔形塞尺等工具对预制构件的长度、宽度、高（厚）度、表面平整度、侧向弯曲、翘曲、对角线差、挠曲变形、预留孔、预留插筋、键槽等尺寸进行验收，如图2-30所示。

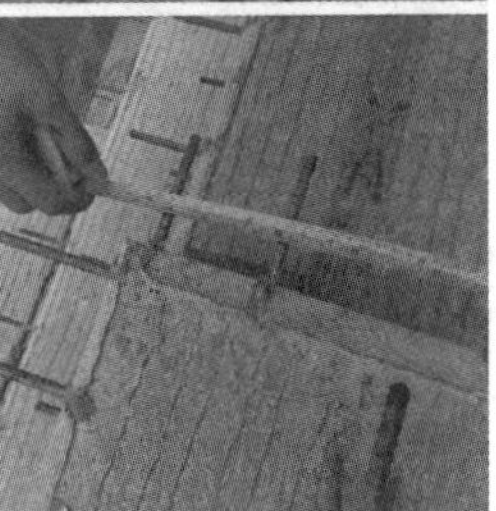

图2-30　预制构件尺寸验收

2.3.1.3 规范要求

预制构件尺寸偏差及检验方法应符合表 2-6 的规定，设计有专门规定时，应符合设计要求。施工过程中临时使用的预埋件，其中心线位置允许偏差可以取表 2-6 中规定数值的 2 倍。

表 2-6 预制构件尺寸允许偏差及检验方法

项目			允许偏差 /mm	检验方法
长度	板、梁、柱、桁架	＜ 12 m	±5	尺量
		＞ 12 m 且＜ 18 m	±10	
		＞ 18 m	±20	
	墙板		±4	
宽度、高（厚）度	板、梁、柱、桁架截面尺寸		±5	钢尺量测一端及中部，取其中偏差绝对值较大处
	墙板的高度、厚度		+ ±3	
表面平整度	板、梁、柱、墙板内表面		5	2 m 靠尺和塞尺量测
	墙板外表面		3	
侧向弯曲	板、梁、柱		L/750 且＜ 20	拉线、钢尺量测最大侧向弯曲处
	墙板、桁架		L/1 000 且＜ 20	
翘曲	楼板		L/750	调平尺在两端量测
	墙板		L/1 000	
对角线差	楼板		10	钢尺量测两条对角线
	墙板、门窗口		5	
预留孔	中心位置		5	尺量
	孔尺寸		±5	
预留洞	中心位置		10	尺量
	洞口尺寸、深度		±10	
预埋件	预埋板中心线位置		5	尺量
	预埋板与混凝土面平面高差		0，-5	
	预埋螺栓		2	
	预埋螺栓外露长度		+10，-5	
	预埋套筒、螺母中心线位置		2	
	预埋套筒、螺母与混凝土面平面高差		±5	
预留插筋	中心线位置		5	尺量
	外露长度		+10，-5	
键槽	中心线位置		5	尺量
	长度、宽度		±5	
	深度		±10	

2.3.2 靠尺的使用方法

靠尺用于检测物体的垂直度、平整度及水平度的偏差，为可展式结构，合拢长 1 m，展开长 2 m，如图 2-31 所示。

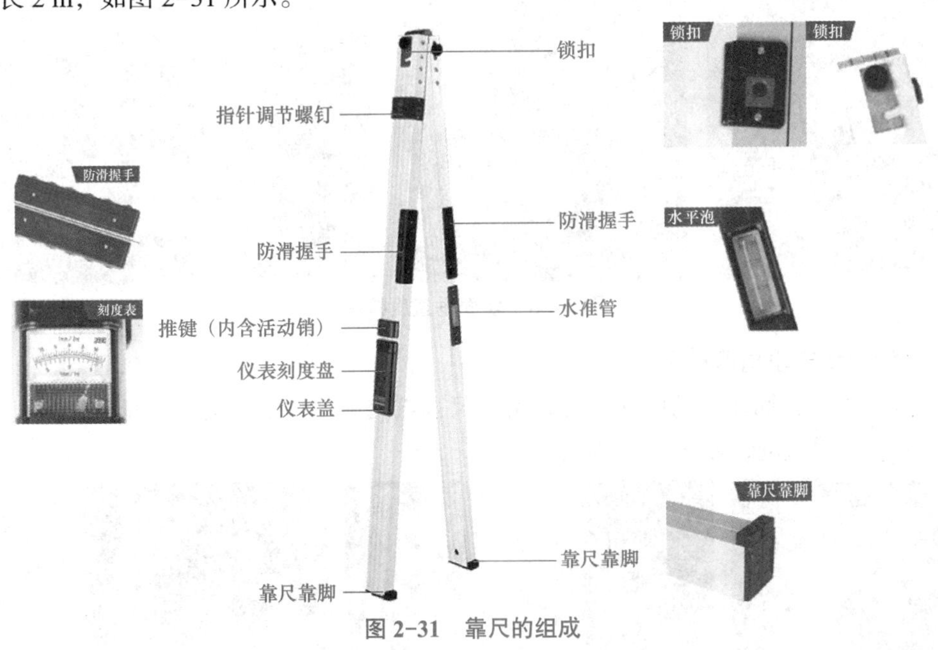

图 2-31　靠尺的组成

2.3.2.1　基本检查

使用靠尺之前，要先对靠尺进行基本检查，查看水平气泡是否正常，指针活动销是否灵活完好，检查靠尺尺身是否有翘曲现象。

2.3.2.2　垂直度测量

1 m 检测时，推下仪表盖，将活动销推键向上推，将检测尺左侧面靠紧被测面，注意握尺要垂直，观察红色活动销外露 3 ~ 5 mm，摆动灵活即可。待指针自行摆动停止时，直读指针所指刻度下行刻度数值，此数值即被测面 1 m 垂直度偏差，每格为 1 mm，如图 2-32 所示。

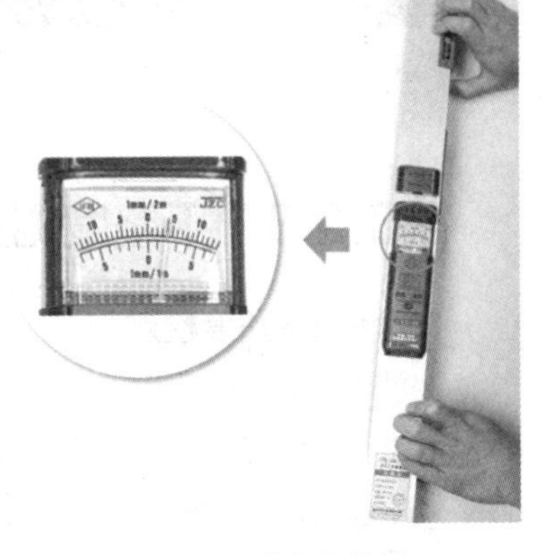

图 2-32　垂直度检测

2 m 检测时，将检测尺展开后锁紧连接扣，检

项目 1
项目 2
项目 3
项目 4
项目 5

测方法同上，直读指针所指上行刻度数值，此数值即被测面 2 m 垂直度偏差，每格为 1 mm。

1. 墙面垂直度度检测

手持 2 m 检测尺中心位于同自己腰高的墙面上，当墙长度大于 3 m 时同一面墙距两端头竖向阴阳角约 30 cm 和墙中间位置分别实测 3 次，如图 2-33 所示。

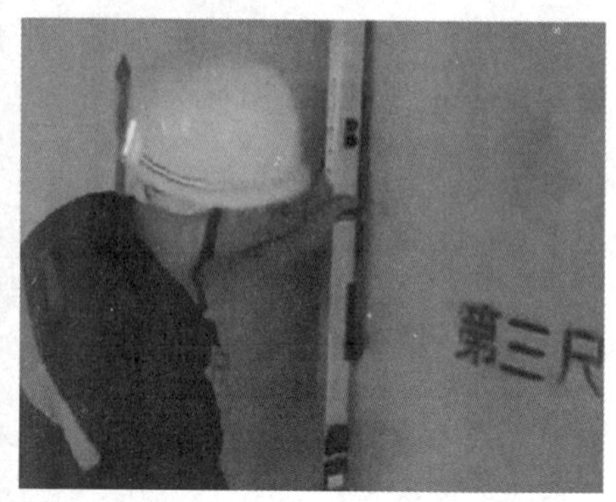

图 2-33 墙面垂直度检测

2. 混凝土柱垂直度检测

任选混凝土柱四面中的两面，分别将靠尺顶端接触到上部混凝土顶板和下部地面位置，各测 1 次垂直度，如图 2-34 所示。

图 2-34 混凝土柱垂直度检测

2.3.2.3 平整度测量

1. 墙面平整度检测

检测墙面平整度时，检测尺侧面靠近被测面，其缝隙大小用楔形塞尺检测。每处应检测三个点，即横向一个点，并在其原位左、右交叉 45° 各一点，取其三点的平均值。平整度正确的数值，是用楔形塞尺塞入缝隙最大数确定的，如图 2-35 所示。

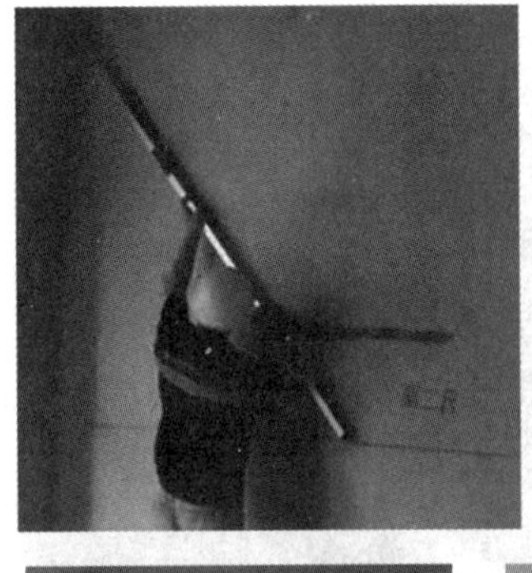

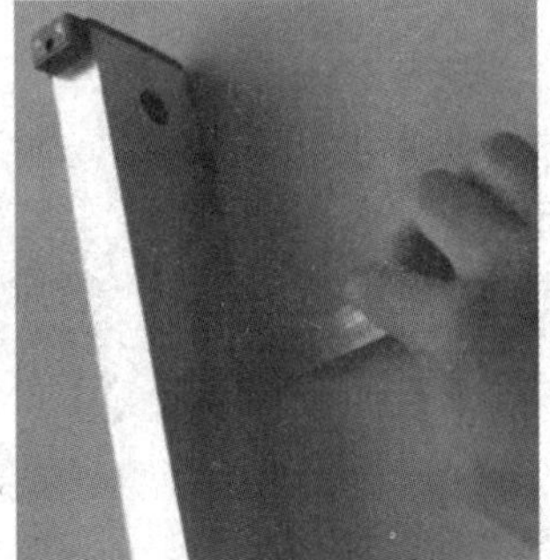
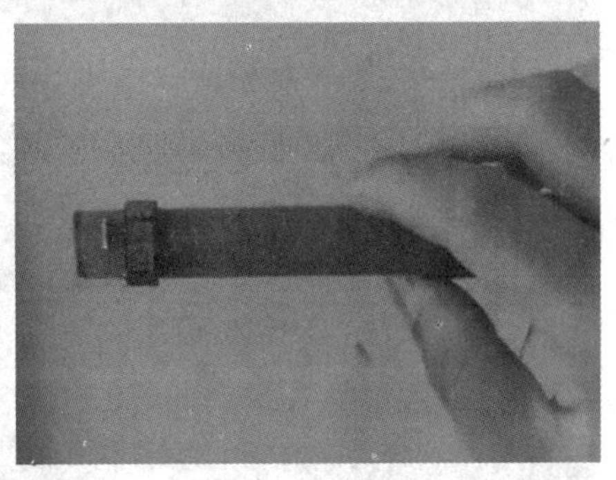

图 2-35　墙面平整度检测

但是，如果将手放在靠尺板的中间，或两手分别放在距两端 1/3 处检测，则应在端头减去 10 cm 以内查找最大值读数。

如果将手放在检测尺的一端检测时，则应测定另一端口的平整度，并取其值的 1/2 作为实测结果。

2. 地面平整度检测

检测地面平整度时，仍然是每处应检测三个点，即顺直方向一点，在其原位左、右交叉 45° 各一点，取其三点的平均值，如图 2-36 所示。

图 2-36　地面平整度检测

2.3.2.4　水平度或坡度测量

检测时，将检测尺上的水平气泡朝上，位于被检测面处，并找出坡度的最低端后，再将此端缓缓抬起的同时，边看水平气泡是否居中，边塞入楔形塞尺。直到气泡达到居中之后在塞尺刻度上所反映的塞入深度，就是该检测面的水平度或坡度，如图 2-37 所示。

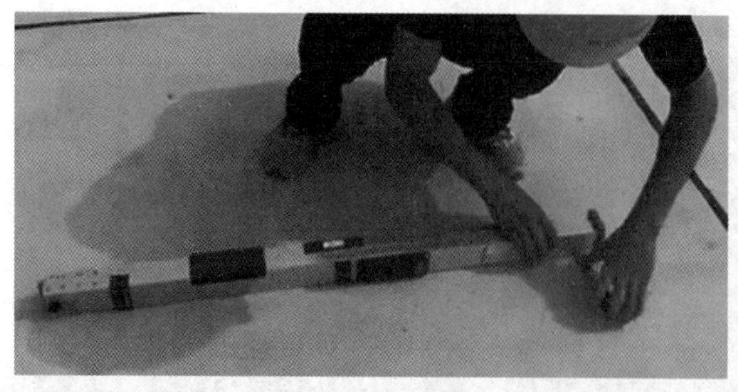

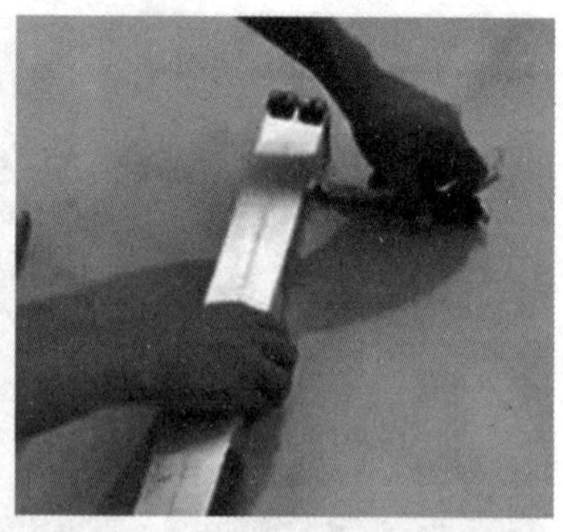

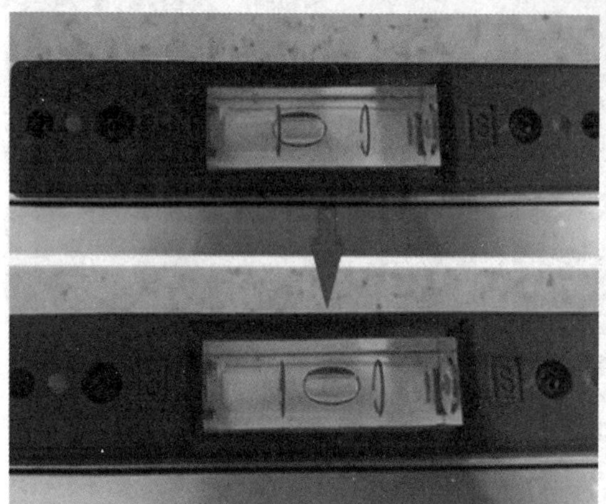

图 2-37　水平度或坡度检测

任务小结

装配式建筑与传统现浇混凝土工程有所不同，装配式建筑需要从预制构件工厂采购构件，并运输到现场进行安装。在这个过程中，构件的进场施工是决定装配式建筑施工质量的重要阶段，构件质量管控尤其重要。预制构件尺寸检查则是检查预制构件的尺寸是否符合设计图纸要求，包括长度、宽度、高度、平整度等。预制构件尺寸验收时可以运用靠尺检测物体的垂直度、平整度、水平度或坡度的偏差。

课后练习题

一、理论题

（1）【单选题】尺寸验收的内容不包括（　　）。

A．长度　　B．表面平整度

C．键槽　　D．构件外形缺陷

（2）【单选题】下列不属于靠尺的组成部分是（　　）。

A. 

B. 

C. 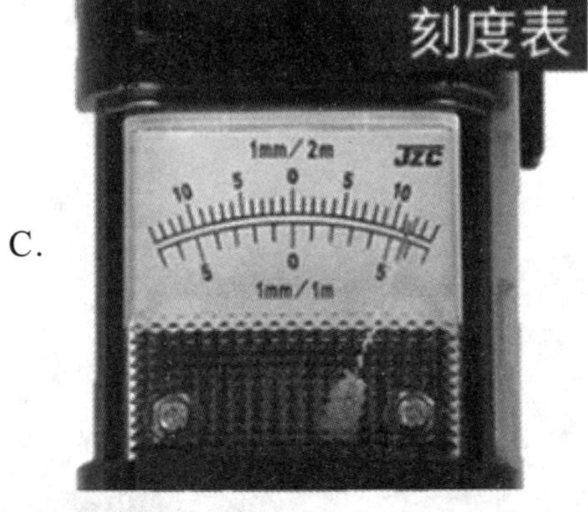

D. 

（3）【单选题】靠尺的主要用途是（　　）。

A．垂直度测量　　B．平整度测量

C．水平度检测　　D．质量检测

二、实训题

1．任务描述

在1+X装配式虚拟仿真实训场中，根据尺寸验收任务单和施工工程图纸，完成对预制剪力墙及预制柱的尺寸验收任务（表2-7）。

表2-7 “四色严线”预制构件尺寸验收考评任务单

任务名称	预制构件尺寸验收		
1号指挥员	姓名	班级	小组编号
2号主操员	姓名	班级	小组编号
3号助理员	姓名	班级	小组编号
Q 4号质检员	姓名	班级	小组编号

续表

<table>
<tr><td>任务名称</td><td colspan="3">预制构件尺寸验收</td></tr>
<tr><td rowspan="2">5 号考评员</td><td>姓名</td><td>班级</td><td>小组编号</td></tr>
<tr><td></td><td></td><td></td></tr>
<tr><td>施工平台</td><td colspan="3">

图 1　预制构件图</td></tr>
</table>

续表

<table>
<tr><th>任务名称</th><th>预制构件尺寸验收</th></tr>
<tr><td>PC
构件图
（预制剪力墙）</td><td>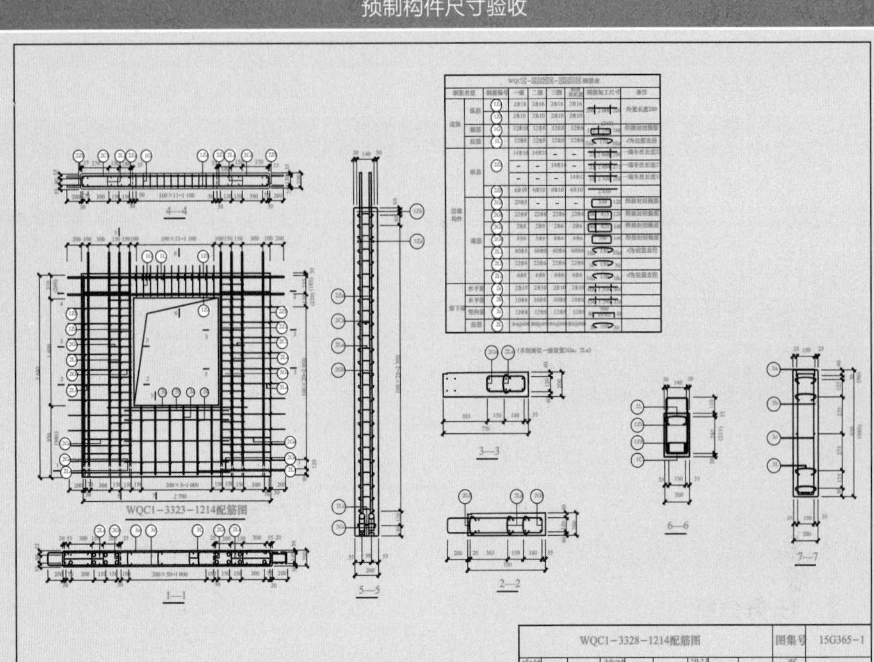

图 2　预制剪力墙构件图</td></tr>
<tr><td>PC
构件图
（预制柱）</td><td>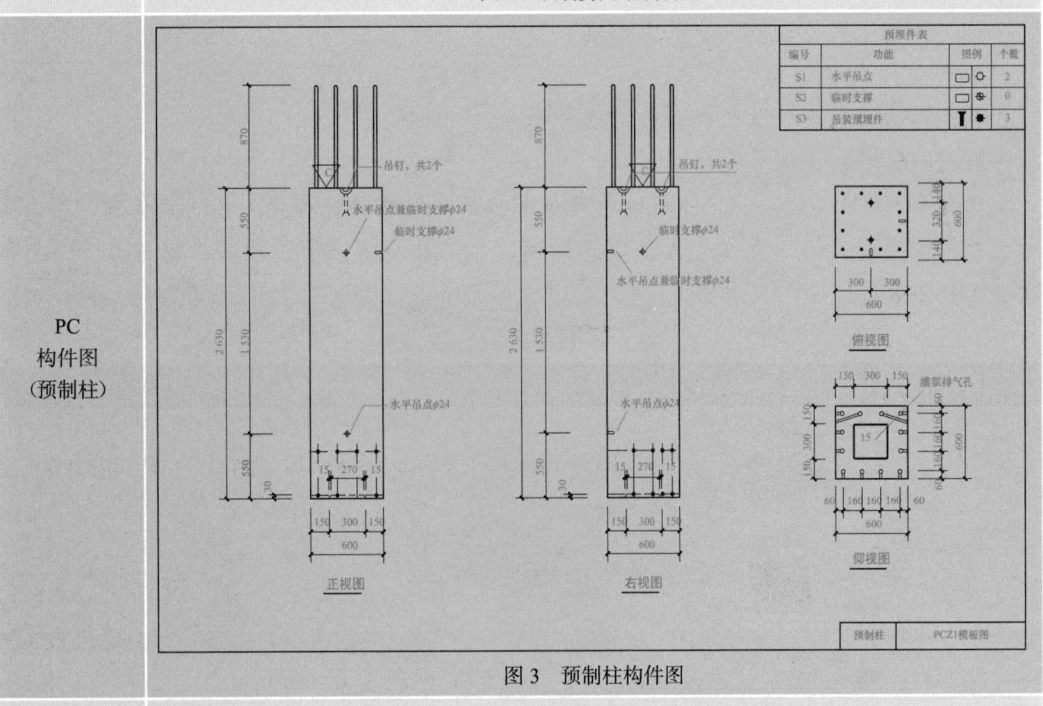

图 3　预制柱构件图</td></tr>
<tr><td>施工要求</td><td>1．合理分工，团队协作；
2．完成尺寸验收，其中包括长度偏差、宽度偏差、表面平整度、侧向弯曲、翘曲、预留孔、预留洞、预留插筋、键槽等内容；
3．正确填写尺寸验收任务单</td></tr>
</table>

续表

任务名称	预制构件尺寸验收			
施工项目				
序号	项目名称	实测值	偏差值	质量评价
1	长度偏差			
2	宽度偏差			
3	表面平整度			
4	侧向弯曲			
5	翘曲			
6	预留孔			
7	预留洞			
8	预留插筋			
9	键槽			
审核企业		审核人签字		

2. 任务分析

重点：

（1）靠尺的使用方法。

（2）剪力墙尺寸验收的方法及标准。

难点：

预制剪力墙预埋件验收的验收方法及标准。

3. 任务考核

考核对标"1+X标准"，随机确定角色。当学生在相邻任务抽到相同角色时，则与编号大的同学调换角色，例如：A同学连续两次抽到质检员，第二次时，就与考评员交换角色（表2-8）。

表2-8 岗位任务的角色职责

号码	对应角色	角色职责
1号	指挥员	负责整个任务过程指令下达，合理分工，及时纠正主操员错误操作
2号	主操员	负责主要施工操作
3号	助理员	负责配合2号主操员完成施工任务
4号	质检员 Q	负责质量验收、相关记录、规范填写任务验收单

续表

号码	对应角色	角色职责
5号	考评员	负责考核打分

（1）尺寸验收。

1）工具标准：使用工具钢卷尺、靠尺、塞尺。

2）操作标准：使用工具，沿所测方向紧贴墙板位置，准确读取数值。

3）质量标准：误差在规范允许范围之内视为合格，否则为不合格。

（2）预埋件验收。

1）使用工具：使用工具钢卷尺、靠尺、塞尺。

2）操作标准：

①对照图纸，检查预埋孔洞的个数、位置等参数。

②对照图纸，检查钢筋、螺栓、螺母的个数、位置等参数。

3）质量标准：孔洞位置允许误差10 mm以内；预埋筋平直顺，无刺破；所有项目质量评价均为合格，否则为不合格。

"四色严线"预制构件尺寸验收考评单见表2-9。

表2-9 "四色严线"预制构件尺寸验收考评单

考核项目			预制构件尺寸验收			
考评对象			姓名	班级		小组编号
序号	考核项	考核内容	考核标准	"四色严线"培养目标	配分	得分
职业素养						
1	劳保用品准备	佩戴安全帽	①正确佩戴安全帽，内衬圆周大小调节到头部稍有约束感为宜。 ②满足要求计3分，违反该条计0分	安全意识	3	
			系好下颚带，下颚带应紧贴下颚，松紧以下颚有约束感，但不难受为宜。满足要求计满分，违反该条计0分	安全意识	3	
		穿戴工装	①劳保工装做的"统一、整齐、整洁"，并做的"三紧"，即领口紧、袖口紧、下摆紧，严禁卷袖口、卷裤腿等现象。 ②满足要求计3分，违反该条计0分	安全意识	3	
		穿戴手套	①必须正确佩戴手套，方可进行实操考核。 ②满足要求计3分，违反该条计0分	安全意识	3	
2	领取工具		领取工具材料，放置指定位置，摆放整齐	规范意识	5	

续表

考核项目			预制构件尺寸验收				
3	安全操作		①操作过程中严格按照安全文明生产规定操作，无恶意损坏工具、原材料。 ②无因操作失误造成考试干系人伤害等行为。 ③满足要求计满分，违反该条计 0 分		安全意识	5	
4	绿色施工	工具入库	归还工具放置原位，分类明确，摆放整齐		绿色意识	2	
		材料回收	回收可再利用材料，放置原位，分类明确，摆放整齐		绿色意识	2	
		场地清理	场地和模台清洁干净，无垃圾		绿色意识	2	
职业能力							
5	资料检查		检查工程基本信息；构件名称、数量；必要的设计图纸和施工记录等		规范意识	4	
6	长度	外挂墙尺寸允许偏差	< 12 m	允许偏差值 ±5 mm	规范意识	4	
			≥ 12 m 且 < 18 m	±10 mm	规范意识	4	
			≥ 18 m	±20 mm	规范意识	4	
	高度		钢尺量测一端及中部，取其中偏差绝对值较大值将其与允许偏差 ±5 mm 进行比较		规范意识	4	
	厚度		钢尺量测一端及中部，取其中偏差绝对值较大值将其与允许偏差 ±4 mm 进行比较		规范意识	4	
7	表面平整度		正确使用靠尺量测外挂墙板表面平整度值		规范意识	4	
			将偏差值与 3 mm 进行比较		规范意识	7	
8	侧向弯曲		正确使用拉线、钢尺		规范意识	4	
			将量测偏差值与 L/1 000 且≤ 20 mm 进行比较		规范意识	4	
9	对角线差		正确使用钢尺进行量测		规范意识	4	
			将量测偏差值与 5 mm 进行比较		规范意识	3	
10	预留孔	中心位置	正确使用尺量后与允许偏差 5 mm 进行比较		规范意识	3	
		孔尺寸	正确使用尺量后与允许偏差 ±5 mm 进行比较		规范意识	3	
11	预留洞	中心位置	正确使用尺量后与允许偏差 10 mm 进行比较		规范意识	3	
		洞口尺寸、深度	正确使用尺量后与允许偏差 ±10 mm 进行比较		规范意识	3	
12	如实填写		如实填写尺寸数据则得 10 分，弄虚作假填写则总分计不及格		责任意识	10	
总分						100	
考核结果							

任务 2.4　强度验收

1. 知识目标

（1）掌握预制构件强度验收的相关条例及全验收规范；

（2）掌握预制构件强度验收要求及验收方法；

（3）掌握回弹仪的正确使用方法。

2. 技能目标

（1）能正确使用回弹仪检测预制构件的混凝土强度；

（2）能正确编写强度验收资料；

（3）能正确完成施工现场前期的预制构强度验收工作。

3. 素质目标

（1）培养预制构件强度验收过程中的安全、质量和规范意识；

（2）培养诚实信用的工作态度，勇于拒收不合格产品；

（3）培养细致耐心、一丝不苟的工作作风。

4. 素养提升

长沙市望城区某小区一在建项目楼栋已建到了27层，但经检测，其12层以上部分混凝土构件强度未达设计要求，因此，必须从12层起到27层全部拆除重建。发生这样的混凝土质量问题，不仅造成了大量的人力、物力、财力的浪费，更重要的是拆除过程中可能出现的安全问题，对该小区居民的正常生活造成了严重的影响。因此，混凝土强度是保证建筑施工质量的重要一环。对于预制混凝土构件，我们要“严保质量黄线”“严防规范蓝线”，在装配施工前，要严格按照操作规范对混凝土预制构件进行强度验收，以保证装配式建筑施工质量。

2.4.1 熟悉强度验收

2.4.1.1　规范要求

混凝土强度可按单个预制构件或按批量进行检测，并应符合下列规定。

（1）按单个构件检测的，抽取比例100%。

（2）对于混凝土生产工艺、强度等级相同，原材料、配合比、养护条件基本一致且龄期相近的一批同类预制构件的检测应采用批量检测。按批量进行检测时，应随机抽取预制构件，抽检数量不宜少于同批预制构件总数的30%且不宜少于10件。当验件数量大于30个时，抽样数量可适当调整，并不得少于国家现行有关标准规定的最少抽样数量，如图2-38所示。

图 2-38　预制构件强度验收

2.4.1.2　测区布置

1. 测区划分

对于一般构件，测区数不宜少于 10 个。当受检预制构件数量大于 30 个且不需提供单个构件推定强度或受检预制构件某一方向尺寸不大于 45 m 且另一方向尺寸不大于 0.3 m 时，每个预制构件的测区数量可适当减少，但不应少于 5 个，如图 2-39 所示。

图 2-39　预制剪力墙测区划分

2. 测区布置

相邻两测区的间距不应大于 2 m，测区离预制构件端部或施工。缝边缘的距离不宜大于 0.5 m，且不宜小于 0.2 m。

测区宜选在能使回弹仪处于水平方向的混凝土浇筑侧面，当不能满足这一要求时，也可选在使回弹仪处于非水平方向的混凝土浇筑表面或底面。

测区宜布置在预制构件的两个对称的可测面上，当不能布置在对称的可测面上时，也可布置在同一可测面上，且应均匀分布。在预制构件的重要部位及薄弱部位应布置测区，并应避开预埋件。

测区的面积不宜大于 0.04 m^2。

测区表面应为混凝土原浆面，并应清洁、平整，不应有疏松层、浮浆、油垢、涂层以及蜂窝、麻面。

对于弹击时产生颤动的薄壁、小型预制构件，应进行固定。

传统手绘方法费工费时且画线不精准，现在的新型专用印章绘制测区不仅可以快速精准地分区上墙，而且还可任意定制更多信息，如图 2-40 所示。

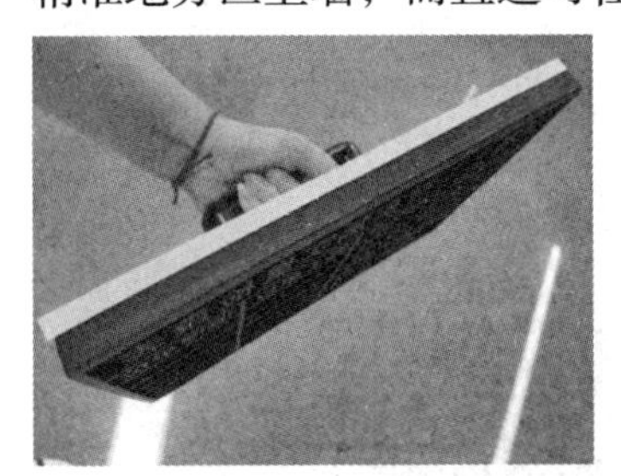

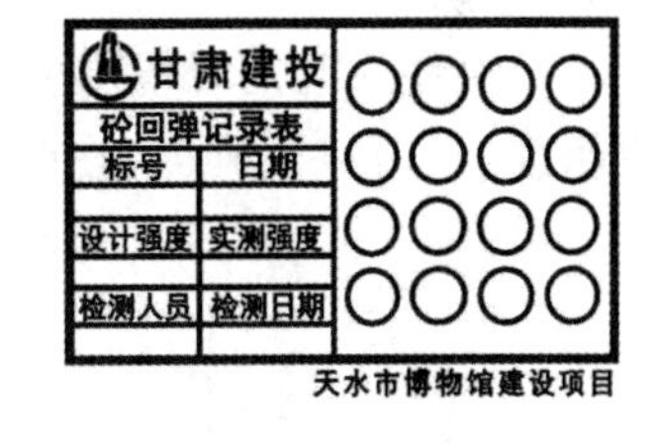

图 2-40　新型专用印章

2.4.1.3　测点要求

每一测区应读取 16 个回弹值，每一测点的回弹值读数应精确至 1。测点宜在测区范围内均匀分布，相邻两测点的净距离不宜小于 20 mm。测点距外露钢筋、预埋件的距离不宜小于 30 mm；测点不应在气孔或外露石子上，同一测点应只弹击一次，如图 2-41 所示。

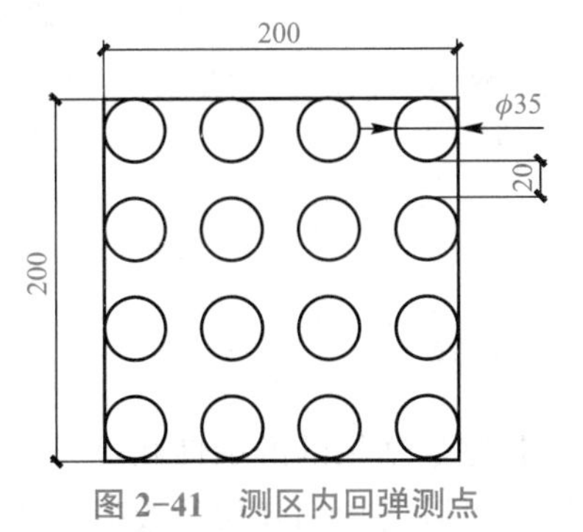

图 2-41　测区内回弹测点

2.4.2 回弹仪的使用方法

回弹仪是利用弹簧驱动弹击锤，通过弹击杆弹击混凝土表面产生瞬时弹性变形的恢复力，由弹击锤带动指针回弹并指示出回弹的距离，即回弹值。其适于检测一般建筑构件、桥梁及各种混凝土构件（板、梁、柱、桥架）的强度。

目前国内广泛使用的回弹仪是指针式示读回弹仪，其广泛应用于建筑施工、市政工程和路桥建设等施工过程的混凝土抗压强度检测，如图 2-42 所示。但由于没有数据记录和处理功能，在使用过程中需要由操作人员来完成检测和记录工作，需要进行大量的人工处理，影响了检测结果的客观性。在工程质量监督检测与控制过程中，随着监督检测手段的不断完善，检测仪器的不断发展，质量监督检测工作的科技含量也在不断加大。国内外已逐步采用数字式混凝土抗压强度检测系统取代指针式测试系统，如图 2-43 所示。

弹仪使用时的环境温度应为 -4 ～ 40 ℃。数字显示的回弹值与指针直读示值相差不应超过 1。在洛氏硬度 HRC 为 60±2 的钢上，回弹仪的率定值应为 80±2。

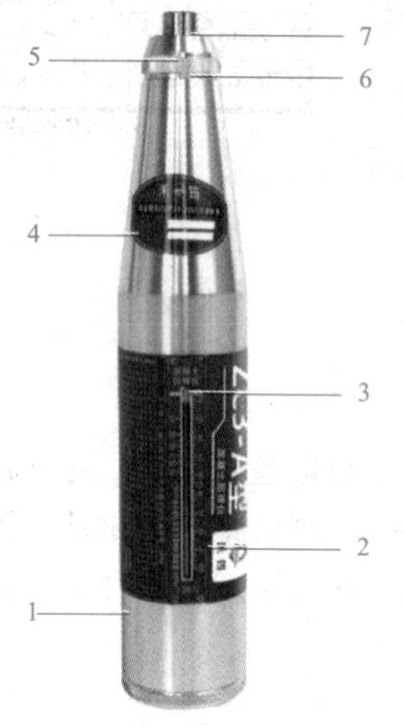

图 2-42　指针式回弹仪（机械回弹仪）

1—按钮（背面）；2—刻度尺；3—指针轴；4—产品标签；5—前盖；6—密封圈；7—弹夹杆

回弹仪的使用方法

图 2-43　数字式回弹仪（数显回弹仪）

2.4.2.1　回弹仪的检定

回弹仪的检定是为了确保其测量结果的准确性和可靠性，保证其在实际工作中的可靠性和稳定性。同时，通过检定可以发现回弹仪的故障和性能下降的情况，为维护和维修提供依据。

检定周期为每半年一次，若回弹仪具有下列情况之一时，应检定合格后再进行使用。

（1）新回弹仪启用前。

（2）超过有效检定期限。

（3）数字式回弹仪数字显示的回弹值与指针直读示值相差大于 1。

（4）经保养后，在钢砧上的率定值不合格。

（5）回单仪遭受严重撞击或其他损害。

回弹仪的检定方法主要包括以下几个方面。

（1）外观检查：检查仪器外壳是否完好，按钮和指示灯是否正常，连接线是否损坏等。

（2）功能检测：检测回弹仪的各项功能是否正常，包括开机、关机、测量等。

（3）精度检定：使用标准样品进行反弹试验比较测得的回弹值与标准值之间的差异，判断回弹仪的精度是否在规定范围内。

（4）稳定性检定：在一定时间内连续检测同一标准样品的回弹值，判断是否存在明显的漂移或波动，评估回弹仪的稳定性。

2.4.2.2 回弹仪的率定

回弹仪使用前应进行率定试验，如图 2-44 所示。回弹仪率定试验所用的钢砧应每两年送有资质的检定机构检定或校准。回弹仪的率定试验应符合下列规定。

（1）率定试验应在室温为 5 ～ 35 ℃的条件下进行。

（2）钢砧表面应干燥、清洁，并应稳固地平放在刚度大的物体上。

（3）回弹值应取连续向下弹击三次的稳定回弹结果的平均值。

（4）率定试验应分四个方向进行，且每一个方向弹击前，弹击杆应旋转 90°，每个方向的回弹平准值低强回弹仪为 80±2，高强回弹仪为 88±2。

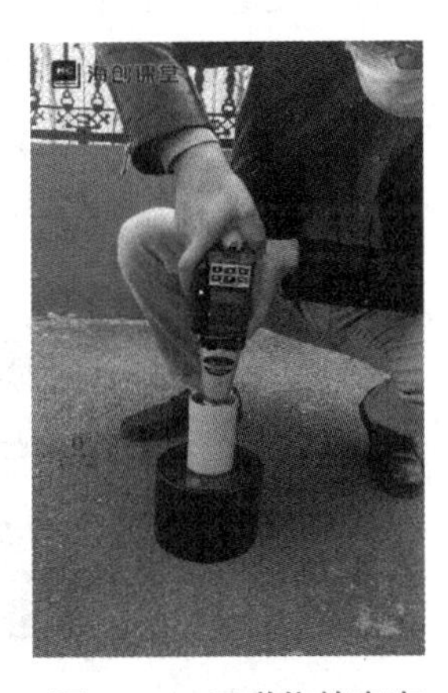

图 2-44　回弹仪的率定

2.4.2.3 回弹仪的保养

若回弹仪具有下列情况之一时，应对回弹仪进行保养。

（1）回弹仪弹击超过 2 000 次。

（2）在钢砧上的率定值不合格。

（3）对检测值有怀疑时。

保养的步骤如下。

（1）先将弹击锤脱钩，取出机芯，然后卸下弹击杆，取出里面的缓冲压簧，并举出弹击锤、弹击压簧和拉筒座。

（2）清洁机芯各零部件，应重点清理中心导杆弹击锤和弹击杆的内孔及冲击面。清理后，应在中心导杆上薄薄涂抹钟表油，其他零部件不得涂油。

（3）清理机壳内壁，卸下刻度尺，检查指针，其摩擦力应为 0.5 ～ 0.8 N。

（4）对于数显回弹仪，还应按产品要求的维护程序进行维护。

（5）保养时不得旋转尾盖上已定位紧固的调零螺钉，不得自制或更换零部件。

（6）保养后应进行率定。

2.4.2.4 回弹仪的使用

数显回弹仪的使用方法

测量回弹值时，回弹仪的轴线应始终垂直于混凝土检测面，并应缓慢施压、准确读数、快速复位。回弹仪使用步骤如下：

（1）将弹击杆顶住混凝土的表面，轻压仪器，使按钮松开，放松压力时弹击杆伸出，挂钩挂上弹击锤，如图 2-45（a）所示。

（2）使仪器的轴线始终垂直于混凝土的表面并缓慢均匀施压，待弹击锤脱钩冲击弹击杆后，弹击锤回弹带动指针向后移动至某一位置时，指针块上的示值刻线在刻度尺上示出一定数值即为回弹值，如图 2-45（b）所示。

（3）使仪器机芯继续顶住混凝土表面进行读数并记录回弹值。如条件不利于读数，可按下按钮，锁住机芯，将仪器移至其他处读数，如图 2-45（c）所示。

（4）逐渐对仪器减压，使弹击杆自仪器内伸出，待下一次使用，如图 2-45（d）所示。

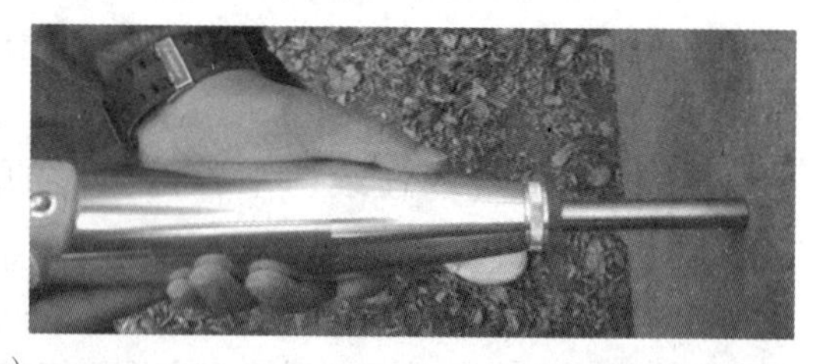

（a）

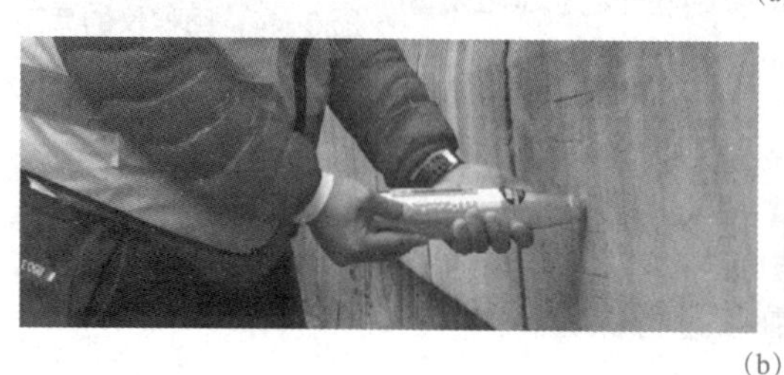

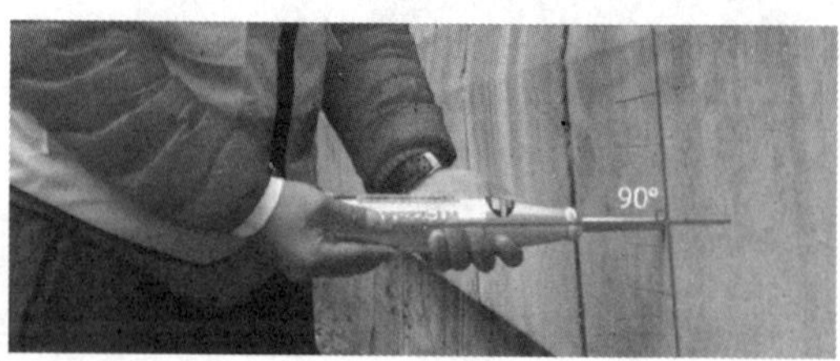

（b）

图 2-45 回弹仪的使用

（a）弹击杆顶住混凝土的表面，轻压仪器，弹击杆伸出；

（b）仪器的轴线始终垂直于混凝土的表面并缓慢均匀施压

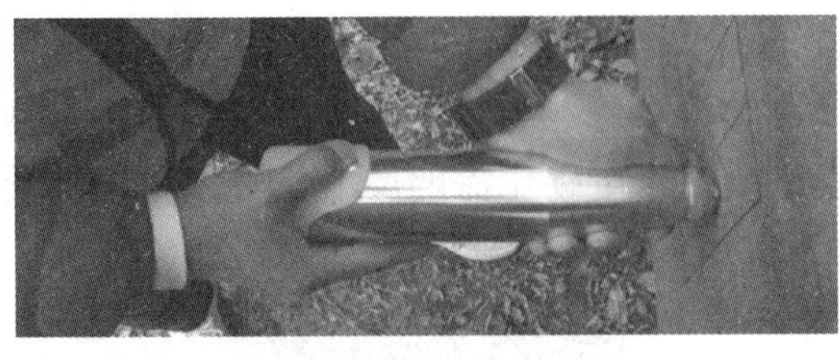
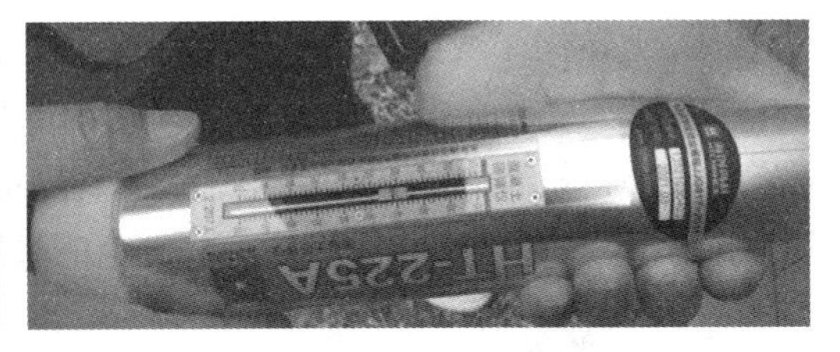

(c)

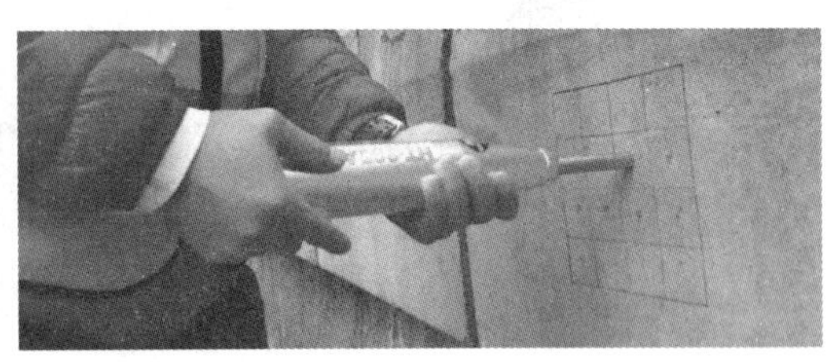

(d)

图 2-45　回弹仪的使用（续）

(c) 条件不利于读数，可按下按钮，锁住机芯，将仪器移至其他处读数；
(d) 逐渐对仪器减压，使弹击杆自仪器内伸出，待下一次使用

2.4.2.5　碳化深度

回弹值测量完毕后，应在有代表性的位置上测量碳化深度值。

图 2-46 所示为碳化深度测量工具。

碳化深度的测定点不应少于构件测区数的 30%，取其平均值为该预制构件每测区的碳化深度值。当碳化深度值极差大于 2.0 mm 时，应在每一测区测量碳化深度值。

碳化深度值测量，可采用适当的工具在测区表面形成直径 15 mm 的孔洞，其深度应大于混凝土的碳化深度。用橡皮吹吹掉孔洞中的粉末和碎屑，不得用水擦洗。同时，应采用浓度为 1% ～ 2% 的酚酞酒精溶液滴在孔洞内壁的边缘处，碳化部分混凝土将变红。当已碳化与未碳化界线清楚时，再用深度测量工具测量已碳化与未碳化混凝土交界面（未变色部分）到混凝土表面的垂直距离，测量不应少于 3 次（每次读数精确至 0.25 mm），取平均值读数精确至 0.5 mm，如图 2-47 所示。

当碳化深度值大于 6.0 mm 时，取 6.0 mm。

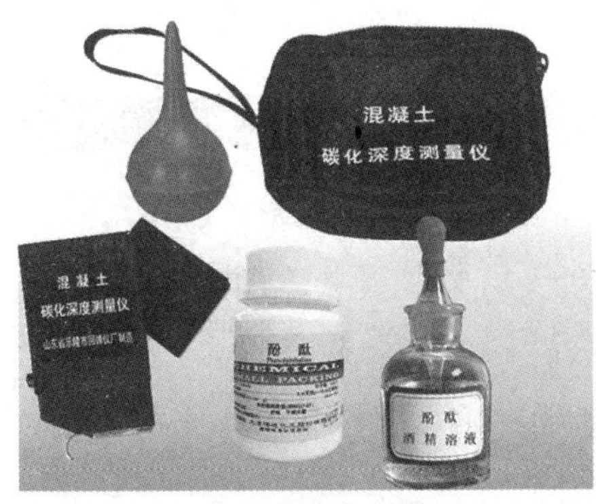

图 2-46　碳化深度测量工具

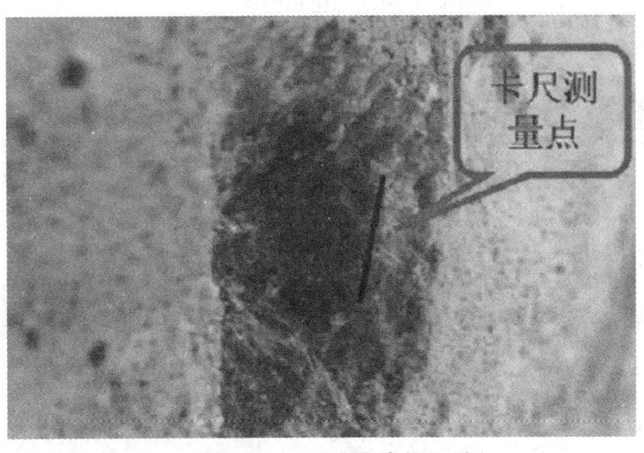

图 2-47　测量碳化深度

混凝土碳化深度尺测头一侧边与尺身平直，在尺框邻接测头直边的一侧固接有一量爪，该量爪的工作面与尺身垂直；碳化深度尺可以很准确地测量混凝土的碳化深度，测量分度值小，量程大，操作简单，测量结果准确。混凝土碳化深度尺不仅可以用于混凝土强度的检测，也可用于混凝土耐久性和腐蚀深度的检测，如图 2-48 所示。

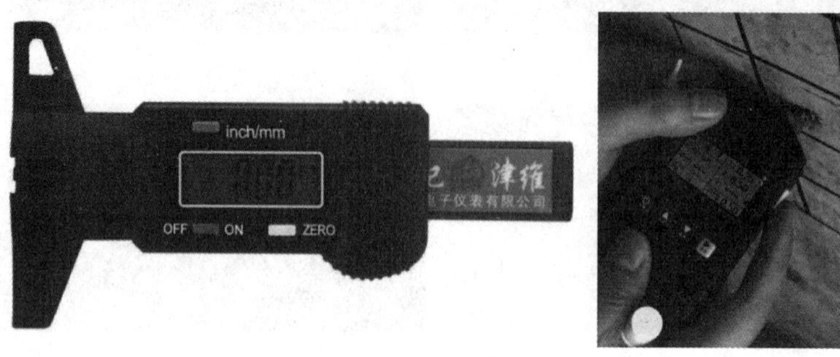

图 2-48　测量碳化尺

2.4.3 数据处理

2.4.3.1　测区平均回弹值计算

回弹值现场检测记录表见表 2-10。计算测区平均回弹值，应从该测区的 16 个回弹值中剔除 3 个最大值和 3 个最小值，余下的 10 个回弹值取平均值，精确到 0.1。按式（2-1）计算：

$$R_{\mathrm{m}}=\frac{\sum_{i=1}^{10} R_i}{10} \tag{2-1}$$

式中　R_{m}——测区平均回弹值，精确至 0.1；

R_i——第 i 个测点的回弹值。

表 2-10　现场检测记录表

<table>
<tr><td colspan="18">项目名称：</td><td colspan="3">设计强度等级：</td></tr>
<tr><td colspan="21">构件类型：梁　板　柱　墙　基础（　　）；楼号：　　；楼层：　　；轴线位置：</td></tr>
<tr><td colspan="7">检测角度：0°，90°，-90°</td><td colspan="6">检测面：侧面；底面；顶面；</td><td colspan="5">状态：干；湿；</td><td colspan="2" rowspan="2">碳化深度
/mm</td><td rowspan="3">换算强度/MPa</td></tr>
<tr><td rowspan="2">测区</td><td colspan="17">回弹值</td></tr>
<tr><td>1</td><td>2</td><td>3</td><td>4</td><td>5</td><td>6</td><td>7</td><td>8</td><td>9</td><td>10</td><td>11</td><td>12</td><td>13</td><td>14</td><td>15</td><td>16</td><td>均值</td><td>实测值</td><td>平均值</td></tr>
<tr><td>1</td><td></td><td></td><td></td><td></td><td></td><td></td><td></td><td></td><td></td><td></td><td></td><td></td><td></td><td></td><td></td><td></td><td></td><td></td><td></td><td></td></tr>
</table>

续表

项目名称：																		设计强度等级：		
2																				
3																				
4																				
5																				
6																				
7																				
8																				
9																				
10																				
计算：						记录：						检验：				检验日期：		年	月	日

2.4.3.2 测区强度换算值计算

预制构件单个测区混凝土强度换算值，可按计算出的平均回弹值（R_m）和平均碳化深度值（d_m），由《回弹法检测混凝土抗压强度技术规程》（JGJ/T 23—2011）中附录 A 和附录 B（泵送）查表或计算得出。当有地区或专用测强曲线时，混凝土强度的换算值宜按地区测强曲线或专用测强曲线计算或查表得出。

预制构件的测区混凝土强度平均值应根据各测区的混凝土强度换算值计算。当测区数为 10 个及以上时，还应计算强度标准差。平均值及标准差应按式（2–2）、式（2–3）计算：

$$m_{f_{cu}^{c}}=\frac{\sum_{i=1}^{n} f_{cu,i}^{c}}{n} \tag{2-2}$$

$$S_{f_{cu}^{c}}=\sqrt{\frac{\sum_{i=1}^{n}\left(f_{cu,i}^{c}\right)^{2}-n\left(m_{f_{cu}^{c}}\right)^{2}}{n-1}} \tag{2-3}$$

式中 $m_{f_{cu}^{c}}$——预制构件测区混凝土强度换算值的平均值（MPa），精确至 0.1 MPa；

n——对于单个检测的预制构件，取该构件的测区数，对批量检测的预制构件，取所有被抽检预制构件测区数之和；

$S_{f_{cu}^{c}}$——结构或预制构件测区混凝土强度换算值的标准差（MPa），精确至 0.01 MPa。

任务小结

预制构件强度检测是保障建筑工程质量安全的重要措施，确保其符合设计要求。强度验收前，需要在预制构件强度验收区域进行测区布置。运用回弹仪进行强度验收时，需要先进行回弹仪率定，测量回弹值时，回弹仪的轴线应始终垂直于混凝土检测面，并应缓慢施压、准确读数、快速复位。回弹值测量完毕后，应在有代表性的位置上测量碳化深度值。值得注意的是，检测过程中要注意检查人员的素质、检查流程和标准，以及问题的上报和处理等方面的问题。

课后练习题

一、理论题

（1）【单选题】对于一般构件，测区数不宜少于（　　）个。

A．8　　B．10　　C．12　　D．16

（2）【单选题】每一测区应读取（　　）个回弹值。

A．8　　B．10　　C．12　　D．16

（3）【单选题】计算测区平均回弹值，应从该测区的 16 个回弹值中剔除 3 个最大值和 3 个最小值，余下的 10 个回弹值取（　　）。

A．最大值　　B．最小值

C．平均值　　D．中位数

二、实训题

1. 任务描述

强度验收四色严线

如图 2-49 所示，在 1+X 装配式虚拟仿真实训场中，根据强度验收任务单完成强度验收任务。

图 2-49　预制剪力墙构件

（1）测区布置。根据《回弹法检测混凝土抗压强度技术规程》(JGJ/T 23—2011)，每一结构或构件的测区应符合下列规定：

1）每一结构或构件测区数不应少于 10 个，对某一方向尺寸小于 4.5 m 且另一方向尺寸小于 0.3 m 的构件，其测区数量可适当减少，但不应少于 5 个。

2）相邻两测区的间距应控制在 2 m 以内，测区离构件端部或施工缝边缘的距离不宜大于 0.5 m，且不宜小于 0.2 m。

3）测区应选在使回弹仪处于水平方向检测混凝土浇筑侧面。当不能满足这一要求时，可使回弹仪处于非水平方向检测混凝土浇筑侧面、表面或底面。

4）测区宜选在构件的两个对称可测面上，也可选在一个可测面上，且应均匀分布。在构件的重要部位及薄弱部位必须布置测区，并应避开预埋件。

5）测区的面积不宜大于 0.04 m^2。

6）检测面应为混凝土表面，并应清洁、平整，不应有疏松层、浮浆、油垢、涂层以及蜂窝、麻面，必要时可用砂轮清除疏松层和杂物，且不应有残留的粉末或碎屑。

7）对弹击时产生颤动的薄壁、小型预制构件应进行固定检查预制剪力墙的长度、宽度、厚度、表面平整度、对角线和侧向弯曲等尺寸参数，检查出的尺寸偏差需要在规范允许误差范围内。

图 2-50 为测区布置示意。

图 2-50　测区布置示意

（2）回弹仪的使用。测量回弹值时，回弹仪的轴线应始终垂直于混凝土检测面，并应缓慢施压、准确读数、快速复位。

图 2-51 所示为回弹仪操作示意。

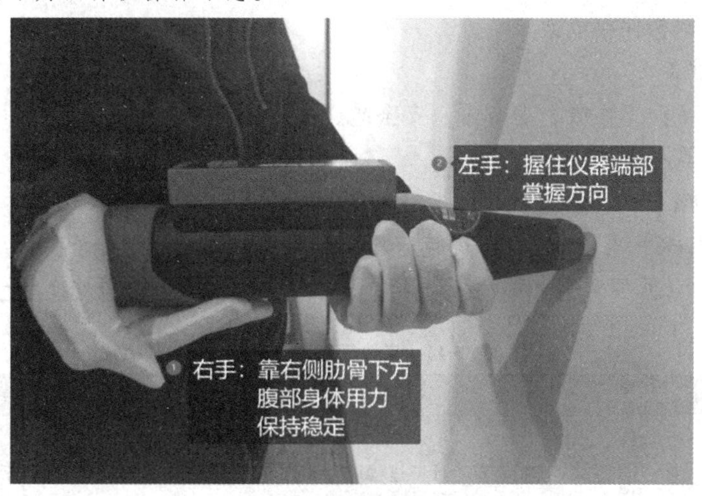

图 2-51　回弹仪操作示意

（3）数据处理。

1）测区回弹值。

①非水平方向检测时，对所得回弹值进行角度修正，得到修正后的测区回弹值。

②检测面为混凝土教主表面和底面时，需要对回弹值进行角度影响修正外，再进行浇筑面修正。

2）测区混凝土强度换算值。根据回弹值和碳化深度计算或查表得到测区混凝土强度换算值。

3）修正后测区混凝土强度换算值。

①泵送修正：修正后的测区混凝土强度换算值。

②芯样修正：修正后的测区混凝土强度换算值。

4）预制构件混凝土强度推定值。

①少于 10 个测区：取最小的测区混凝土强度换算值。

②多于 10 个测区：取所有测区混凝土强度换算值的平均值 −1.645 测区混凝土强度换算值的标准差。

注：另可以对一批预制构件混凝土强度进行推定，采用数理统计的方法进行，根据相关规范进行。

2. 任务分析

重点：

（1）回弹仪的使用方法。

（2）测区布置及要求。

难点：

强度检测数据处理的要求。

3. 施工准备

（1）材料准备。

1）预制剪力墙构件；

2）竖向预制构件存放架。

（2）工具准备。

1）劳保用品：工作服、安全帽、安全绳、手套；

2）检测工具：回弹仪。

4. 任务考核

考核对标“1+X 标准”，随机确定角色。当学生在相邻任务抽到相同角色时，则和编号大的同学调换角色，例如：A 同学连续两次抽到质检员，第二次时，就与考评员交换角色（表 2–11）。

表 2–11 岗位任务的角色职责

号码	对应角色	角色职责
1 号	指挥员	负责整个任务过程指令下达，合理分工，及时纠正主操员错误操作

续表

号码	对应角色	角色职责
2号	主操员	负责主要施工操作
3号	助理员	负责配合2号主操员完成施工任务
4号	质检员 Q	负责质量验收、相关记录、规范填写任务验收单
5号	考评员	负责考核打分

（1）测区布置。

1）使用工具：使用工具粉笔、水性笔等。

2）操作标准：使用工具在预制构件上绘制4×4表格。

3）质量标准：

①对于一般构件，测区数不宜少于10个。当受检预制构件数量大于30个且不需提供单个预制构件推定强度或受检预制构件某一方向尺寸不大于4.5 m且另一方向尺寸不大于0.3 m时，每个预制构件的测区数量可适当减少，但不应少于5个。

②相邻两侧区的间距不应大于2 m，测区离预制构件端部或施工缝边缘的距离不宜大于0.5 m，且不宜小于0.2 m。

③测区宜选在能使回弹仪处于水平方向的混凝土浇筑侧面。当不能满足这一要求时，也可选在使回弹仪处于非水平方向的混凝土浇筑表面或底面。

④测区宜布置在预制构件的两个对称的可测面上，当不能布置在对称的可测面上时，也可布置在同一可测面上，且应均匀分布。在预制构件的重要部位及薄弱部位应布置测区，并应避开预埋件。

⑤测区的面积不宜大于0.04 m^2。

⑥对于弹击时产生颤动的薄壁、小型构件，应进行固定。

（2）强度检测。

1）工具标准：使用工具回弹仪。

2）操作标准：测量回弹值时，回弹仪的轴线应始终垂直于混凝土检测面，并应缓慢施压、准确读数、快速复位缓慢施压、准确读数、快速复位。

3）质量标准：每一测区应读取16个回弹值，每一测点的回弹值读数应精确至1。测点宜在测区范围内均匀分布，相邻两测点的净距离不宜小于20 mm；测点距外露钢筋、预埋件的距离不宜小于30 mm；测点不应在气孔或外露石子上，同一测点应只弹击一次；检测泵送混凝土强度时，测区应选在混凝土浇筑侧面。

(3) 数据处理。

1) 工具标准：使用工具计算器、Excel 表格等。

2) 操作标准：

①计算测区平均回弹值：应从该测区的 16 个回弹值中剔除 3 个最大值和 3 个最小值，其余的 10 个回弹值按下式计算：

$$R_m = \frac{\sum_{i=1}^{10} R_i}{10}$$

式中 R_m——测区平均回弹值，精确至 0.1；

R_i——第 i 个测点的回弹值。

②强度推定。构件第 i 个测区混凝土强度换算值，可按得的平均回弹值（R_m）及平均碳化深度值（d_m），由《回弹法检测混凝土抗压强度技术规程》（JGJ/T 23—2011）附录 A、附录 B 查表或计算得出。

预制构件的测区混凝土强度平均值应根据各测区的混凝土强度换算值计算。当测区数为 10 个及以上时，还应计算强度标准差。平均值及标准差应按下列公式计算：

$$m_{f_{cu}^c} = \frac{\sum_{i=1}^{n} f_{cu,i}^c}{n}$$

$$S_{f_{cu}^c} = \sqrt{\frac{\sum_{i=1}^{n}\left(f_{cu,i}^c\right)^2 - n\left(m_{f_{cu}^c}\right)^2}{n-1}}$$

式中 $m_{f_{cu}^c}$——预制构件测区混凝土强度换算值的平均值（MPa），精确至 0.1 MPa；

n——对于单个检测的预制构件，取该预制构件的测区数，对批量检测的预制构件，取所有被抽检预制构件测区数之和；

$S_{f_{cu}^c}$——结构或预制构件测区混凝土强度换算值的标准差（MPa），精确至 0.01 MPa。

3) 质量标准混凝土强度换算值的标准差（MPa），精确至 0.01 MPa。

“四色严线”强度检测考评单见表 2-12。

表 2-12 “四色严线”强度检测考评单

考核项目	预制构件强度检测		
1 号指挥员	姓名	班级	小组编号
2 号主操员	姓名	班级	小组编号
3 号助理员	姓名	班级	小组编号

续表

考核项目	预制构件强度检测			
Q 4号质检员	姓名	班级	小组编号	
5号考评员	姓名	班级	小组编号	
考核对象小组编号				

评价内容	配分	考核标准	“四色严线”培养目标	得分
职业素养				
佩戴安全帽	5	①内衬圆周大小调节到头部稍有约束感为宜。 ②系好下颚带，下颚带应紧贴下颚，松紧以下颚有约束感，但不难受为宜。 ③均满足以上要求可得5分，否则总分计0分	安全意识	
穿戴工装、手套	5	①劳保工装做的“统一、整齐、整洁”，并做的“三紧”，即领口紧、袖口紧、下摆紧，严禁卷袖口、卷裤腿等现象。 ②必须正确佩戴手套，方可进行实操考核。 ③均满足以上要求可得5分，否则总分计0分	安全意识	
安全操作	5	①操作过程中严格按照安全文明生产规定操作，无恶意损坏工具、原材料且无因操作失误造成人员伤害等行为。 ②均满足以上要求可得5分，否则总分计0分	安全意识	
场地清理	5	任务完成以后场地干净整洁	环保意识	
职业技能				
测区布置				
测区数量	5	①每一结构或构件测区数不应少于10个，对某一方向尺寸小于4.5 m且另一方向尺寸小于0.3 m的构件，其测区数量可适当减少，但不应少于5个。 ②按要求操作则该项得5分，否则总分计不及格	质量意识	
测区间距	5	相邻两侧区的间距不应大于2 m，测区离构件端部或施工缝边缘的距离不宜大于0.5 m，且不宜小于0.2 m	规范意识	
测区位置	5	①测区宜选在能使回弹仪处于水平方向的混凝土浇筑侧面。当不能满足这一要求时，也可选在使回弹仪处于非水平方向的混凝土浇筑表面或底面。 ②按要求操作则该项得5分，否则总分计不及格	质量意识	
测区面积	5	测区的面积不宜大于0.04 m^2	规范意识	

续表

考核项目	预制构件强度检测			
布置要求	5	测区宜布置在构件的两个对称的可测面上，当不能布置在对称的可测面上时，也可布置在同一可测面上，且应均匀分布。在构件的重要部位及薄弱部位应布置测区，并应避开预埋件	规范意识	
强度检测				
精度要求	5	①每一测区应读取 16 个回弹值，每一测点的回弹值读数应精确至 1。 ②按要求操作则该项得 5 分，否则总分计不及格	质量意识	
测点要求	5	测点宜在测区范围内均匀分布，相邻两测点的净距离不宜小于 20 mm	规范意识	
位置要求	5	测点距外露钢筋、预埋件的距离不宜小于 30 mm	规范意识	
	5	检测泵送混凝土强度时，测区应选在混凝土浇筑侧面	规范意识	
注意事项	5	对于弹击时产生颤动的薄壁、小型构件，应进行固定	规范意识	
数据处理				
数据选取	5	从该测区的 16 个回弹值中剔除 3 个最大值和 3 个最小值	规范意识	
数据修正	5	当测区数为 10 个及以上时，还应计算强度标准差	规范意识	
数据精度	10	结构或构件测区混凝土强度换算值的标准差（MPa），精确至 0.0 1MPa	规范意识	
如实填写	10	如实评判施工质量问题，正确得 5 分，违反总分计不及格	质量意识	
总分（百分制）				

项 目 3

预制构件吊装施工

任务 3.1 施工机械及场地布置

1. 知识目标

（1）了解装配式建筑施工常用的大型机械；

（2）熟悉汽车起重机及塔起重机的优缺点；

（3）掌握大型机械的布置方法。

2. 技能目标

能根据施工现场要求合理布置大型机械设备。

3. 素质目标

（1）培养对中国机械设备的自豪感，培养立志科技强国的家国情怀；

（2）培养吃苦耐劳的劳动精神、勇于创新的创新精神；

（3）树立注重效率、精益求精的工匠精神。

4. 素养提升

“世界第一吊”——徐工 XGC88000，是世界上最大的履带式起重机，自身质量为 4 000 t，能吊起 4 500 t 的质量（相当于 1 500 头大象或者 1 000 节高铁车厢）。通过我国从该领域空白，被外国人“卡脖子”到独占鳌头，成为世界第一的案例，培养学生对中国机械的自豪感及科技强国的家国情怀。

3.1.1 熟悉吊装机械

熟悉吊装机械

装配式建筑施工常用的吊装机械有自行式起重机和塔式起重机。自行式起重机有履带式起重机、轮胎式起重机和汽车式起重机。塔式起重机有轨道式塔式起重机、爬升式塔式起重机和附着式塔式起重机。

3.1.1.1 履带式起重机

履带式起重机由回转台和履带行走机构两部分组成，如图 3-1 所示。履带式起重机操作灵活，使用方便，本身能回转 360°。在平坦坚实的地面上能负荷行驶，吊物时可退可进。此类起重机对施工场地要求不严，可在不平整泥泞的场地或略加处理的松软场地（如垫道木、铺垫块石、厚钢板等 ）行驶和工作。履带式起重机的缺点是自重大，行驶速度慢，转向不方便，易损坏路面，转移时需用平板拖车装运。履带式起重机适用于各种场合，可吊装大、中型构件，是装配式结构工程中广泛使用的起重机械，尤其适合地面松软、行驶条件差的场合。

图 3-1　履带式起重机

3.1.1.2 轮胎式起重机

轮胎式起重机构造与履带式起重机构造基本相同，只是行走方式不同，如图 3-2 所示。接触地面的部分改用轮胎而不是履带。轮胎式起重机机动性高、行驶速度快、操作和转移方便，有较好的稳定性，起重臂多为伸缩式，长度可调，对路面无破坏性，在平坦地面上可不用支腿进行小起重量吊装及吊物低速行驶。其缺点是吊重时一般须放下支腿，不能行走，工作面受到一定的限制，对构件布置、排放要求严格；施工场地须平整、碾压收实，在泥泞场地行走困难。轮胎式起重机适用于装卸一般吊装工中高、较重的构件，尤其适合路面平整坚实或不允许损坏的场合。

图 3-2　轮胎式起重机

3.1.1.3　汽车式起重机

汽车式起重机是把起重机构安装在汽车底盘上，起重臂杆采用高强度钢板做成箱形结构，吊臂可根据需要自动逐节伸缩，其外形如图 3-3 所示。汽车式起重机行走速度快，转向方便，不会对路面造成损坏，符合公路车辆的技术要求，可在各类公路上通行。其缺点是在工作状态下必须放下支腿，不能负荷行驶，工作面受到限制；对构件放置有严格要求；施工场地须平整、碾压坚实；不适合在松软或泥泞的场地上工作。汽车式起重机适用于临时分散的工地以及物料装卸、零星吊装和需要快速进场的吊装作业。

3.1.1.4　轨道式塔式起重机

轨道式塔式起重机是一种能在轨道上行驶的起重机，又称自行式塔式起重机，其外形如图 3-4 所示。这种起重机的优点是可负荷行驶，使用安全，生产效率高，起重高度可按需要通过增减塔身、百换节架来调节。但缺点是须铺设轨道、占用施工场地过大，塔架高度和起重量较固定式塔式起重机塔架高度小。

图 3-3　汽车式起重机

图 3-4　轨道式塔式起重机

3.1.1.5 爬升式塔式起重机

爬升式塔式起重机是安装在建筑物内部电梯井、框架梁或其他合适开间的结构上，随建筑物的升高向上爬升的起重机械，其外形如图 3-5 所示。通常每吊装 1 ～ 2 层楼的构件后，向上爬升一次。这类起重机主要用于高层（10 层以上）结构安装。其优点是机身体积小，质量小，安装简单，不占施工场地，适用于现场狭窄的高层建筑结构安装；其缺点是全部荷载由建筑物承受，需要做结构承载验算，必要时须做加固，施工结束后拆卸复杂，一般须设辅助起重机进行拆卸。

3.1.1.6 附着式塔式起重机

附着式塔式起重机是固定在建筑物近旁混凝土基础上的起重机械，它可借助顶升系统随着建筑施工进度而自行向上接高。为了减小塔身的自由高度，规定每隔 14 ～ 20 m 将塔身与建筑物用锚固装置连接起来，其外形如图 3-6 所示。其优点是起重高度大，地面所占空间较小，可自行升高，安装方便，适用于高层建筑施工；其缺点是需要增设附墙支撑，对建筑结构有一定的水平力作用，拆卸时所需场地大。

图 3-5 爬升式塔式起重机

图 3-6 附着式塔式起重机

3.1.2 吊装机械布置

施工平面布置

吊装机械的布置直接影响构件堆场、材料仓库、加工厂、搅拌的位置，以及道路、临时设施及水、电等管线的布置，是施工现场全局的中心环节，应首先确定。由于各种起重机械的性能不同，其布置也不尽相同。

3.1.2.1 塔式起重机的布置

塔式起重机的位置要根据现场建筑四周的施工场地、施工条件和吊装工艺确定。一般布置在建筑长边中点附近，可以用较小的臂长覆盖整个建筑和堆场，如图 3-7（a）所示；若为群塔布置，则对向布置，可以在较小臂长、较大起重能力的情况下覆盖整个建筑，如图 3-7（b）所示；也可以将塔式起重机布置在建筑核心位置处，如图 3-7（c）所示。原则上，塔式起重机应布置于距最重构件和吊装难度最大的构件最近处。例如，PC 外挂板属于各类构件中重量最大的预制构件，其通常位于楼梯间，故塔式起重机宜布置在楼梯间一侧。

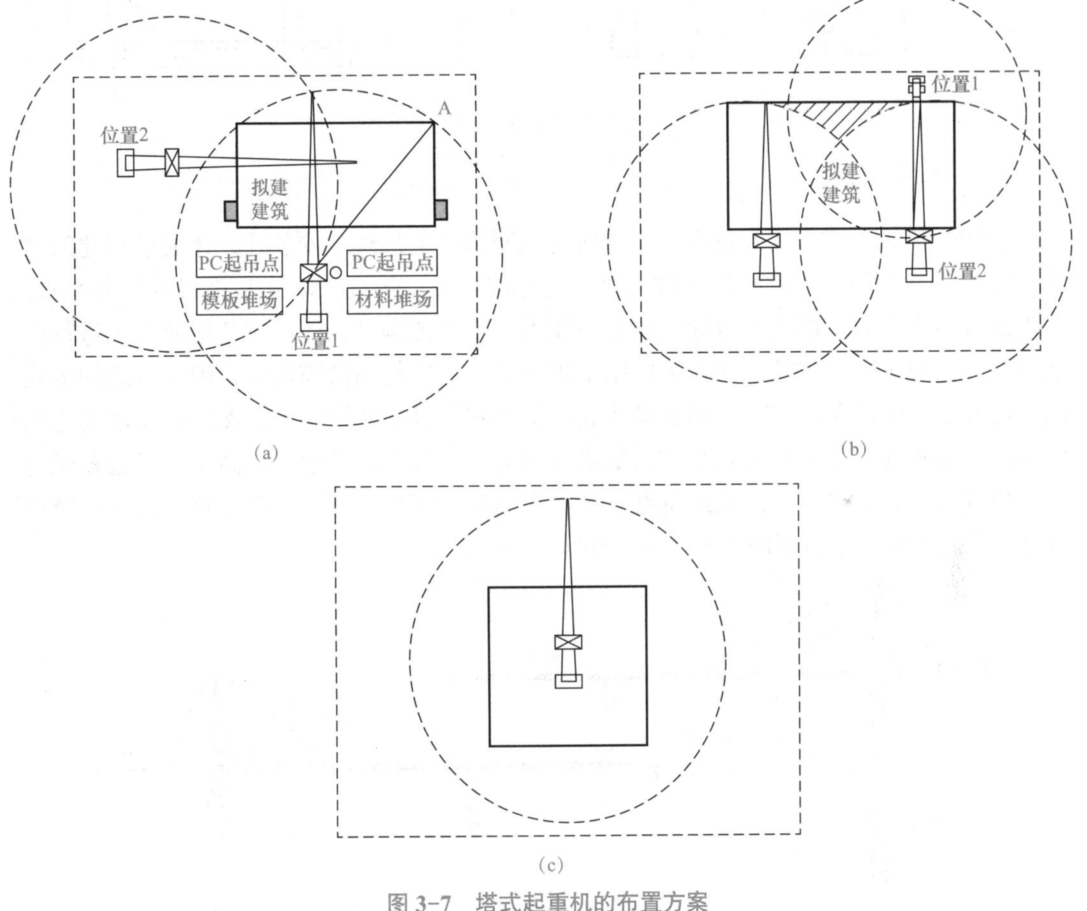

图 3-7　塔式起重机的布置方案

（a）侧边单机布置；（b）侧边双机布置；（c）中心布置

在确定好塔式起重机的位置后，还应绘制出塔式起重机的服务范围。在服务范围内，起重机应能将预制构件和材料运至任何施工地点，避免出现吊装死角。服务范围内还应有较宽敞的施工用地，主要临时道路也宜安排在塔式起重机的服务范围内，尤其是当现场不设置构件堆场时，构件运输至现场后须立即进行吊装。若为轨道式塔式起重机，其轨道应沿建筑物的长向布置。通常可以采取单侧布置或双侧（环形）布置：当建筑物宽度较小、构件自重不大时，可采用单侧布置方式；当建筑物宽度较大、构件自重较大时，应采用双侧（环形）布置方式，如图 3-8 所示。对于轨道内侧到建筑物外墙皮的距离，当塔式起重机布置在无阳台等外伸部件一侧时，取决于支设安全网的宽度，一般为 1.5 m 左右；当塔式起重机布置在阳台等外伸部件一侧时，要根据外伸部件的宽度决定，如遇地下室窗井时还应适当加大。布置时，须对塔式起重机行走轨道的场地进行碾压、铺轨，然后安装塔式起重机，并在其周围设置排水沟。

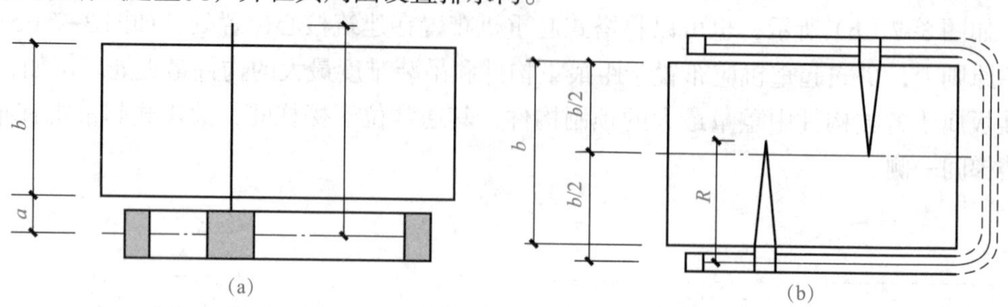

图 3-8　轨道式塔式起重机布置方案

（a）单机布置；（b）双侧（环形）布置

a—轨道中心到建筑物外墙皮的距离；*b*—建筑物外纵墙距离；*R*—起重机的工作半径

装配式建筑施工塔式起重机除负责所有预制构件的吊运、安装外，还要进行建筑材料、施工机具的吊运，且预制构件的吊运占用时间长。因此，塔式起重机的任务繁重，常需进行群塔布置。群塔布置除考虑起吊能力和服务范围外，还应对其作业方案进行提前设计。在布置时，应结合建筑主体施工进度安排，进行高低塔搭配，确定合理的塔式起重机升节、附墙时间节点。相邻塔式起重机之间的最小架设距离应保证低位塔式起重机的起重臂端部与另一台塔式起重机的塔身之间至少有 2 m 的距离，高位塔式起重机的最低位置的部件（或吊钩升至最高点或平衡重的最低部位）与低位塔式起重机的最高位置部件之间的垂直距离不应小于 2 m，如图 3-9 所示。

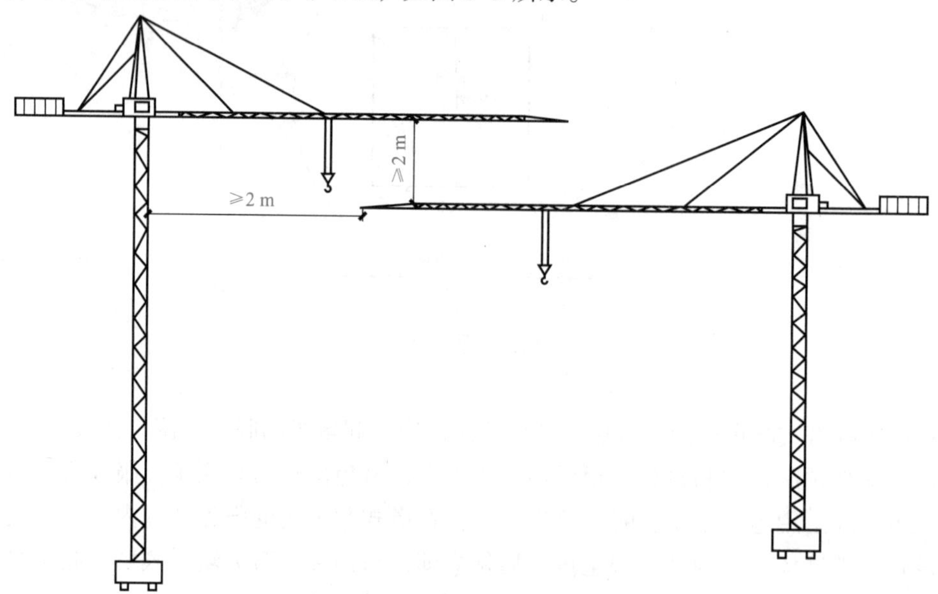

图 3-9　群塔安全距离示意

塔式起重机应与建筑物保持一定的安全距离。定位时，须结合建筑物总体综合考虑，应考虑距离塔式起重机最近的建筑物各层是否有外伸挑板、露台、雨篷、阳台或其他建筑造型等，防止其碰撞塔身。如建筑物外围设有外脚手架，还须考虑外脚手架的设置与塔身的关系。《塔式起重机安全规程》（GB 5144—2006）规定，塔式起重机的尾部与周围建筑物及其外围施工设施之间的安全距离不小于 0.6 m，如图 3-10 所示。

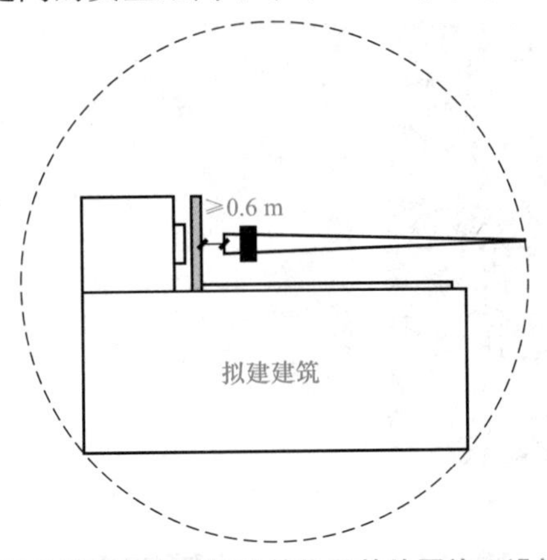

图 3-10 塔式起重机的尾部与周围建筑物及其外围施工设施之间的安全距离

施工场地范围内有架空输电线时，塔式起重机与架空线路边线必须满足最小的安全距离，见表 3-1。确实无法避免时，可考虑搭设防护架。

表 3-1 塔式起重机与架空线路边线的最小安全距离

安全距离 /m	电压 /kV				
	< 1	1 ~ 15	20 ~ 40	60 ~ 100	200
沿垂直方向	1.5	3.0	4.0	5.0	6.0
沿水平方向	1.0	1.5	2.0	4.0	6.0

塔式起重机的布置应考虑工程结束后易于拆除，应保证降塔时塔式起重机的起重臂、平衡臂与建筑物无碰撞，有足够的安全距离。如果采用其他塔式起重机辅助拆除，则应考虑该辅助塔式起重机的起吊能力及服务范围。如果采用汽车式起重机等辅助吊装设备，应提前考虑拆除时汽车式起重机等设备的所在位置，是否有可行的行车路线与吊装施工场地。塔式起重机的定位还须考虑塔式起重机基础与地下室的关系。如在地下室范围内，应尽量避免其与地下室结构梁、板等发生碰撞；如确实无法避免与结构梁、板等冲突时，应在与塔身发生冲突处的梁、板留设施工缝，待塔式起重机拆除后再施工。施工缝的留设位置应满足设计要求。如在地下室结构范围外，应主要考虑附墙距离、塔式起重机基础稳定性、基坑边坡稳定性等问题，如图 3-11 所示。

选择可以设置塔式起重机附墙的位置布置塔机。从多栋建筑的高度和单体建筑的体型来考虑，塔机定位时应"就高不就低"，布置便于高的建筑或部位，塔机的自由高度应能满足屋面的施工要求，拟附墙的楼层应有满足附墙要求的支承点，且塔身与支承点的距离应满足要求。装配式建筑外挂板、内墙板属于非承重构件，因此不得用作塔式起重机附墙连接。分户墙、外围护墙与主体同步施工，导致附着杆的设置受到影响，宜将塔式起重机定位在窗洞或阳台洞口位置，以便于将附着杆伸入洞口设置在主体结构上，如图 3–12 所示。如有必要，也可在外挂板及其他预制构件上预留洞口或设置预埋件，此时必须在开工前就下好构件工艺变更单，使在工厂预制时提前做好预留、预埋，不得采用事后凿洞或锚固的方式。

图 3–11　塔式起重机基础与地下室之间的关系

图 3–12　塔式起重机附着杆的设置

此外，塔式起重机的布置应尽可能减小操作人员的视线盲区，在沿海风力较大的地区，宜根据当地的风向将塔式起重机布置在建筑物的背风面，尽量减少与其他建筑场地的干涉，尽量避免塔式起重机临街布置，防止吊物坠落伤及行人。

3.1.2.2　自行式起重机的布置

若装配式建筑的构件数量少、吊装高度小，或者所布置的塔式起重机有作业盲区，可以选用汽车式或履带式等自行式起重机。将两者配合使用，如图 3–13 所示。自行式起重机行驶路线一般沿建筑物纵向一侧或两侧布置，也可以沿建筑物四周布置。吊装时的开行路线及停机位置主要取决于建筑物的平面布置、构件自重、吊装高度和吊装方法。起重机机身最突出部位到外墙皮的距离，应不小于起重机回转中心到建筑物外墙皮距离的一半，臂杆距屋顶挑檐的最小安全距离一般为 0.6 ～ 0.8 m，如图 3–14 所示。此外，现场还应满足自行式起重机的运转行走和固定等基本要求。

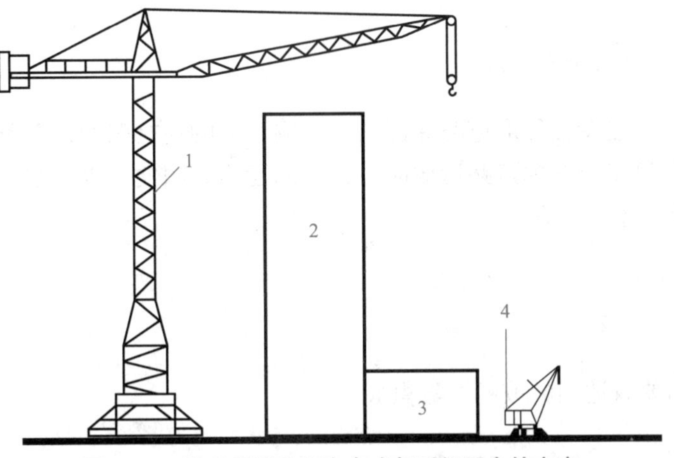

图 3-13　塔式起重机和汽车式起重机配合的方案

1—塔式起重机；2—塔楼；3—裙房；4—汽车起重机

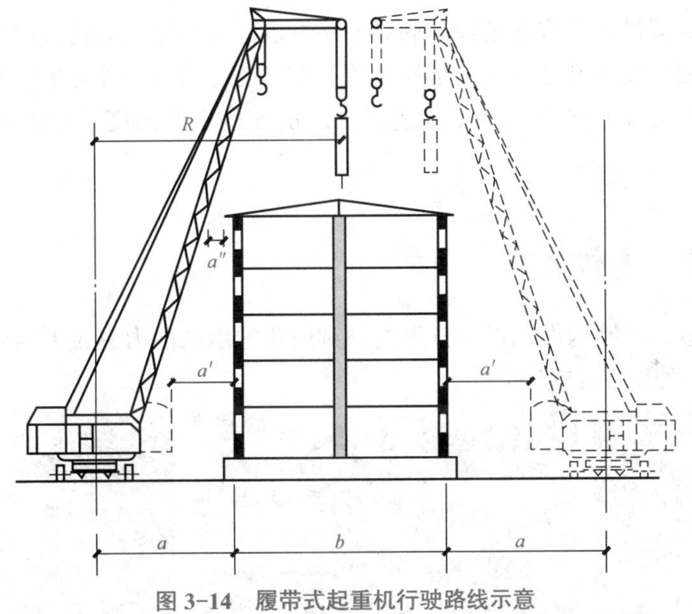

图 3-14　履带式起重机行驶路线示意

a—起重机回转中心到建筑物外墙皮的距离；*b*—建筑物外纵墙距离；
a′—起重机机身最突出部位到外墙皮的距离；*a″*—臂杆距屋顶挑檐的最小安全距离；
R—起重机的工作半径

3.1.3 运输道路布置

预制构件的运输对构件的堆放、起吊等后续作业有较大的影响。因此，运输道路的布置是现场布置的重点内容，应对道路的线路规划、宽度、转弯半径、坡度、承载能力等进行重点关注。

3.1.3.1 道路规划

宜围绕单位工程设置环形道路保证构件运输车辆的通行顺畅；有条件的施工现场可分设进、出两个门充分发挥道路运输能力，压缩运输时间便于进行车上起吊安装，加快施工进度缩减临时堆放需求。

3.1.3.2 坡度

现场道路需要有适当的坡度以防积水。

3.1.3.3 宽度、转弯半径

现场道路应满足大型构件运输车辆对道路宽度、转弯半径和荷载的要求；在转弯处需适当加大路面宽度和转弯半径；道路宽度一般不小于 4 m，转弯半径弧度应大于工地最长车辆拐弯的要求；考虑现场车辆进出大门的宽度以及高度，常用运输车辆宽 4 m、长 16 ～ 20 m。

3.1.3.4 承载能力

大型车辆运输预制构件，本身自重大，对道路的承载能力有较大的要求；可在道路表面敷设钢板，如图 3-15 所示。

图 3-15　用钢板敷设路面

3.1.4 预制构件材料的堆放

装配式建筑的构件安装施工计划应尽可能考虑将预制构件直接从车上吊装，减少预制构件的现场临时存放，从而可以缩小甚至不设置存放场地，大大减小起重机的工作量，提

高施工效率。但是在实际施工过程中，由于施工车辆在某些时段和区域限行或限停，工地通常不得不准备预制构件临时堆放场地。预制构件堆放区的空间大小应根据预制构件的类型和数量、施工现场空间大小、施工进度安排、预制构件工厂生产能力等综合确定，在场地空间有限的情况下，可以合理组织构件生产、运输、存放和吊装的各个环节，使之紧密衔接，尽可能缩短预制构件的存放时间和减小存放量以节约堆放空间。场地空间还应考虑在预制构件之间设置人行通道，以方便现场人员作业，通常道路宽度不宜小于 600 mm。

预制构件堆放区的空间位置要根据吊装机械的位置或行驶路线来确定，应使其位于吊装机械有效作业范围内，以缩短运距、避免二次搬运，从而减少吊装机械空驶或负荷行驶，但同时不得在高处作业区下方，特别注意避免坠落物砸坏预制构件或造成污染。距建筑物周围 3 m 范围内为安全禁区，不允许堆放任何预制构件和材料。

各类型预制构件的布置须满足吊装工艺的要求，尽可能将各类型预制构件靠近使用地点布置，并首先考虑重型预制构件。预制构件存放区域要设置隔离围挡或车挡，避免预制构件被工地车辆碰撞损坏。场地要根据预制构件类型和尺寸划分区域设置，要充分利用建筑物两端空地及吊装机械工作半径范围内的其他空地，也可以将预制构件根据施工进度安排存放到地下室顶板或已经完工的楼层上，但必须征得设计人员的同意，楼盖承载力应满足堆放要求。

楼板、屋面板、楼梯、休息平台板、通风道等预制构件，一般沿建筑物堆放在墙板的外侧。结构安装阶段需要吊装到楼层的零星构配件、混凝土、砂浆、砖、门窗、管材等材料的堆放，应视现场具体情况而定。对这些构配件和材料应确定数量，组织吊次，按照楼层布置的要求，随每层结构安装逐层吊运到楼层指定地点。预制构件堆放场的地面应平整、坚实，尽可能采用硬化面层，否则场地应当夯实，表面铺砂石，如图 3-16 所示。场地应有良好的排水措施。卸放和吊装工作范围内不应有障碍物，并应有满足预制构件周转使用的场地。

图 3-16　预制构件堆场地面硬化

任务小结

装配式建筑施工常用的吊装机械有自行式起重机和塔式起重机。自行式起重机有履带式起重机、轮胎式起重机和汽车式起重机；塔式起重机有轨道式塔式起重机、爬升式塔式起重机和附着式塔式起重机。各种起重机械的性能不同，其布置也不尽相同。运输道路的布置是现场布置的重点内容，应对道路的线路规划、宽度、转弯半径、坡度、承载能力等进行重点关注。

课后练习题

一、理论题

（1）【单选题】施工单位应对从事预制构件吊装作业及相关人员进行安全培训与交底，识别预制构件进场、卸车、存放、吊装、就位各环节的作业风险，并制定（　　）。

A．防控措施　B．安全管理措施　C．质量监督措施　D．事故预防措施

（2）【单选题】装配式工业厂房吊车梁的吊装，应在基础杯口二次浇筑的混凝土达到设计强度（　　）% 以上，方可进行。

A．30　B．50　C．70　D．90

（3）【单选题】汽车式起重机的优点是（　　）。

A．机动性好　B．转移迅速　C．工作无须支腿　D．能负荷行驶

二、实训题

1. 任务描述

根据星湖国际项目的施工平面图，完成施工机械选型、机械选型布置、区域划分及场地布置等任务，表 3-2 中图 1 所示为该项目总平面图。

表 3-2 “四色严线”施工机械及场地布置任务单

<table>
<tr><td>任务名称</td><td colspan="3">施工机械及场地布置</td></tr>
<tr><td colspan="2">姓名</td><td>班级</td><td>小组编号</td></tr>
<tr><td colspan="2"></td><td></td><td></td></tr>
<tr><td>施工图纸</td><td colspan="3">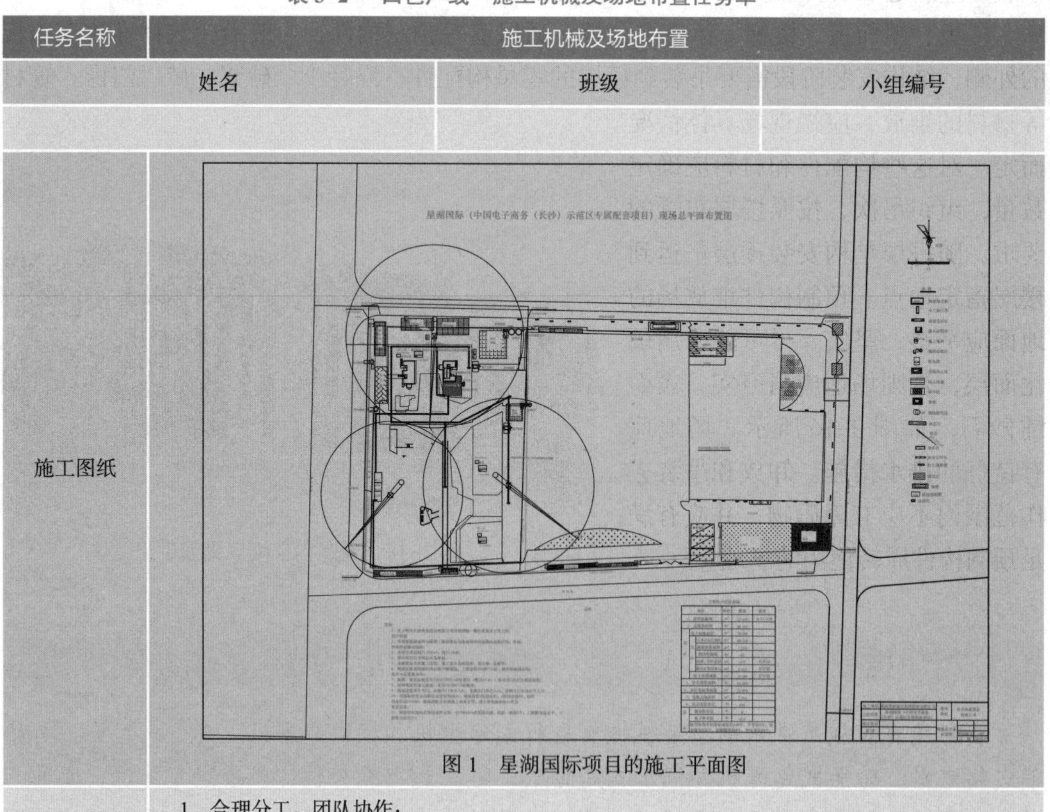

图 1　星湖国际项目的施工平面图</td></tr>
<tr><td>施工要求</td><td colspan="3">1．合理分工，团队协作；
2．完成塔式起重机机械选型及布置，其中包括施工机械选型、施工机械布置、道路布置、供水供电布置、区域划分、场地布置等六个任务；
3．正确绘制施工平面布置图</td></tr>
</table>

续表

任务名称	施工机械及场地布置		
施工项目			
序号	项目名称	主要要点	质量评价
1	施工机械选型		
2	施工机械布置		
3	道路布置		
4	供水供电布置		
5	区域划分		
6	场地布置		
审核企业		审核人签字	

2. 任务分析

重点：

（1）根据工程概况进行塔式起重机选型。

（2）塔式起重机数量选择。

难点：

如何确保选择的塔式起重机布置方案最优（表3-3）。

表3-3 “四色严线”施工机械及场地布置技能考评单

考核项目	施工机械及场地布置			
姓名		班级	小组编号	
评价内容	配分	考核标准	“四色严线”培养目标	得分
职业素养				
检查图纸及工具	5	①查清给定的图纸是否齐全。 ②查清提供的工具是否齐全	安全意识	
遵守纪律	5	考核过程中衣着整洁、态度认真、精神面貌好	安全意识	
安全操作	5	①操作过程中严格按照安全文明生产规定操作，无恶意损坏工具、原材料且无因操作失误造成人员伤害等行为。 ②均满足以上要求可得5分，否则总分计0分	安全意识	
场地清理	5	任务完成以后场地干净整洁	环保意识	
职业技能				
任务名称	分值	评价标准		得分
塔式起重机选型	10	①选用的塔式起重机型号，其塔式起重机载重、起重高度、作业半径等方面符合图纸及规范要求。 ②均满足以上要求可得10分，否则总分计0分	质量意识	

续表

考核项目	施工机械及场地布置			
塔式起重机布置	10	①塔式起重机的布置数量、距离建筑及电线安全距离等情况符合要求。 ②均满足以上要求可得 10 分，否则总分计 0 分	质量意识	
临时道路	10	①施工场内临时道路设置符合施工要求，应沿拟建建筑物设置和材料加工场地设置（每缺一处扣 1 分，直到扣完该项分值）。 ②道路的宽度、转弯半径等符合工程及图纸要求	规范意识	
加工棚	10	钢筋棚、木工棚、搅拌站、材料堆场的位置和大小布置符合要求	规范意识	
其他临时设施	10	布置生活区、办公区等其他临时设施	规范意识	
供水供电线	10	供水供电线路布置合理，应沿临时道路布置，且应接入临时设施	规范意识	
施工平面布置图	20	字体、符号、图例、绘制比例等符合要求	规范意识	
总分（百分制）				

任务 3.2　构件试吊及安全准备

1．知识目标

（1）了解预制构件吊装施工的一些注意事项；

（2）正确选择防护用具；

（3）熟悉预制构件吊装施工前吊点的选取原则；

（4）掌握预制构件试吊的要求，吊装施工常用的手势信号表达。

2．技能目标

（1）能正确完成预制构件试吊工作；

（2）能根据吊装信号正确地完成相应的吊装操作。

3．素质目标

（1）培养预制构件吊装准备及试吊过程中的安全、质量、环保、规范意识；

（2）树立严格按照标准要求作业，注重效率、精益求精的工匠精神；

（3）培养细致耐心、一丝不苟的工作作风。

4．素养提升

杭州市临安区青山湖街道大园路东侧浙江省某公司工地内预制钢结构桥梁箱体在吊装过程中突发事故（“6 · 26”吊装事故），造成 1 人死亡、4 人受伤。

通过杭州市“6 · 26”吊装事故造成 5 人死伤的惨案，告诫学生吊装事故在现实生活中虽很少发生，但造成的后果触目惊心。对于每一个参与吊装环节的工作人员来说吊装无小事，我们必须把握吊装过程中的每一个环节，做到事无巨细，成为一名优秀的装配式人才。

3.2.1 熟悉施工

3.2.1.1 防护用品的准备

安全帽的佩戴要点

防护用具的准备

常见的防护用品有安全帽、安全带、防尘口罩、防护服、劳保手套、劳保鞋等用品。

1. 安全帽

进入施工现场的人员，必须佩戴安全帽，如图 3-17 所示。

安全帽结构示意如图 3-18 所示。安全帽主要是为了保护头部不受到伤害。安全帽的佩戴应符合标准，使用要符合规定。佩戴时要系好下颚带和后箍，帽壳和头顶要有足够的缓冲空间，如果佩戴和使用不正确，就起不到充分的防护作用。安全帽要求每 30 个月更换一次。

图 3-17 安全帽佩戴

图 3-18 安全帽结构示意

2. 安全带

装配式建筑工程施工现场中高处作业、交叉作业多。为了防止作业者可能出现的坠落，作业者在登高和高处作业时，必须系挂好安全带，如图 3-19 所示。

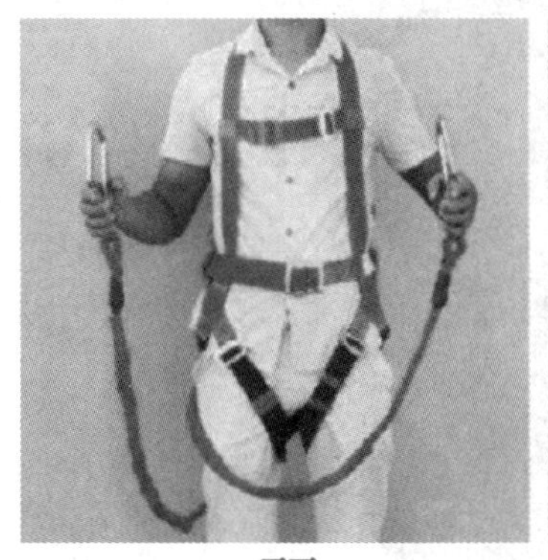
正面

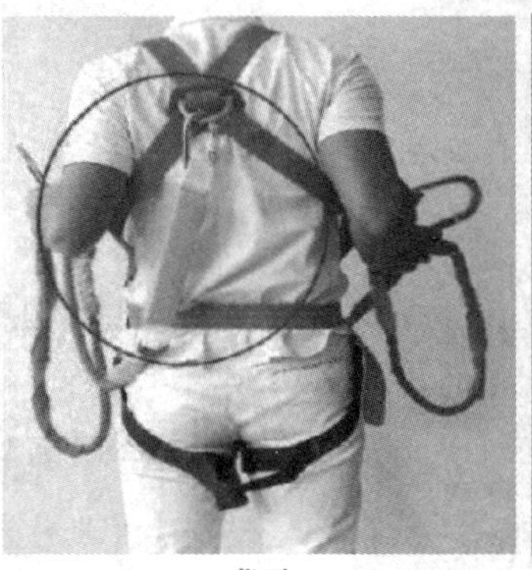
背面

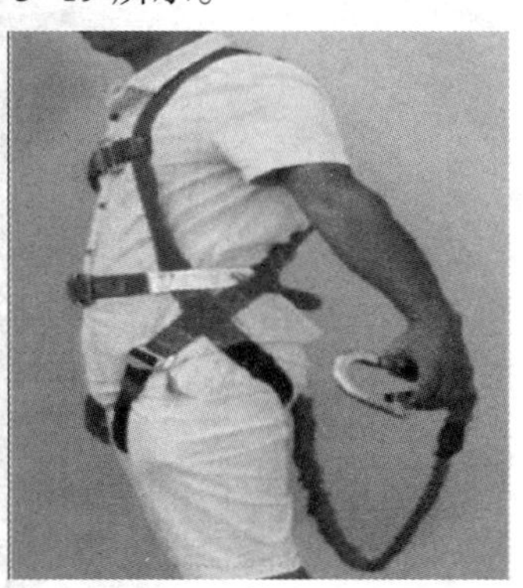
侧面

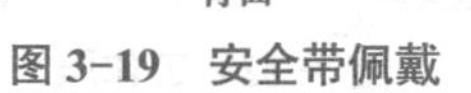
图 3-19 安全带佩戴

3. 工程防尘口罩

工程防尘口罩能防止或者减少建筑粉尘进入人体的呼吸器官，如图 3-20 和图 3-21 所示。

戴上工程防尘口罩时，鼻位金属条部分向上，紧贴面部。

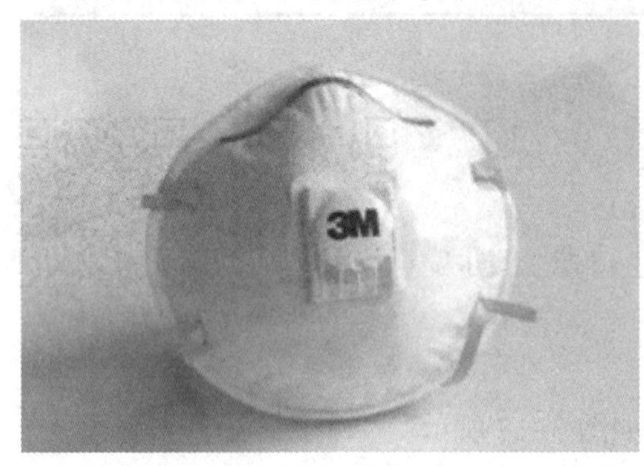

图 3-20　防尘口罩（一）

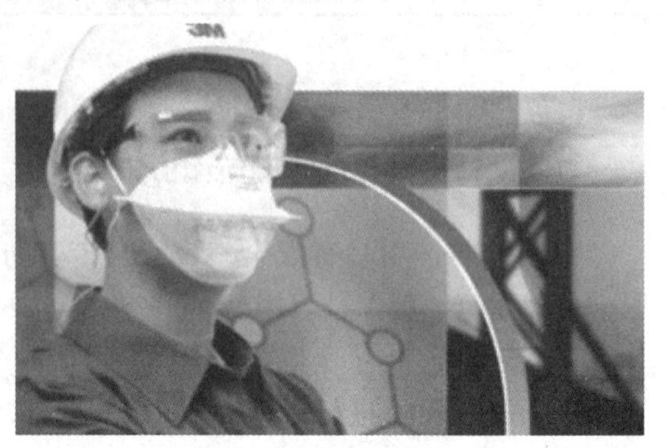

图 3-21　防尘口罩（二）

4. 工作服

现场作业人员必须穿戴成套工作服，如图 3-22 所示。

工作服要求耐磨、耐脏、耐穿，舒适、透气、吸汗，采用橘色、黄色、蓝色等比较醒目的颜色，或穿着反光背心，起到安全警示的作用。

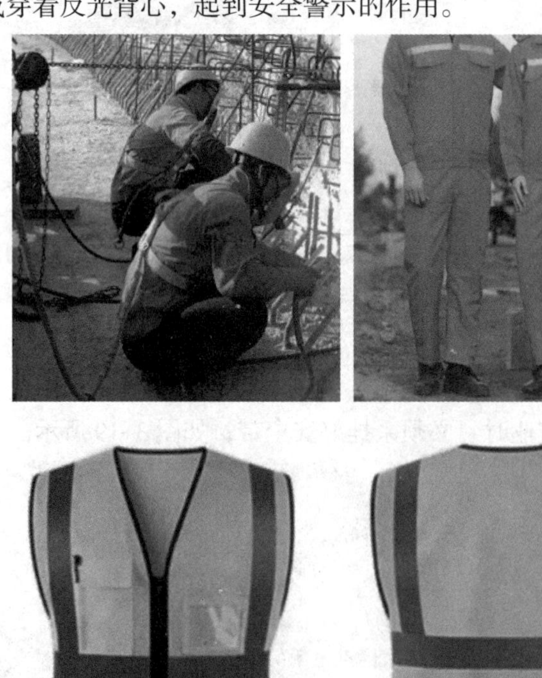

图 3-22　工作服

5. 劳保鞋

现场作业人员必须穿着劳保鞋，如图 3-23 所示。

劳保鞋要求具有防砸、防刺穿、耐油、耐酸碱、绝缘、耐高温、防静电、防滑等功能。

图 3-23　劳保鞋

6. 劳保手套

现场作业人员必须佩戴劳保手套，如图 3-24 所示。

劳保手套要求耐磨、防静电、防尘等。

图 3-24　劳保手套

3.2.1.2　吊点的选取

1. 吊点个数的选择

装配式构件吊装过程当中，势必会涉及吊点个数的选择，那么吊点是越少越好还是越多越好呢？下面以预制剪力墙吊装为例来解释这个问题。

在图 3-25 中，需要对预制剪力墙进行吊装，该如何选取吊点？

对比图 3-26 与图 3-27 的方案，一方面吊点越多越不经济，另一方面从专业的角度来说，吊点越多容易产生负弯矩，起吊过程中吊环间更容易开裂。所以在日常吊装过程中，两个吊点是最常选用的起吊方式。

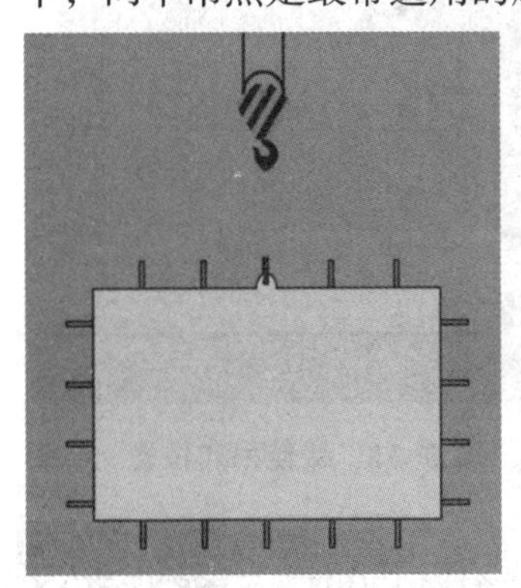

图 3-25　预制剪力墙吊点的选择

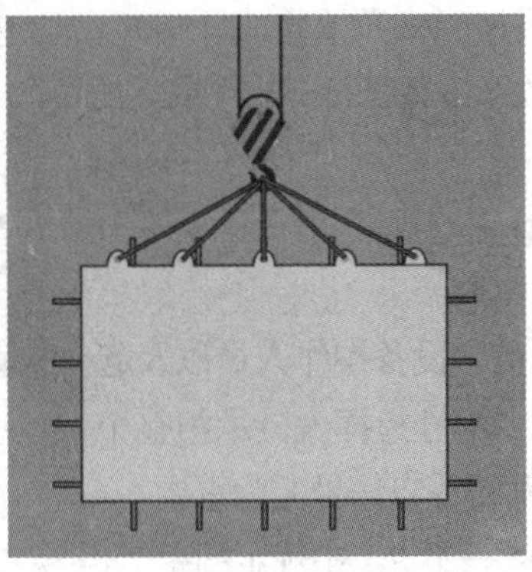

图 3-26　预制剪力墙设置 5 个吊点

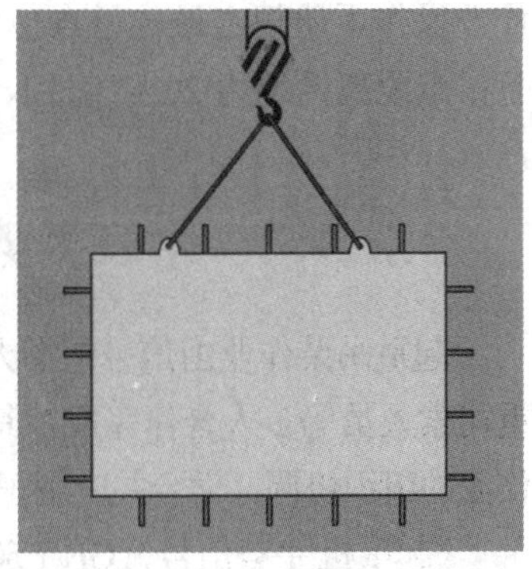

图 3-27　预制剪力墙设置 2 个吊点

2. 吊点位置的选择

图 3-28 中两个吊点在中间，两个吊点相当于 1 个吊点，吊环承受了所有的下部荷

载，当荷载达到其临界值时，接触处容易开裂。

对于图 3-29 所示 2 个吊点在两端的情况，其受力分析如图 3-30 所示。

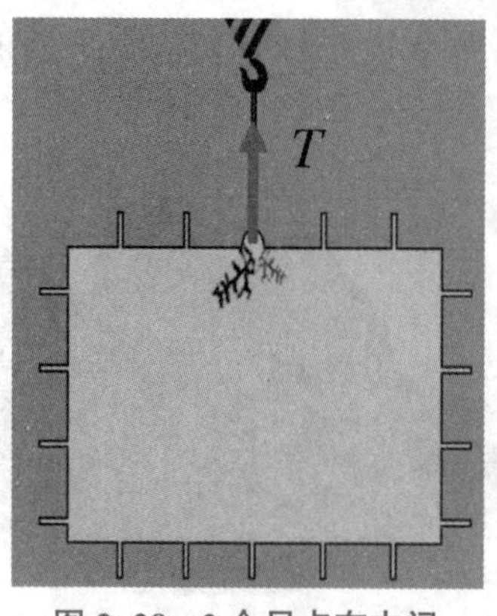

图 3-28　2 个吊点在中间

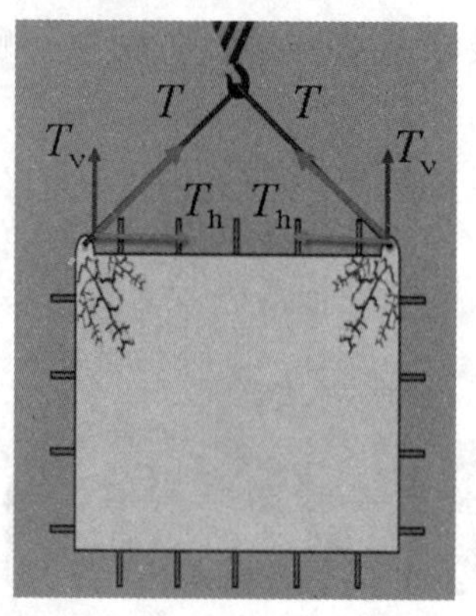

图 3-29　2 个吊点在两端

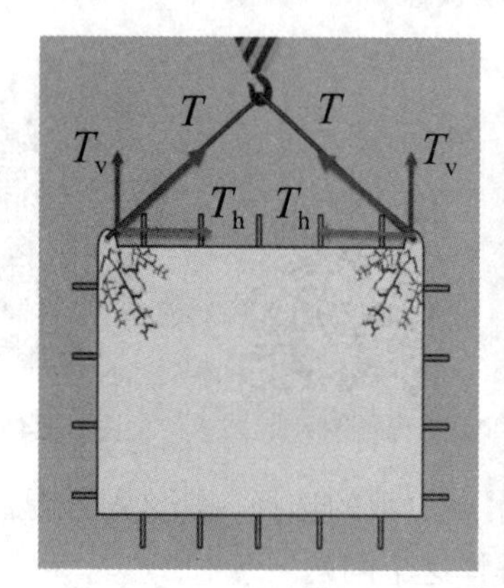

竖直向分力

$$T_v = T_v \cdot \sin\theta$$

水平向分力

$$T_h = T \cdot \cos\theta$$

图 3-30　2 个吊点的受力分析

预制构件越长时，绳索与预制构件之间的水平角 θ 越小，此时水平向分力越大，预制构件在吊装过程中越容易产生挤压而开裂，故 θ 太大或太小都不合适，特种作业操作手册规定最佳吊点位置：当夹角 θ 不大于 60°，且吊点距离两端为 20% 构件长度 L，如图 3-31 所示。

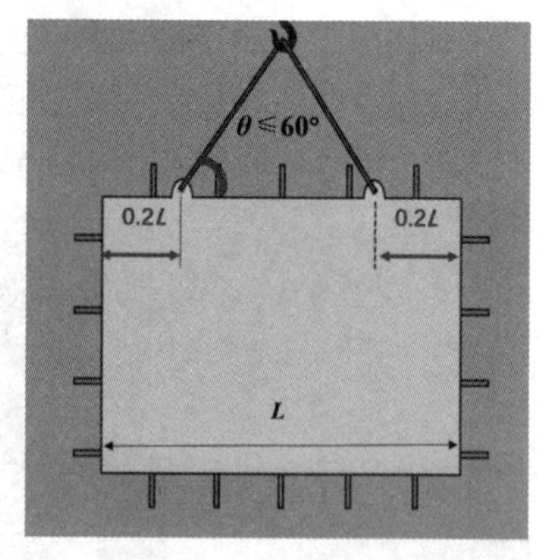

图 3-31　最佳吊点位置

3.2.1.3　吊装手势信号

起重吊装作业由信号指挥人员、设备操作人员以及起重司索人员等多人合作完成，其中信号指挥人员承担整个作业的组织协调，学会并应用正确的手势信号尤为重要。

《起重机 手势信号》(GB/T 5082—2019）中规定的手势信号主要有以下几种。

1. 通用手势信号展示

（1）操作开始（准备）。手心打开、朝上，水平伸直双臂，如图 3-32（a）所示。

（2）停止（正常停止）。单只手臂，手心朝下，从胸前至一侧水平摆动手臂，如图 3-32（b）所示。

（3）紧急停止（快速停止）。两只手臂，手心朝下，从胸前至两侧水平摆动手，如图 3-32（c）所示。

（4）结束指令。胸前紧扣双手，如图 3-32（d）所示。

（5）平稳或精确地减速。掌心对扣，环形互搓，如图 3-32（e）所示。这个信号发出后应配合发出其他的手势信号。

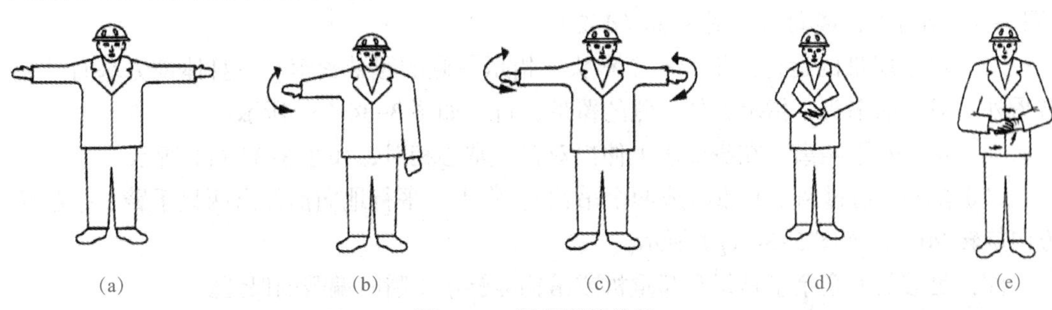

图 3-32　通用手势信号

（a）操作开始（准备）；（b）停止（正常停业）；（c）紧急停止（快速停止）；（d）结束指令；（e）平稳或精确地减速

2. 垂直运动手势信号展示

（1）指示垂直距离。将伸出的双臂保持在身体正前方，手心上下相对，如图 3-33（a）所示。

（2）匀速起升。一只手臂举过头顶，握紧拳头并向上伸出食指，连同前臂小幅地水平划圈，如图 3-33（b）所示。

（3）慢速起升。一只手给出起升信号，另外一只手的手心放在它的正上方，如图 3-33（c）所示。

（4）匀速下降。向下伸出一只手臂，离身体一段距离，握紧拳头并向下伸出食指，连同前臂小幅地水平划圈。如图 3-33（d）所示。

（5）慢速下降。一只手给出下降信号，另外一只手的手心放在它的正下方，如图 3-33（e）所示。

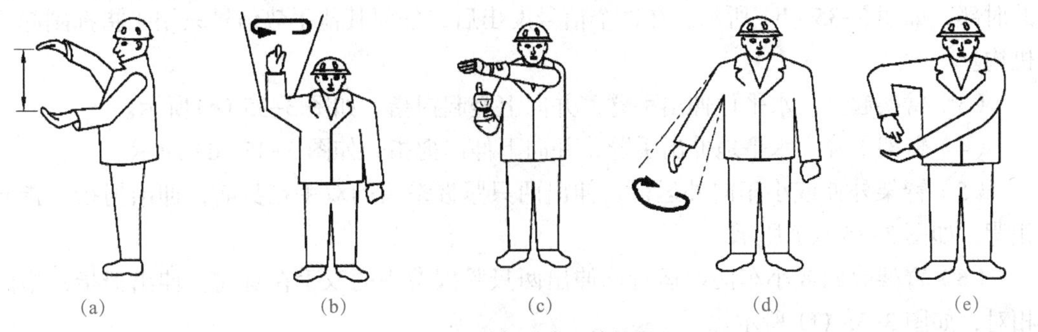

图 3-33　垂直运动手势信号

（a）指示垂直距离；（b）匀速起升；（c）慢速起升；（d）匀速下降；（e）慢速下降

3. 水平运动手势信号展示

（1）指定方向的运行 / 回转。伸出手臂，指向运行方向，掌心向下，如图 3-34（a）

所示。

（2）驶离指挥人员。双臂在身体两侧，前臂水平地伸向前方，打开双手，掌心向前，在水平位置和垂直位置之间，重复地上下挥动前臂，如图 3–34（b）所示。

（3）驶向指挥人员。双臂在身体两侧，前臂保持在垂直方向，打开双手，掌心向上，重复地上下挥动前臂。如图 3–34（c）所示。

（4）两个履带的运行。在运行方向上，两个拳头在身前相互围绕旋转，向前［图 3–34（d–1）］，或向后［图 3–34（d–2）］。

（5）单个履带的运行。举起一个拳头，指示一侧的履带紧锁。在身体前方垂直地旋转另外一只手的拳头，指示另外一侧的覆带运行，如图 3–34（e）所示。

（6）指示水平距离。在身前水平伸出双臂，掌心相对，如图 3–34（f）所示。

（7）翻转（通过两个起重机或两个吊钩）。水平、平行地向前伸出两只手臂，按翻转方向旋转 90°，如图 3–34（g）所示。

注：足够的安全余量是每台起重机或吊钩能够承受瞬时偏载的保证。

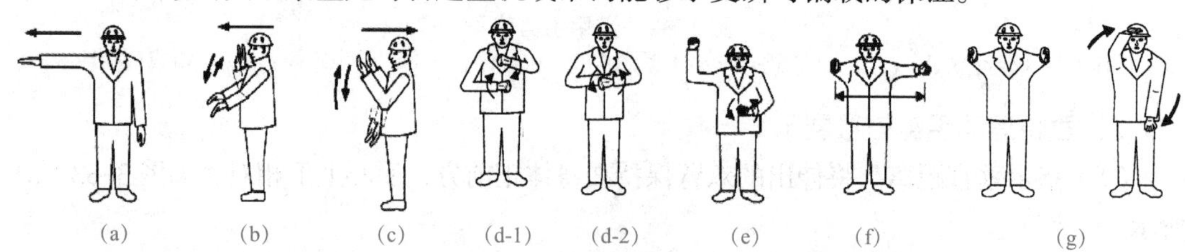

图 3–34　水平运动手势信号

（a）指定方向的运行 / 回转；（b）驶离指挥人员；（c）驶向指挥人员；（d–1）两个履带的运行（向前）；（d–2）两个履带的运行（向后）；（e）单个履带的运行；（f）指示水平距离；（g）翻转

4. 相关部件的运行手势信号展示

（1）主起升机构。保持一只手在头顶，另一只手在身体一侧，如图 3–35（a）所示。在这个信号发出之后，任何其他手势信号只用于指挥主起升机构。当起重机具有两套或以上主起升机构时，指挥人员可通过手指指示的方式来明确数量

（2）副起升机构。垂直地举起一只手的前臂，握紧拳头，另外一只手托于这只手臂的肘部，如图 3–35（b）所示。在这个信号发出后，任何其他手势信号只用于指挥副起升机构。

（3）臂架起升。水平地伸出手臂，并向上竖起拇指，如图 3–35（c）所示。

（4）臂架下降。水平地伸出手臂，并向下伸出拇指，如图 3–35（d）所示。

（5）臂架外伸或小车向外运行。伸出两只紧握拳头的双手在身前，伸出拇指，指向相背，如图 3–35（e）所示。

（6）臂架收回或小车向内运行。伸出两只紧握拳头的双手在身前，伸出拇指，指向相对，如图 3–35（f）所示。

（7）荷载下降时臂架起升。水平地伸出一只手臂，并向上竖起拇指。向下伸出另一只手臂，离身体一段距离，连同前臂小幅地水平划圈。如图 3–35（g）所示。

（8）荷载起升时臂架下降。水平地伸出一只手臂，并向下伸出拇指。另一只手臂举

过头顶，握紧拳头并向上伸出食指，连同前臂小幅地水平划圈，如图 3–35（h）所示。

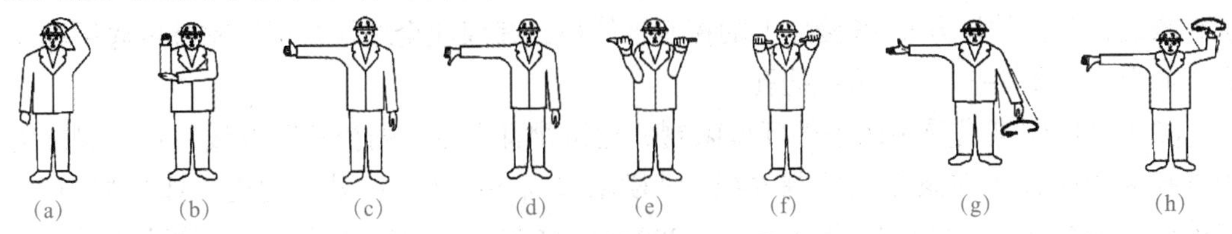

图 3–35　相关部件的运行手势信号

（a）主起升机构；（b）副起升机构；（c）臂架起升；（d）臂架下降；（e）臂架外伸或小车向外运行；（f）臂架收回或小车向内运行；（g）荷载下降时臂架起升；（h）荷载起升时臂架下降

5. 起重吊具的控制手势信号展示

起重吊具的手势信号可用于指示吊具的特殊功能。以下是抓斗开闭的手势信号：

（1）抓斗张开：双臂与肩平齐伸直，掌心向下，如图 3–36（a）所示。

（2）抓斗关闭；手臂在身体正前方呈一环形，十指平行相对，如图 3–36（b）所示。

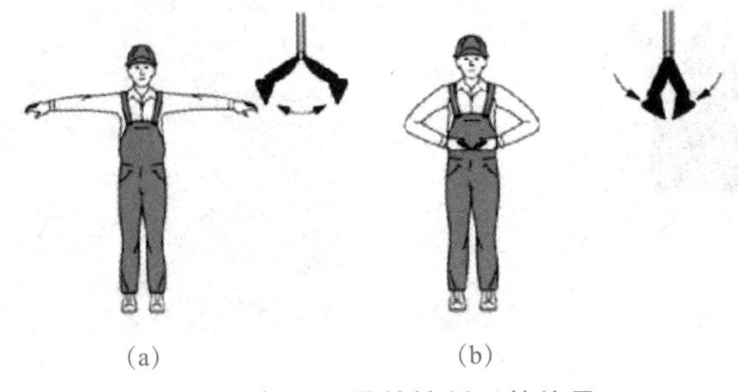

图 3–36　起重吊具的控制手势信号

（a）抓斗张开；（b）抓斗关闭

3.2.1.4　施工准备的注意事项

1. 熟悉了解图纸

对图中预制构件尺寸、预留预埋、预制构件与现浇结合部位节点认真核对，确保无遗漏、无错误，避免预制构件生产后无法满足施工和建筑功能的要求，了解预制构件的数量、型号编号、相对位置、质量等。根据图纸及预制构件型号编制合理的吊装顺序，编制内墙板吊装顺序时注意根据梁钢筋的位置进行编制。

2. 组织技术交底

组织吊装工人进行教育、交底、学习，使吊装工人熟悉了解墙、梁、板、楼梯的安装要点及顺序、安全要求、吊具的使用和各种指挥信号。

3. 预制构件质量检查

预制构件进场后先检查是否有误损坏，复合预制构件尺寸、预留预埋是否正确。对预制构件型号、数量进行统计并在图纸上找出相应位置以便安装。

4. 轴线控制

（1）多层或中高层宜采用“外空法”放线，用经纬仪或全站仪根据控制坐标定出建筑物控制轴线（不少于两条四点，纵、横轴方向各一条）的控制桩（控制桩宜设置在离建筑物较远且安全的地方），各楼层上的控制轴线用经纬仪或全站仪根据控制桩由底层轴线直接向上引。图 3–37 所示为放线孔。

（2）高层建筑或受场地条件环境限制的建筑物宜采用“内控法”放线，在房屋首层根据控制坐标设置四条标准控制轴线（纵横轴方向各两条）将轴线的交点作为控制点，各楼层上的控制点在楼板相应位置预留 200 mm×200 mm 的传递孔，用吊线坠或激光铅垂仪将首层控制点通过预留传递孔直接引上。

（3）根据控制轴线依次放出墙板的纵、横轴线、墙板两侧边线、墙柱边线、节点线、门洞口位置线以及模板控制线。图 3–38 所示为墙板控制线。

图 3–37 放线孔

图 3–38 墙板控制线

（4）轴线放线偏差不得超过 2 mm。放线遇有连续偏差时，应考虑从建筑物中间一条轴线向两侧调整。

5. 标高控制

（1）每栋建筑物设 1 ～ 2 个标准水准点，根据水准点将标高引入首层墙或柱上，用钢尺将标高引入各楼层。图 3–39 为标高控制点。

图 3–39 标高控制点

（2）用水准仪测出楼层各安装预制构件位置各标高，将测量实际标高与引入楼层设计标高对比，根据设计预留缝隙高度选择合适的垫块作为预制构件安装标高，每块墙板下设两点为宜，且将其位置和尺寸在楼面上标明。

3.2.2 施工准备

3.2.2.1 材料准备

施工材料有橡塑棉条、垫块等。

3.2.2.2 工具准备

1. 劳保用品

劳保用品有工作服、安全帽、安全绳、手套。

2. 施工工具

施工工具包括钢卷尺、靠尺、角磨机、钢管、铁锤、錾子、墨盒、水准仪、水准尺、钢梁、卸扣、吊爪等。

3.2.3 施工工艺及要点

3.2.3.1 剪力墙质量检查

依据图纸进行预制剪力墙质量检查，使用钢卷尺、靠尺、塞尺等工具，检查构件尺寸、外观、平整度、埋件位置及数量等是否符合图纸要求。

3.2.3.2 钢筋及工作面处理

1. 钢筋处理

钢筋处理包括连接钢筋除锈、钢筋长度检查及校正、钢筋垂直度检查及校正等内容。

使用钢丝刷对生锈钢筋处理，若没有生锈钢筋，则无须除锈。使用钢卷尺对每个钢筋进行测量，对于尺寸不符合要求的钢筋用角磨机切割。使用靠尺、钢管对每个钢筋进行两个方向（90° 夹角）测量，对于垂直度不符合要求钢筋，用钢管校正。

2. 工作面处理

工作面处理包括凿毛处理、工作面清理、洒水湿润、接缝防水保温处理等内容。

使用铁锤、錾子，对定位线内工作面进行粗糙面凿毛处理，使用扫把将工作面杂物进行清理。使用喷壶对工作面进行洒水湿润处理，并根据图纸沿板缝填充橡塑棉条。

3.2.3.3 吊装施工准备

1. 弹控制线

使用工具钢卷尺、墨盒、铅笔，根据已有轴线或定位线引出 200 ～ 500 mm 控制线。

2. 放置橡塑棉条

根据定位线或图纸放置橡塑棉条至保温板位置。

3. 放置垫块

在墙两端距离边缘 4 cm 以上，远离钢筋位置处放置 2 cm 高垫块。

4. 标高找平

先后视假设标高控制点，在将水准尺分别放置垫块顶，若垫块标高符合要求则不需调整，若垫块不在误差范围内，则需换不同规格垫块。

3.2.3.4 剪力墙试吊

为确保吊装过程的安全性，在吊装作业前需要进行试吊这一重要检验活动，其流程是连接吊具、起吊、静停。

1. 连接吊具

连接吊具如图 3-40 所示。连接吊具时需要注意以下事项。

（1）根据墙板的大小及质量，选定合适的钢丝绳、吊爪、卸扣，并按照要求将吊爪安装在吊钉上。

（2）检查吊钉周围是否有蜂窝、麻面、开裂等影响吊钉受力质量缺陷。

（3）挂钩之前应检查吊爪是否牢靠，吊爪与吊钉连接是否稳固。

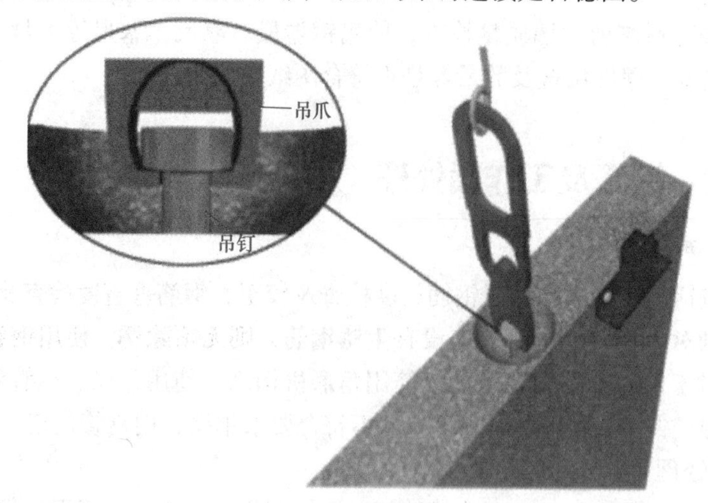

图 3-40　连接吊具

2. 起吊

预制构件起吊如图 3-41 所示。预制构件起吊时需要注意以下事项。

（1）安装揽风绳有利于墙板落位，避免因墙板落位时发生碰撞，调整墙板正、反面预制构件缓慢起吊使备吊点受力均匀。

（2）预制墙板吊装，钢丝绳与预制构件夹角宜大于 60° 不应小于 45°，当墙板与钢丝绳的夹角小于 45° 时或墙板上有四个（一般是偶数个）或超过四个吊钉的应采用钢扁担；

（3）起吊时，注意构件是否水平，钢丝绳是否均匀受力。

3. 静停

起吊静停如图 3-42 所示。静停时需要注意以下事项。

（1）起吊距地面 500 mm 需要静停约 30 s。

（2）检查预制构件是否水平，钢丝绳是否均匀受力。

（3）检查起吊设备起升或制动，预制构件有无异常。

图 3-41 预制构件起吊

图 3-42 起吊静停

任务小结

进入施工现场进行吊装施工作业之前，需要配备好合格的防护用品。常见的防护用品有安全帽、安全带、防尘口罩、防护服、劳保手套、劳保鞋等。吊装施工之前，需要对预制构件进行质量检查，检查内容包括构件尺寸、外观、平整度、埋件位置及数量等。同时，对施工面进行处理，包括钢筋除锈、钢筋长度检查及校正、钢筋垂直度检查及校正，以及工作面凿毛处理、工作面清理、洒水湿润、接缝防水保温处理等。

课后练习题

一、理论题

（1）【单选题】起重吊装包括结构吊装与设备吊装，其作业属高处危险作业，作业条件多变，施工技术也比较复杂，施工前应编制专项（　　）。

A. 施工方案　　B. 作业指导书　　C. 技术交底

（2）【单选题】起重机械按施工方案要求选型，运到现场重新组装后，应进行试运转试验与（　　）确认符合要求并有记录、签字。

A. 维修　　B. 验收　　C. 验证

（3）【单选题】起重机经检测后可以继续使用并持有省、市级有关部门定期核发的（　　）。

A. 工作证　　B. 材料证明　　C. 准用证

（4）【单选题】当构件无吊鼻需用钢丝绳捆绑时，必须对棱角处采取（　　）措施，防止切断钢丝。

A. 捆绑　　B. 保护　　C. 切断

（5）【单选题】起重机司机属（　　）作业人员应经正式培训考核并取得合格证书，合格证书或培训内容，必须与司机所驾驶起重机类型相符。

A. 普工　　B. 特种　　C. 维修　　D. 机修

二、实训题

1. 任务描述

在“1+X 装配式建筑构件制作与安装职业技能等级证书”考核平台完成剪力墙吊装准备及试吊任务。

2. 任务分析

重点：

（1）劳保用品的正确穿戴。

（2）剪力墙吊装施工准备流程及要点。

难点：

剪力墙试吊。

3. 任务考核

考核对标“1+X 标准”，随机确定角色。当学生在相邻任务抽到相同角色时，则与编号大的同学调换角色，例如：A 同学连续两次抽到质检员，第二次时，就与考评员交换角色（表 3-4 和表 3-5）。

表 3-4　岗位任务的角色职责

号码	对应角色	角色职责
1号	指挥员	负责整个任务过程指令下达，合理分工，及时纠正主操员错误操作
2号	主操员	负责主要施工操作
3号	助理员	负责配合 2 号主操员完成施工任务

续表

号码	对应角色	角色职责
4号	质检员 Q	负责质量验收、相关记录、规范填写任务验收单
5号		负责考核打分

表 3-5 “四色严线”吊装准备及构件试吊技能考评单

考核项目	吊装准备及构件试吊			
1号指挥员	姓名	班级	小组编号	
2号主操员	姓名	班级	小组编号	
3号助理员	姓名	班级	小组编号	
Q 4号质检员	姓名	班级	小组编号	
5号考评员	姓名	班级	小组编号	
考核对象小组编号				

评价内容	配分	考核标准	“四色严线”培养目标	得分
职业素养				
佩戴安全帽	5	①内衬圆周大小调节到头部稍有约束感为宜。 ②系好下颚带，下颚带应紧贴下颚，松紧以下颚有约束感，但不难受为宜。 ③均满足以上要求可得5分，否则总分计0分	安全意识	
穿戴工装、手套	5	①劳保工装做的“统一、整齐、整洁”，并做的“三紧”，即领口紧、袖口紧、下摆紧，严禁卷袖口、卷裤腿等现象。 ②必须正确佩戴手套，方可进行实操考核。 ③均满足以上要求可得5分，否则总分计0分	安全意识	
安全操作	5	①操作过程中严格按照安全文明生产规定操作，无恶意损坏工具、原材料且无因操作失误造成人员伤害等行为。 ②均满足以上要求可得5分，否则总分计0分	安全意识	

续表

考核项目	吊装准备及构件试吊			
场地清理	5	任务完成以后场地干净整洁	环保意识	
职业技能				
剪力墙质量检查				
依据图纸进行剪力墙质量检查（尺寸、外观、平整度、埋件位置及数量等）	10	①正确使用工具（钢卷尺、靠尺、塞尺），检查构件尺寸、外观、平整度、埋件位置及数量等是否符合图纸要求。 ②均满足以上要求可得10分，否则总分计不及格	质量意识	
钢筋及工作面处理				
连接钢筋处理	5	①正确使用工具（钢丝刷），对生锈钢筋处理，若没有生锈钢筋，则说明钢筋无须除锈。 ②均满足以上要求可得5分，否则总分计不及格	质量意识	
	5	①正确使用工具（钢卷尺、角磨机），对每个钢筋进行测量，指出不符合要求钢筋，并用角磨机切割。 ②均满足以上要求可得5分，否则总分计不及格	质量意识	
	5	①正确使用工具（靠尺、钢管），对每个钢筋进行两个方向（90°夹角）测量，指出不符合要求钢筋，并用钢管校正。 ②均满足以上要求可得5分，否则总分计不及格	质量意识	
工作面处理	5	正确使用工具（铁锤、錾子），对定位线内工作面进行粗糙面处理	规范意识	
	5	正确使用工具（扫把），对工作面进行清理	规范意识	
	5	正确使用工具（喷壶），对工作面进行洒水湿润处理	规范意识	
	5	正确使用材料（橡塑棉条），根据图纸沿板缝填充橡塑棉条	规范意识	
吊装施工准备				
弹控制线	5	①正确使用工具（钢卷尺、墨盒、铅笔），根据已有轴线或定位线引出200～500 mm控制线。 ②满足以上要求可得5分，否则总分计不及格	质量意识	
放置橡塑棉条	5	①正确使用材料（橡塑棉条），根据定位线或图纸放置橡塑棉条至保温板位置。 ②满足以上要求可得5分，否则总分计不及格	质量意识	
放置垫块	5	①正确使用材料（垫块），在墙两端距离边缘4 cm以上，远离钢筋位置处放置2 cm高垫块。 ②满足以上要求可得5分，否则该项不得分	规范意识	
标高找平	10	①正确使用工具（水准仪、水准尺），先后视假设标高控制点，在将水准尺分别放置垫块顶，若垫块标高符合要求则不需调整，若垫块不在误差范围内，则需换不同规格垫块。 ②满足以上要求可得5分，否则该项不得分	规范意识	

续表

考核项目	吊装准备及构件试吊			
剪力墙试吊				
吊具连接	5	①选择吊孔，满足吊链与水平夹角不宜小于 60°。 ②满足以上要求可得 5 分，否则总分计 0 分	安全意识	
剪力墙试吊	5	①正确操作吊装设备起吊构件至距离地面约 300 mm，静停，观察吊具是否安全。 ②满足以上要求可得 5 分，否则总分计 0 分	安全意识	
总分（百分制）				

任务 3.3　预制构件吊运及钢筋对位

1. 知识目标

（1）掌握装配式建筑预制构件吊装施工工艺、质量验收标准；

（2）掌握装配式建筑预制构件快速对位的方法。

2. 技能目标

能根据施工方案正确指挥装配式混凝土构件现场吊装施工及质检。

3. 素质目标

（1）培养预制构件吊装施工过程中的安全、质量、环保、规范意识；

（2）培养合作精神和团队协作能力；

（3）养成吃苦耐劳的劳动精神、勇于创新的创新精神。

4. 素养提升

2012 年 9 月 13 日 13 时 26 分，武汉长江二七大桥与欢乐大道交界处东湖景园小区工地上，一载满粉刷工人的电梯在上升过程中突然失控，直冲到 34 层顶层后，电梯钢绳突然断裂，厢体呈自由落体直接坠到地面。东湖风景区“东湖景园”还建楼 C 区 7–1 号楼建筑工地上的一台施工升降机在升至 100 米处时发生坠落，造成 19 人遇难。

通过湖北武汉市“9·13”施工电梯坠落事故的案例，告诫学生在施工过程中抓好生产过程中的每个环节，牢记安全责任、履行安全职责、强化基础管理、筑牢安全防线、敬畏生命、安全发展，生命只有一次，安全无小事。

3.3.1 熟悉施工

预制构件体积和质量比较大，具有较高的吊装难度，施工过程中任何一个环节出现问题，都会影响预制构件施工现场的吊装质量，不仅会延长吊装施工周期，还会降低预

制装配式建筑质量。了解吊运前的注意事项如下。

（1）熟悉了解图纸，对图中预制构件尺寸、预留预埋、预制构件与现浇结合部位节点认真核对，确保无遗漏、无错误，避免预制构件生产后无法满足施工和建筑功能的要求，了解预制构件的数量、型号编号、相对位置、质量等。根据图纸及构件型号编制合理的吊装顺序（编制内墙板吊装顺序时注意根据梁钢筋的位置编制）。

（2）组织吊装工人进行教育、交底、学习，使吊装工人熟悉了解墙、梁、板、楼梯的安装要点及顺序、安全要求、吊具的使用和各种指挥信号。

（3）预制构件进场后先检查是否有无损坏，复核预制构件尺寸、预留预埋是否正确。对预制构件型号、数量进行统计并在图纸上找出相应位置以便安装。

（4）轴线与标高控制。

1）多层或中高层宜采用"外空法"放线，用经纬仪或全站仪根据控制坐标定出建筑物控制轴线（不少于两条四点，纵、横轴方向各一条）的控制桩（控制桩宜设置在离建筑物较远且安全的地方），各楼层上的控制轴线用经纬仪或全站仪根据控制桩由底层轴线直接向上引。

2）高层建筑或受场地条件环境限制的建筑物宜采用"内控法"放线，在房屋首层根据控制坐标设置四条标准控制轴线（纵、横轴方向各两条）将轴线的交点作为控制点，各楼层上的控制点在楼板相应位置预留 200 mm×200 mm 的传递孔，用吊线坠或激光铅垂仪将首层控制点通过预留传递孔直接引上。

3）根据控制轴线依次放出墙板的纵、横轴线，墙板两侧边线，墙柱边线，节点线，门洞口位置线以及模板控制线。

4）轴线放线偏差不得超过 2 mm。放线遇有连续偏差时，应考虑从建筑物中间一条轴线向两侧调整。

3.3.2 施工工艺

装配式建筑吊装施工包括竖向构件吊装和水平构件吊装。其中竖向构件吊装包括预制柱、预制剪力墙、预制外墙板、内墙和隔墙的吊装；水平构件吊装包括预制叠合梁、预制叠合板、预制楼梯和预制阳台板的吊装。

构件吊运虚拟仿真

剪力墙吊运

3.3.2.1 预制剪力墙吊运

1. 预制剪力墙吊运

根据预制构件位置选择吊运线路，按照预制构件吊运路线将预制构件吊至安装位置，如图 3-43 和图 3-44 所示。预制构件吊运线路必须在防坠隔离区内，在空中吊运时，防坠隔离区不得有施工人员，如图 3-45 所示。防坠隔离区为建筑物外边线向外延伸 6 m。预制构件起吊应遵循慢起、快升、慢落的原则，预制构件在吊运过程应鸣喇叭警示。

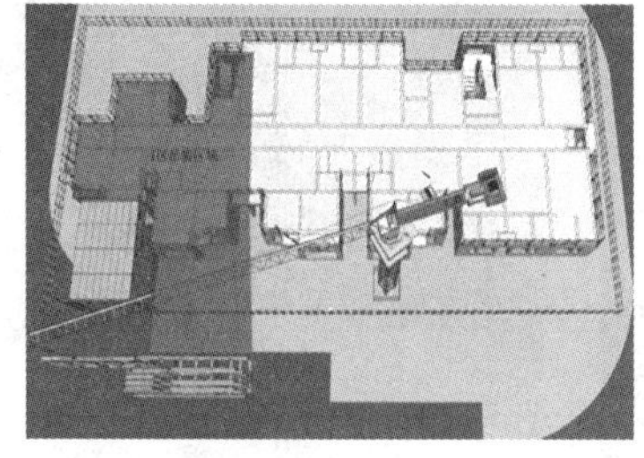

图 3-43　根据预制构件位置选择吊运线路

图 3-44　预制剪力墙吊运

图 3-45　吊运线路下方严禁站人

2. 距安装位置上空 500 mm 静停

预制构件吊运至安装位置上空 500 mm 处时静停 30 s，如图 3-46 所示，吊装工人应校核预制构件吊装位置，为预制构件安装做准备，操作人员应系好安全带和防坠器并有可靠连接。指挥人员指引构件至安装位置上方，根据预制构件安装图纸确定构件正反面，由两名操作人员牵引缆风绳使构件缓慢下降，如图 3-47 所示。

图 3-46　安装位置上空 500 mm 静停

图 3-47　操作人员牵引缆风绳使构件缓慢下降

3. 吊装对位

吊装对位是指将预埋钢筋（直径 15 mm）与灌浆套筒（直径 20 mm）进行对接，如图 3-48 所示。

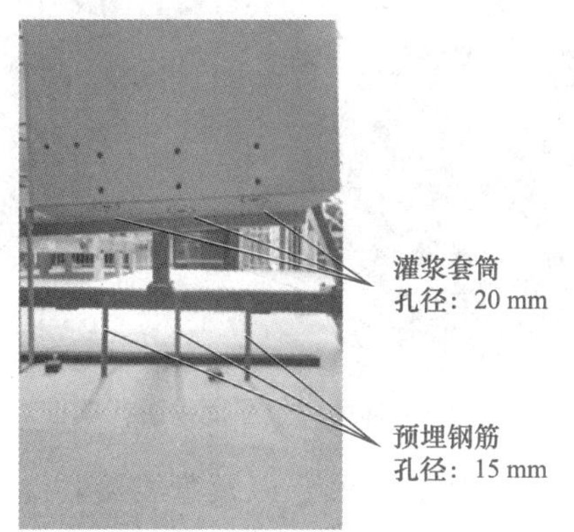

图 3-48　吊装对位

吊装对位步骤：摆镜子 - 对位 - 下降 - 取镜子 - 停止，如图 3-49 所示。

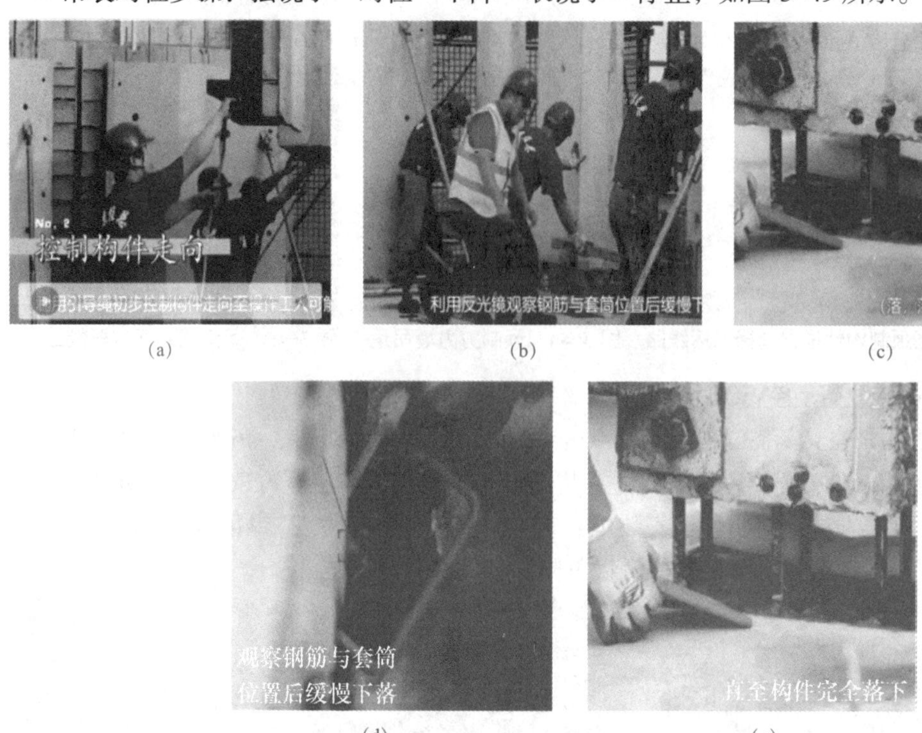

(a)　　(b)　　(c)

(d)　　(e)

图 3-49　吊装对位步骤

(a) 摆镜子；(b) 对位；(c) 下降；(d) 取镜子；(e) 停止

使用镜子反射来引导辅助预制构件的吊装，满足现场快速精准就位，防止造成定位钢筋被预制构件破坏。将预制构件平稳吊运至距安装位置上空 500 mm 左右时停止降落。操作人员手扶预制构件引导降落，把镜子放在预制构件结合面附近，用镜子观察下层预留连接钢筋是否对准预制构件底部钢筋套筒内，缓慢降落到垫片后停止降落，如图 3-50 所示。

图 3-50　利用辅助对位平面镜进行钢筋对位

就位时认真核对预制构件的正、反面，以及管线接驳位置的准确性。牵引缆风绳时严禁用蛮力拉扯，只需保证吊装预制构件不与已安装好的预制构件碰撞即可。

4. 落位

根据预制构件边线、端线以及固定件将预制构件缓慢就位。检查预制构件是否对齐其边线及端线，落位时可用撬棍微调剪力墙位置，微调过程应注意预制构件的边角破坏以及叠加的硬塑垫块是否移位或掉落（图 3–51）。

图 3–51　撬棍微调剪力墙位置

5. 安装斜支撑

斜支撑安装先固定下部支撑点，再固定上部支撑点，如图 3–52 所示。上部支撑点安装高度在墙板 2/3 高（一般约为 2 m），如图 3–53 所示。外墙有斜支撑套筒时，应安装在套筒位置。根据预制构件长度增加中间斜支撑。预制构件小于 5 m 时布置两根，在 5 m 以上时布置三根，在 7 m 以上时布置 4 根。

图 3–52　斜支撑固定剪力墙

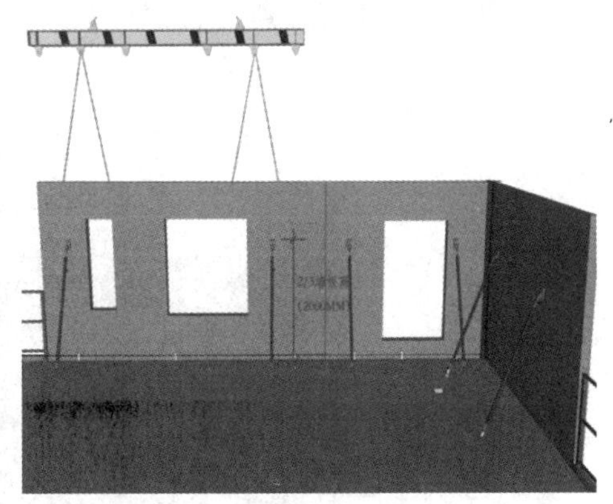

图 3–53　斜支撑安装高度

斜支撑底部固定不少于 2 个自攻螺栓。斜支撑底部螺杆伸出长度不大于 250 mm。用自攻螺栓分别固定斜支撑上、下脚板，自攻螺栓锚固下角板时应注意楼面混凝土是否有开裂起壳等影响强度现象。气温低或冬期施工时楼面混凝土强度达不到要求的可在斜撑相应位置预埋混凝土块。

6. 安装定位键

按照布置图安装外墙定位件，每块墙板安装 2 个定位件，防止预制构件偏移。定位件与预制构件之间加设 40 mm 高木模，木模安装须紧贴预制构件，然后用定位件连接墙板并将木模封堵（图 3-54）。

图 3-54　底部连接件安装

7. 取钩

斜支撑安装紧固完成后方可取钩，操作人员可通过铝合金人字梯取出吊钩，如图 3-55 和图 3-56 所示。取钩人员取钩时必须系好安全带，且安全带有可靠的连接。确认吊钩完全取出后，缓慢提升钢丝绳，避免吊钩及钢丝绳与其他构件发生碰撞。

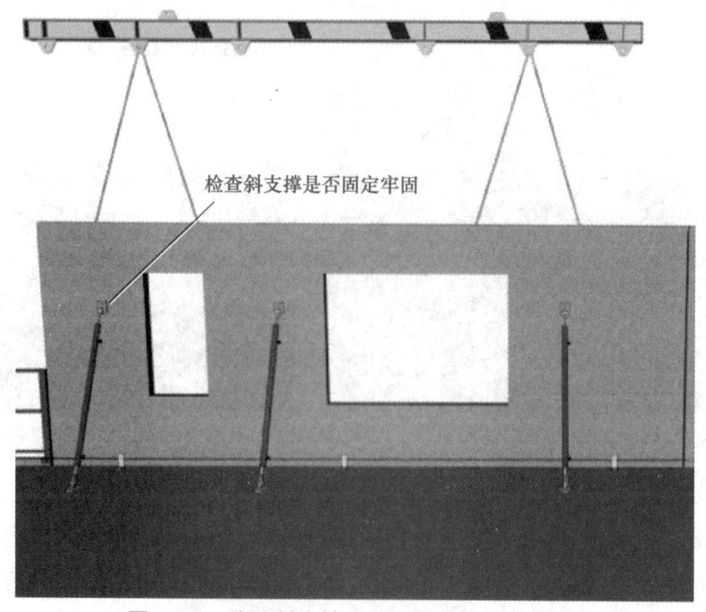

图 3-55　确认斜支撑上、下脚板已固定牢固

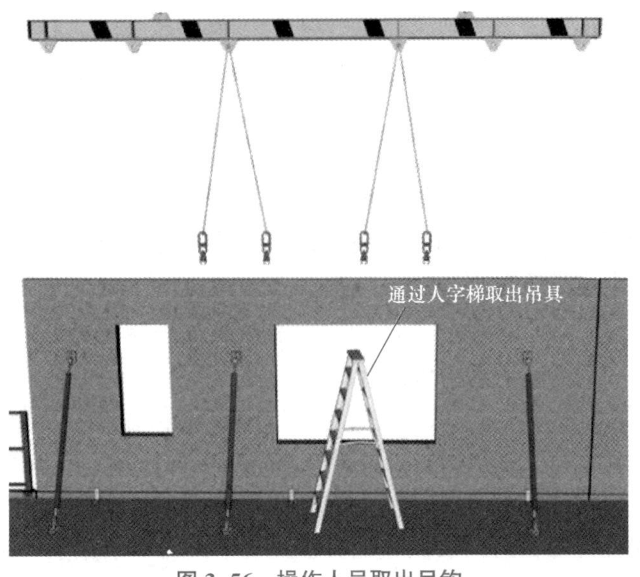

图 3-56 操作人员取出吊钩

8. 预制构件校核及质量验收

对剪力墙进行安装位置校核，用卷尺或塞尺检查墙板下端、侧面的板缝宽度，使用 2 m 靠尺检查墙面垂直度，铝合金靠尺校核时应选择墙板光滑处并上下紧贴构件。通过同时旋转墙板上所有斜撑杆使靠尺铅垂线与刻度线重合即墙板垂直。垂直度调整时，应将固定在墙板上的所有斜支撑同时旋转，严禁一根往外旋转一根往内旋转，严禁用蛮力旋转。旋转时应时刻观察撑杆的丝杆外漏长度以及斜撑角板处混凝土的变化。构件校核、检查完成后，将斜支撑上、下两个螺母拧紧固定（图 3-57 和图 3-58）。

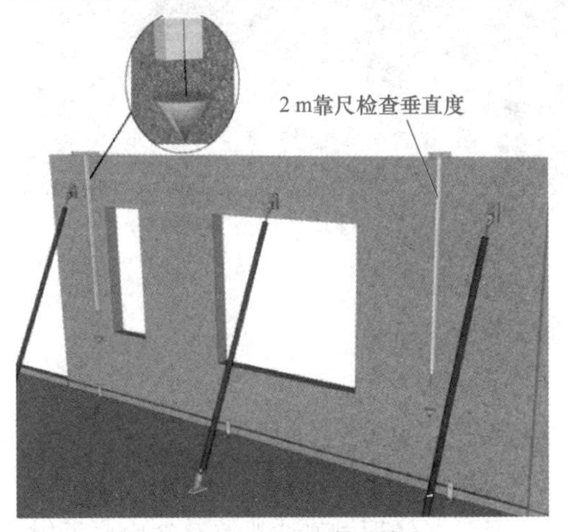

图 3-57 垂直度检查

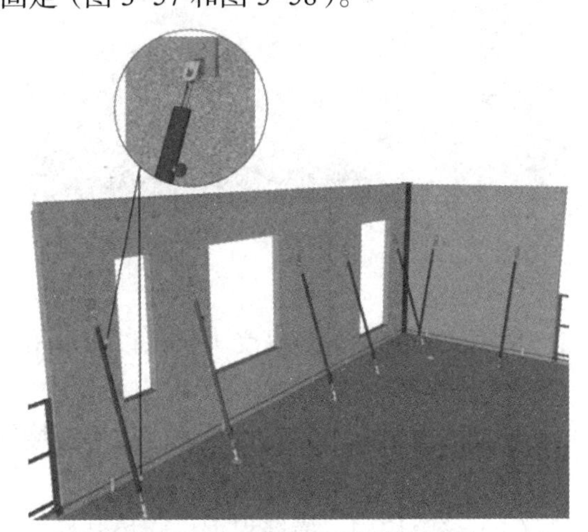

图 3-58 斜支撑上下螺母拧紧固定

3.3.2.2 外挂墙板吊运

外挂墙板吊运工艺流程与剪力墙吊装工艺流程大致相同。

1. 外挂墙板吊运

安全、快速地上升将墙板吊至安装位置上方，如图 3-59 所示。

2. 安装、就位

根据楼面所放出的墙板侧边线、端线以及标高，缓慢下降安装外挂墙板。

落位时注意墙板的正、反面，图纸箭头面为正面。根据地上所标示的垫块厚度与位置选择合适的垫块将墙板垫平；落位时还可根据外挂墙板下端的连接件就位，连接件安装时外边与外挂板内边线重合。

3. 调整

根据控制线精确调整，调整墙板位置。

4. 支撑、微调

固定斜支撑、旋转斜支撑根据垂直度靠尺调整墙板垂直度。

垂直度调整时应将固定在外挂墙板上的所有斜支撑同时旋转，严禁一根往外旋转一根往内旋转。如遇外挂墙板还需要调整但支撑旋转不动时严禁用蛮力旋转。旋转时应时刻观察撑杆的丝杆外漏长度（丝杆长度为 500 mm），不能只顾旋转而不观察导致丝杆与旋转杆脱离。

图 3-60 所示为外挂墙板斜支撑安装。

图 3-59　外挂墙板吊运

图 3-60　外挂墙板斜支撑安装

5. 取钩

待斜支撑完全固定好受力后可以取下吊钩进行下块板吊装。

6. 外挂墙板连接件安装

外挂墙板全部吊装完且复核完后用连接件将其连接，如图 3-61 所示。

7. 外挂墙板吊装其他注意事项

（1）缝隙控制：横缝根据标高控制好，标高一定要严格控制好否则直接影响竖向缝；竖缝可根据墙板端线控制，或是用一块宽度合适（根据竖缝宽度确定）的垫块放置相邻板端控制。

（2）墙板吊装完之后应全部检查其标高、垂直度、横向竖向拼缝等，山墙检查时不应单独检查，应以整立面为检查对象。全部检查无误后用连接件将相邻两墙板连接成一体。安装连接时，螺栓紧固合适，不得影响外墙平整度。安装完毕后用点焊固定。

图 3-61　外挂墙板连接件

（3）待叠梁以及叠合板吊装完绑扎楼面钢筋时，应将外挂墙板上钢筋锚入叠合梁。

（4）偏差调整：在吊装本层时发现上层以施工完毕的外挂墙板有偏差的，如偏差小于 8 mm 的可在本层一次调整回位，如偏差大于 8 mm 时则应分两次（两层）或多次调整。调整时宜将垂直度以及定位线同时调整，相邻板也应适当调整。

3.3.2.3　内墙板吊运

内墙板吊运工艺流程与剪力墙吊运工艺流程大致相同，如图 3-62 所示。内墙板吊运时需要注意的事项如下。

（1）吊装时应注意内墙板上预留管线以及预留洞口是否有无偏差，如发现有偏差而吊装完后又不好处理的应先处理后再安装就位。

（2）内墙板落位时注意编号位置以及正反面（箭头方向为正面）。根据楼面上所标示的垫块厚度与位置选择合适的垫块将内墙板垫平（内墙板下无须坐浆），注意：内墙板的水平度将直接影响隔墙板的安装。内墙板根据楼面控制线定位时应注意：若内墙板的端部与过道或门洞边重合，则设计时将此处内墙板有意缩短 5 mm，故就位时内墙板根据控制端线应向内移 5 mm（具体位移部位及尺寸详见图纸）。

（3）内墙板处两端有柱或暗柱时注意：内墙板比柱或暗柱钢筋先施工时，应将柱或暗柱箍筋先套入柱主筋，否则将增加钢筋施工难度。柱钢筋比梁先施工时，柱箍筋应只绑扎到梁底位置，否则内墙板无法就位。墙板暗梁底部纵向钢筋必须放置在柱或剪力墙纵向钢筋内侧。

（4）墙板就位时，应注意内墙板上管线预留孔洞与楼面现浇部分预留管线的对接位置是否准确，如有偏差，内墙板应先不要落位，应通知水电安装人员及时处理。内墙板安装完后水电安装人员应及时对接好。

（5）内墙板就位后每个预制构件用不少于两根支撑的临时固定（安装时斜支撑的水平投影应与内墙板垂直且不能影响隔墙板的安装），固定时墙板上部支撑点距离预制构件底部的距离不宜小于内墙板高度的 2/3。固定后同时旋转支撑对构件垂直度进行微调，时刻注意丝杆长度。

（6）吊装时如内墙板采用立运则可不需卸车，直接起吊；如内墙板采用水平运输则需卸车。将内墙板卸至地面上（地面需平整）并用两根木方垫平。如场地较大可将一车内墙板全部卸至地面上后再进行吊装，如场地不够时可卸一块吊装一块。卸车时吊具应用钢梁，特别是跨度较大的内墙板不允许内墙板上有 8 点而只采用 4 点起吊。

（7）模板安装完后，应全面检查内墙板的垂直度以及位移偏差，以免安装模板时将内墙板移动。

图 3-62　内墙板吊运

3.3.2.4　叠合楼板、阳台板吊运

叠合楼板、阳台板的吊运工艺流程：吊运－安装、就位－调整－取钩－安全防架护搭设。吊运操作细节及要点如下。

（1）搭设支撑架宜采用碗扣式或轮式脚手架。搭设时立杆间距不大于 1 500 mm×1 500 mm，第一根立杆距墙边不应大于 500 mm，且立杆与立杆之间必须设置一道或以上双向连接杆。立管上端设置顶托，顶托上放置木枋（木枋应平整顺直且具有一定刚度）。木枋与顶托用钢丝绑扎牢固，木枋铺设方向应与叠合楼板拼缝垂直。图 3-63 所示为叠合楼板底部支撑系统。

图 3-63　叠合楼板底部支撑系统

（2）木枋铺设完成后应对板底标高进行精确定位，通过调节顶托丝杆使全部木枋处于同一水平面上且比叠合梁略高一点（不超过 5 mm），以致落板时叠合楼板荷载不全部集中于叠合梁上。

（3）根据事先编好的吊装顺序安装就位，就位时一定要注意按箭头方向落位，同时观察楼板预留孔洞与水电图纸的相对位置（以防止构件厂将箭头编错）。叠合板安装时短边深入梁 / 剪力墙上 15 mm，叠合板长边与梁或板与板拼缝见设计图纸。图 3-64 所示为叠合楼板标识方向。

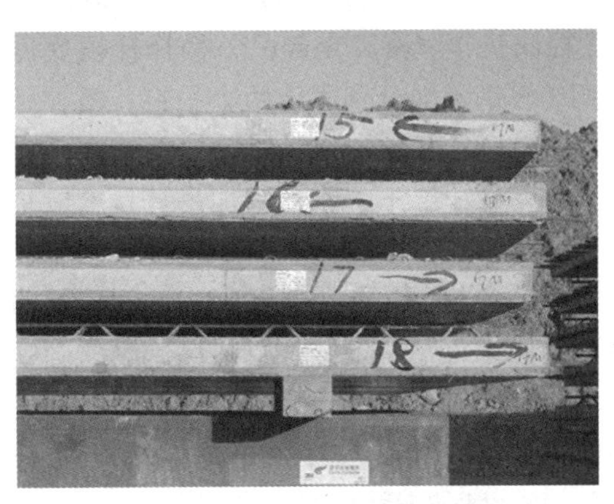

图 3-64　叠合楼板标识方向

（4）叠合楼板吊具宜采用钢梁，板长≤ 4 m 的采用 4 点挂钩，如图 3-65 所示。板长＞ 4 m 的采用 8 点挂钩，如图 3-66 所示。吊钩或卸扣对称（左右、前后）固定于桁架钢筋的纵筋与腹筋的焊接位置，起吊时应确保各吊点均匀受力。

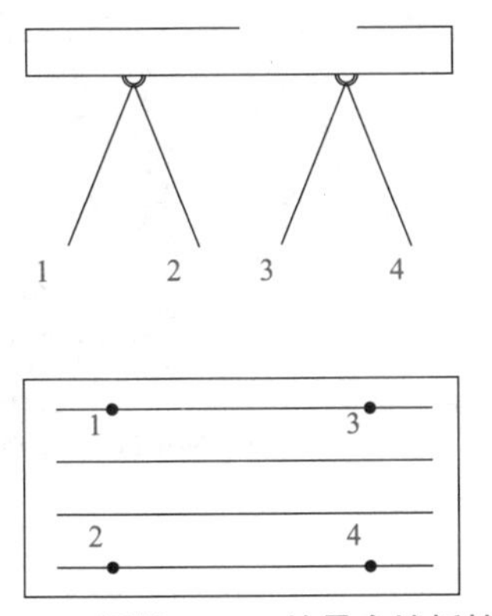

图 3-65　板长≤ 4 m 的叠合楼板挂钩

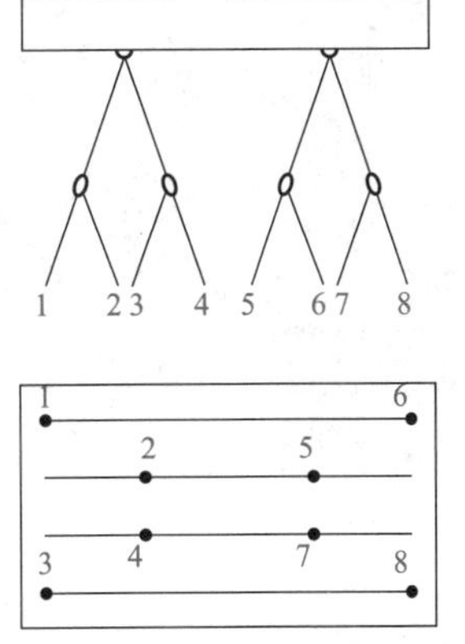

图 3-66　板长＞ 4 m 的叠合楼板挂钩

3.3.2.5 楼梯吊运

楼梯可分为锚入式预制楼梯和搁置式预制楼梯。

（1）锚入式预制楼梯是指楼梯在工程预制时上、下两端伸出钢筋，在现场安装时锚入梯段暗梁。

（2）搁置式预制楼梯是指楼梯在工厂预制时两端预留孔洞，梯台板在施工现场浇筑，并预留出插筋凸出楼面。搁置式预制楼梯在现场安装时，梯段下部与梯台板为活动铰支座，上部与梯台板为固定铰支座。

1. 楼梯吊运

楼梯需斜着起吊，应选用合适的钢丝绳，如图 3-67 所示。楼梯梯段吊装时用 3 根同长钢丝绳 4 点起吊，楼梯梯段底部用 2 根钢丝绳分别固定两个吊钉。楼梯梯段上部由 1 根钢丝绳穿过吊钩两端固定在两个吊钉上。下部钢丝绳加吊具长度应是上部的 2 倍。

图 3-67 楼梯吊运

试吊静停后，按照预制构件调运线路将预制构件吊至安装位置，吊运线路必须在防坠隔离区内，预制构件在空中吊运时，预制构件下方不应有人员活动。

2. 落位安装

预制构件吊至安装上空，指挥人员指引预制构件至安装位置缓缓下降，根据预制构件安装边线及标高缓慢就位，如图 3-68 所示。

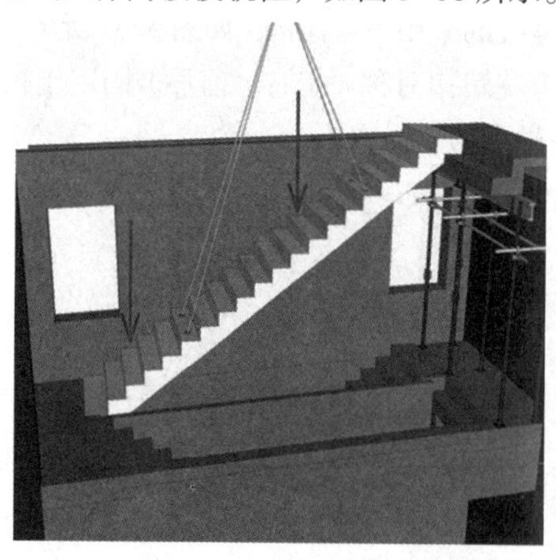

图 3-68 预制构件至安装位置缓缓下降

3. 预制构件校核调整

复核梯段与墙面安装缝隙和支撑处的安装缝隙，检查梯段两侧的是否在同一水平面上，复核梯段支撑于梁上的长度（图 3-69）。

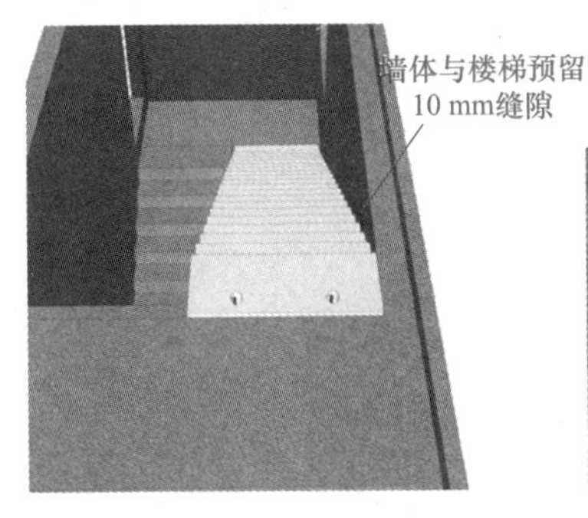

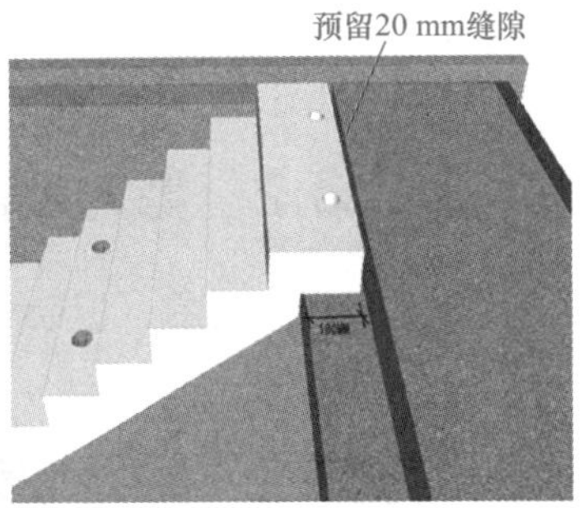

图 3-69　预制构件校核调整

4. 取钩

落位后确认支撑杆件受力均匀无松动，楼面指挥向起重机司机发出下钩指令，取钩人员取出吊钩，如图 3-70 所示。

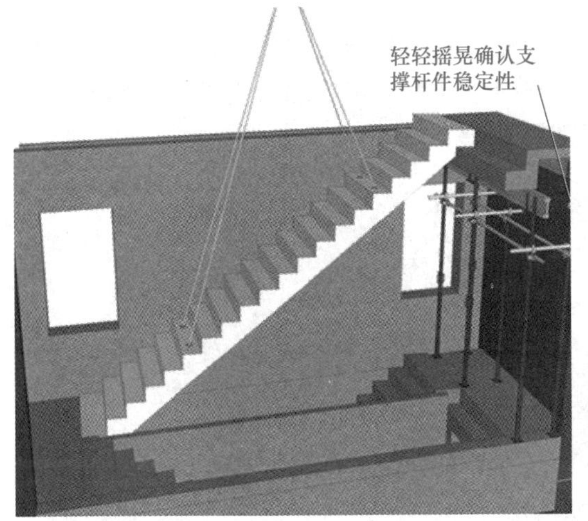

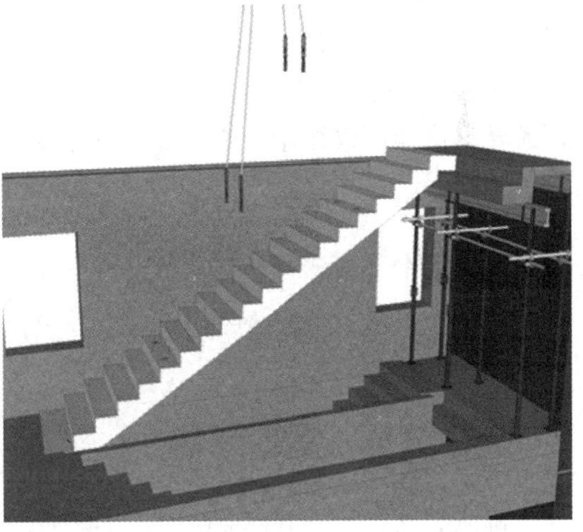

图 3-70　取钩

3.3.3 施工要点

3.3.3.1 剪力墙吊运

1. 剪力墙吊运

正确操作吊装设备吊运剪力墙，缓起、匀升、慢落。

2. 剪力墙安装对位

正确操作吊装设备，将两面镜子放置墙体两端钢筋相邻处，观察套筒与钢筋位置关系，边调整剪力墙位置边下落。

3.3.3.2 剪力墙临时固定

正确使用斜支撑、扳手、螺栓，临时固定墙板。

3.3.3.3 剪力墙调整

1. 剪力墙位置测量及调整

正确使用钢卷尺、撬棍，先进行剪力墙位置测量是否符合要求，如误差＞ 1 cm，则用撬棍进行调整。

2. 剪力墙垂直度测量及调整

正确使用钢卷尺、线坠或有刻度靠尺，检查剪力墙安装垂直度是否符合要求，如误差＞ 1 cm，则调整斜支撑进行校正。垂直度调整时，应将固定在墙板上的所有斜支撑同时旋转，严禁一根往外旋转一根往内旋转，严禁用蛮力旋转。

3.3.3.4 剪力墙终固定

使用工具扳手进行剪力墙斜支撑终固定。

3.3.3.5 摘除吊钩

确认斜支撑上、下脚板已固定牢固后摘除吊钩。

3.3.3.6 剪力墙安装质量验收

对剪力墙吊装施工进行质量验收，验收内容包括剪力墙安装连接牢固程度、剪力墙安装位置、剪力墙垂直度三个方面。手动检验剪力墙连接是否牢固，正确使用钢卷尺检验安装位置是否符合要求，正确使用线坠、钢卷尺或带刻度靠尺检测垂直是否符合要求，并做好记录。

任务小结

装配式建筑吊装施工包括竖向构件吊装和水平构件吊装。其中竖向构件吊装包括预制柱、预制剪力墙、预制外墙板、内墙和隔墙的吊装；水平构件吊装包括叠合梁、叠合板、楼梯和阳台板的吊装。吊装对位是吊运施工的重点，吊装对位时将 2 面镜子放置墙体两端钢筋相邻处，观察套筒与钢筋位置关系，边调整剪力墙位置边下落，保证灌浆套筒连接钢筋准确插入灌浆孔。

课后练习题

一、理论题

(1)【单选题】构件脱模起吊时，混凝土强度应满足设计要求。当设计无要求时，构件脱模时的混凝土强度不应小于(　　)MPa。

A. 10　　B. 15　　C. 20　　D. 25

(2)【单选题】当预制外挂墙板就位至安装部位后，顶板吊装工人用挂钩拉住揽风绳将预制外挂墙板(　　)预留钢筋插入现浇梁。

A. 下部　　B. 左部　　C. 上部　　D. 右部

(3)【单选题】安装预制楼梯应综合考虑起重机主体结构施工间隙，宜(　　)层楼梯构件集中吊装。

A. 3～4　　B. 1～2　　C. 2～3　　D. 2～4

(4)【单选题】按预制吊装专项施工方案确定的施工方法、技术措施，对(　　)的人员进行技术交底，并做好书面记录。

A. 技术负责　　B. 吊装施工　　C. 质量检验　　D. 监理

二、实训题

1. 任务描述

在"1+X装配式建筑构件制作与安装职业技能等级证书"考核平台完成剪力墙吊运安装等一系列工作。

2. 任务分析

重点：

(1) 吊运操作。

(2) 垂直度测量。

(3) 临时固定操作。

难点：

吊装施工对位操作。

吊装施工四色严线

3. 任务考核

考核对标"1+X标准"，随机确定角色。当学生在相邻任务抽到相同角色时，则与编号大的同学调换角色，例如：A同学连续两次抽到质检员，第二次时，就与考评员交换角色（表3-6和表3-7）。

表3-6　岗位任务的角色职责

号码	对应角色	角色职责
1号	指挥员	负责整个任务过程指令下达，合理分工，及时纠正主操员错误操作

续表

号码	对应角色	角色职责
2号	主操员	负责主要施工操作
3号	助理员	负责配合2号主操员完成施工任务
4号	质检员 Q	负责质量验收、相关记录、规范填写任务验收单
5号	考评员	负责考核打分

表3-7 “四色严线”构件吊运施工考评单

考核项目	构件吊运施工			
1号指挥员	姓名	班级	小组编号	
2号主操员	姓名	班级	小组编号	
3号助理员	姓名	班级	小组编号	
Q 4号质检员	姓名	班级	小组编号	
考核对象 小组编号				
评价内容	配分	考核标准	“四色严线” 培养目标	得分
职业素养				
佩戴 安全帽	5	①内衬圆周大小调节到头部稍有约束感为宜。 ②系好下颚带，下颚带应紧贴下颚，松紧以下颚有约束感，但不难受为宜。 ③均满足以上要求可得5分，否则总分计0分	安全意识	

续表

考核项目	构件吊运施工			
穿戴工装、手套	5	①劳保工装做的“统一、整齐、整洁”，并做的“三紧”，即领口紧、袖口紧、下摆紧，严禁卷袖口、卷裤腿等现象。 ②必须正确佩戴手套，方可进行实操考核。 ③均满足以上要求可得5分，否则总分计0分	安全意识	
安全操作	5	①操作过程中严格按照安全文明生产规定操作，无恶意损坏工具、原材料且无因操作失误造成人员伤害等行为。 ②均满足以上要求可得5分，否则总分计0分	安全意识	
场地清理	5	任务完成以后场地干净整洁	环保意识	
职业技能				
剪力墙吊运				
剪力墙吊运	5	①正确操作吊装设备吊运剪力墙，缓起、匀升、慢落。 ②均满足以上要求可得5分，否则总分计0分	规范意识	
剪力墙安装对位	5	①正确操作吊装设备，正确使用工具（2面镜子），将镜子放置墙体两端钢筋相邻处，观察套筒与钢筋位置关系，边调整剪力墙位置边下落。 ②满足以上要求可得5分，否则该项不得分	规范意识	
剪力墙临时固定				
剪力墙临时固定	5	正确使用工具（斜支撑、扳手、螺栓），临时固定墙板。满足以上要求可得5分，否则该项不得分	规范意识	
剪力墙调整				
剪力墙位置测量及调整	5	①正确使用工具（钢卷尺、撬棍），先进行剪力墙位置测量是否符合要求，如误差＞1 cm，则用撬棍进行调整。 ②如误差＞1 cm且未处理，总分计不及格	质量意识	
剪力墙垂直度测量及调整	10	①正确使用工具［钢卷尺、线坠（或有刻度靠尺）］，检查是否符合要求，如误差＞1 cm则调整斜支撑进行校正。 ②如误差＞1 cm且未处理，总分计不及格	质量意识	
剪力墙终固定				
剪力墙终固定	5	①正确使用工具（扳手）进行终固定。 ②满足以上要求可得5分，否则该项不得分	规范意识	
摘除吊钩				
摘除吊钩	5	正确摘除吊钩。满足以上要求可得5分，否则该项不得分	规范意识	

续表

考核项目	构件吊运施工			
剪力墙安装质量验收				
连接牢固程度检验	10	①手动检验剪力墙连接是否牢固，并做记录。 ②满足以上要求可得10分，否则总分计0分	规范意识	
安装位置检验	10	①正确使用工具（钢卷尺）检验安装位置是否符合要求，误差范围（8 mm，0），并做记录。 ②若误差大于8 mm，则总分计不及格	规范意识	
垂直度检验	10	①正确使用工具［线坠、钢卷尺（或带刻度靠尺）］检测垂直是否符合要求，误差范围（5 mm，0），并做记录。 ②若误差大于5 mm，则总分计不及格	规范意识	
剪力墙吊装质量检验表填写	10	根据以上实际测量数据，规范填写“剪力墙吊装质量检验表”。满足以上要求可得10分，否则该项不得分	规范意识	
总分（百分制）				

项 目 4

预制构件灌浆施工

任务 4.1　配制灌浆料

1. 知识目标

（1）掌握灌浆料用量计算方法及制作流程；

（2）掌握灌浆料流动性检测的方法及质量要求。

2. 技能目标

（1）能根据装配式混凝土结构施工图纸计算灌浆料用量；

（2）能制作符合工程质量要求的灌浆料。

3. 素质目标

（1）培养灌浆料用量及制作过程中质量、环保、规范意识；

（2）培养合作精神和团队协作能力；

（3）树立严格按照标准制作灌浆料，注重细致耐心、一丝不苟的工作作风。

4. 素养提升

全国道德模范覃立旺用脚步丈量 25.3 平方千米的岑溪城区，用耳朵维护 148 千米的供水管网，义务为用水户和兄弟单位解决供水管网疑难杂症，被称为“水管医生”。他不畏严寒酷暑，练就“准确定点，误差不超1米”的技能，正是因为这种一丝不苟、真诚友善的工作态度，他被群众称为“测漏神探”。

由全国道德模范覃立旺用耳朵维护供水管网的先进事迹，传授学生规范制作灌浆料的重要性，强调安全及规范操作，培养学生严保工程质量的底线意识。

4.1.1 熟悉施工

灌浆料以高强度材料作为集料，以水泥作为黏合剂，辅以高流态、微膨胀、防离析等物质配制而成。它在施工现场加入一定量的水，搅拌均匀后即可使用。

灌浆料具有自流性好，快硬、早强、高强、无收缩、微膨胀；无毒、无害、不老化、对水质及周围环境无污染，自密性好、防锈等特点；在施工方面具有质量可靠，降低成本，缩短工期和使用方便等优点。

灌浆料作为一种广泛应用于各种工程中的建筑材料，可以根据不同的分类标准分为不同的类型，目前主要从流动度、强度和执行标准三个方面来进行分类。

4.1.1.1 按流动度分类

灌浆料可以根据其流动度分为自流型灌浆料和普通型灌浆料。自流型灌浆料具有较高的流动性，能够自流平、自密实，施工方便快捷，可应用于大型设备基础、桥梁、隧道等大体积混凝土的灌浆加固。普通型灌浆料则具有适当的流动性，能够在施工过程中保持较好的工作性能，适用于一般的混凝土结构加固和修补。

4.1.1.2 按强度分类

灌浆料可以根据其抗压强度分为高强度灌浆料、中强度灌浆料和低强度灌浆料。高强度灌浆料具有较高的抗压强度和抗折强度，适用于对强度要求较高的工程，如高层建筑、桥梁、隧道等。中强度灌浆料具有适当的抗压强度和抗折强度，适用于一般的混凝土结构加固和修补。低强度灌浆料具有较低的抗压强度和抗折强度，适用于对强度要求不高的工程，如地面找平、小型构件的加固等。

4.1.1.3 按执行标准分类

灌浆料可以根据其执行标准分为国家标准型灌浆料、行业标准型灌浆料和企业标准型灌浆料。国家标准型灌浆料是按照国家标准进行生产和检验的，具有较高的质量和性能保障，适用于对质量要求较高的工程。行业标准型灌浆料是按照行业标准进行生产和检验的，其质量和性能也相对较高，适用于一般的建筑工程。企业标准型灌浆料则是按照企业自行制定的标准进行生产和检验的，其质量和性能可能存在一定的差异，适用于一些特定的工程。

在选择和使用灌浆料时，应根据具体的工程需求和实际情况选择合适的类型和执行标准，以确保工程的质量和安全。同时，需要注意施工方法和养护条件等因素对灌浆料性能的影响，确保其在施工过程中能够保持稳定的工作性能。

4.1.2 施工准备

4.1.2.1 材料准备

灌浆料使用钢筋套筒连接用专用灌浆料。材料进场使用前应提供出厂合格证及质量证明文件，并进行抽样检测，合格后方能使用。其使用性能应符合《钢筋连接用套筒灌浆料》(JG/T 408—2019）的规定。

4.1.2.2 工具准备

（1）劳保用品：工作服、安全帽、安全绳、手套等。

（2）施工工具：流动度测试仪、电子秤、试模、量杯等。

配置灌浆料主要工具见表 4-1。

表 4-1 配置灌浆料工具

序号	设备名称	规格型号	用途	图示
1	温度计	-30 ～ 50 ℃	测量当日温度	
2	电子地秤	30 kg	量取水、灌浆料	

续表

序号	设备名称	规格型号	用途	图示
3	搅拌桶	25 L	盛水、浆料拌制	
4	电动搅拌机	≥ 120 r/min	浆料拌制	
5	量杯	≥ 250 mL	量取水	

4.1.3 施工工艺

4.1.3.1 用量计算

灌浆料的用量计算

图 4–1 所示为灌浆料干料示意，查阅施工图纸获得预制构件的尺寸，根据灌浆料的密度，考虑单个套筒灌浆料质量 0.4 kg 及 10% 的富余量，通过如下公式求得总量：

$$m_{总}=(\rho_{v}+0.4n)(1+10\%)$$

式中，n——套筒数量。

最后根据质量比 = 水质量 / 干料质量 ×100%，求得用水量及灌浆干料用量。

4.1.3.2 灌浆料制作

灌浆料的制作及流动性检测

灌浆料制作的具体步骤如下。

（1）打开包装袋，检验灌浆料外观及包装上的有效期，将干料混合均匀，无受潮结块等异常后，方可使用。

（2）拌合用水应符合《混凝土用水标准》(JGJ 63—2019）的有关规定。

（3）灌浆料须按产品质量证明文件（使用说明书、出厂检验报告等）注明的质量比(加水质量 / 干料质量 ×100%）进行拌制。

（4）为使灌浆料的拌合比例准确，使用量筒作为计量容器。

（5）搅拌机、搅拌桶就位后，将水和灌浆料倒入搅拌桶内进行搅拌。先加入 80% 水量搅拌 3 ～ 4 min 后，再加剩余的约 20% 水，搅拌均匀后静置 2 min 排气，然后进行灌浆作业。灌浆料搅拌完成后，不得加水。

图 4–2 所示为灌浆料搅拌示意。

图 4–1　灌浆料干料示意

图 4–2　灌浆料搅拌示意

4.1.3.3　灌浆料检验

1. 强度检验

灌浆料强度按批检验，以每楼层为一检验批；每工作班应制作一组且每层不应少于 3 组 40 mm×40 mm×160 mm 的试件，标准养护 28 d 后进行抗压强度试验。

2. 流动度及实际可操作时间检验

每次灌浆施工前，需对制备好的灌浆料进行流动度检验，同时须做实际可操作时间检验，保证灌浆施工时间在产品可操作时间内完成。灌浆料搅拌完成初始流动度应≥ 300 mm，以 260 mm 为流动度下限。浆料流动时，用灌浆机循环灌浆的形式进行检测，记录流动度降为 260 mm 时所用时间；浆料搅拌后完全静止不动，记录流动度降为 260 mm 时所用时间；根据时间数据确定浆料实际可操作时间，并要求在此时间内完成灌浆。

图 4–3 所示为灌浆料强度及流动性检测示意。

图 4-3　灌浆料强度及流动性检测示意

4.1.4 施工要点

4.1.4.1 用量计算

1. 使用工具

项目图纸及计算器。

2. 操作标准

根据公式及质量比计算用水量及灌浆干料用量。

3. 质量标准

无计算错误、无较多剩余量或用量不足均为合格，否则为不合格。

4.1.4.2 灌浆料制作

1. 使用工具

电子地秤、搅拌桶、电动搅拌机和量杯。

2. 操作标准

（1）正确使用电子地秤和量杯完成用水量及灌浆干料量的称量。

（2）务必分两次加水。

（3）分两次搅拌，沿一个方向均匀搅拌封缝料，总共搅拌不短于 5 min。

（4）搅拌完毕之后需静置约 2 min，使灌浆料内气体自然排出。

3. 质量标准

水量及干料量称量数值准确；搅拌次数、搅拌时间和静置时间均符合要求。

4.1.4.3 灌浆料强度检验

1. 使用工具

混凝土试模、抹子。

2. 操作标准

在试模内表面涂刷一薄层矿物油或其他不与混凝土发生反应的脱模剂；随机抽取，样本数符合规范要求；取样后至少用抹子再来回拌和 3 次；将灌浆料一次性装入试模，装料时应用抹刀沿各试模壁插捣，并使灌浆料高出试模。

3. 质量标准

内表面要涂刷均匀；取样数量不少于 3 组且符合规范要求。

4.1.4.4 灌浆料流动性检测

1. 使用工具

截锥试模、玻璃板、铁棒、抹子、勺子和钢卷尺。

2. 操作标准

湿润玻璃板；使用勺子舀出一部分灌浆料倒入截锥试模；竖直提起截锥试模；正确使用钢卷尺测量灰饼直径

3. 质量标准

务必等灌浆料停止流动后，测量最大灰饼直径，否则视为不合格；所有项目质量评价均为合格，否则为不合格。

4.1.4.5 清理归位

1. 使用工具

抹布、垃圾桶。

2. 操作标准

“1+X”灌浆施工平台清理干净；所有工具归位。

3. 质量标准

卫生状况良好；工具归位；所有项目质量评价均为合格，否则为不合格。

任务小结

灌浆料制作时，务必分两次加水搅拌，并沿一个方向均匀搅拌封缝料，总共搅拌不少于 5 min，搅拌完毕之后需静置约 2 min，使灌浆料内气体自然排出。

灌浆料制作完毕后，需要进行流动性和强度检测，满足流动性和强度质量标准的灌浆料才能够在施工中使用。

课后练习题

一、理论题

（1）【单选题】灌浆料宜在加水后（　　）min 内用完，以防后续灌浆遇到意外情况时灌浆料可流动的操作时间不够。

A．15　　B．20　　C．30　　D．60

（2）【单选题】在灌浆料流动度测定中，测量值需要满足（　　）。

A．取最小值，精确到 1 cm　　B．取最大值，精确到 1 mm

C．取平均值，精确到 1 mm　　D．取平均值，精确到 1 cm

（3）【单选题】灌浆料拌合物应在制备后（　　）min 内用完。

A．10　　B．20　　C．30　　D．40

（4）【单选题】灌浆作业是装配整体式结构工程施工质量控制的关键环节之一。对作业人员应进行培训考核，并持证上岗，同时要求（　　）。

A．不做其他要求

B．专职检验人员在灌浆初始阶段进行监督

C．其他灌浆作业人员在灌浆操作全过程监督

D．专职检验人员在灌浆操作全过程监督

（5）【单选题】灌浆料拌合应采用电动设备，搅拌充分、均匀，宜静置（　　）min 后使用；灌浆料搅拌完成后，如果发现稠度太稠，流动性不好，可以再次加水搅拌。

A．1　　B．2　　C．3　　D．4

二、实训题

1．任务描述

在“1+X 装配式建筑构件制作与安装职业技能等级证书”考核平台完成灌浆料制作及检测任务，见表 4–2。

表 4–2　灌浆料制作及检测任务单

任务名称	灌浆料制作及检测		
	姓名	班级	小组编号
1 号指挥员			

续表

任务名称	灌浆料制作及检测		
2 号主操员	姓名	班级	小组编号
3 号助理员	姓名	班级	小组编号
Q 4 号质检员	姓名	班级	小组编号
5 号考评员	姓名	班级	小组编号
施工平台	 图 1　1+X 灌浆料制作考核平台		
施工图纸	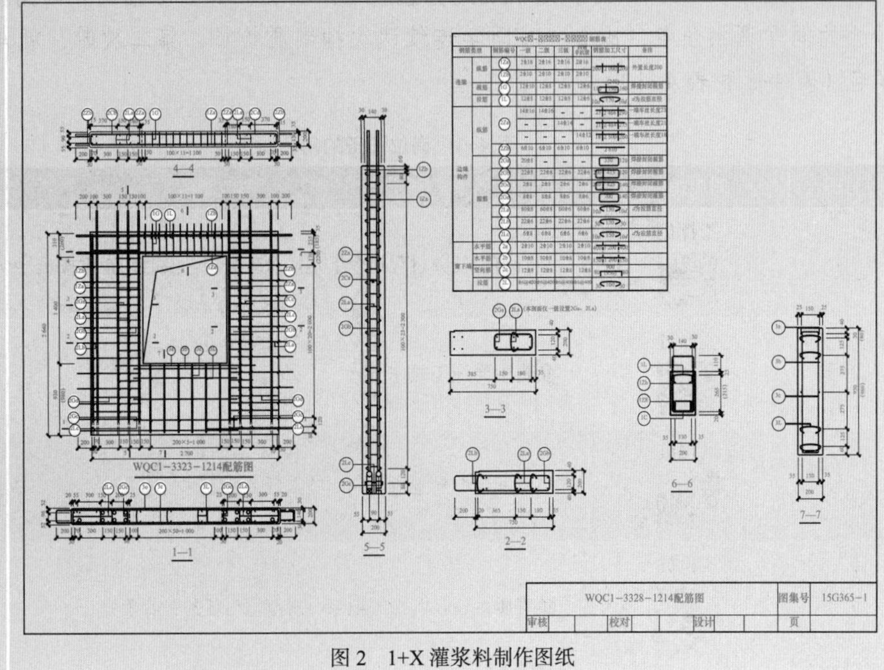 图 2　1+X 灌浆料制作图纸		

续表

任务名称	灌浆料制作及检测		
施工要求	1．合理分工，团队协作； 2．完成灌浆料的制作，其中包括用量计算、灌浆料制作、流动性检测、试块强度检测四个任务； 3．正确填写灌浆料制作及检测施工任务单		
施工项目			
序号	项目名称	工具名称	质量评价
1	用量计算		
2	材料称量		
3	灌浆料制作		
4	流动性检测		
5	试块强度检测		
审核企业		审核人签字	

2．任务分析

重点：

（1）灌浆料制作的流程。

（2）灌浆料制作的要点。

难点：

强度及流动性符合要求。

3．任务考核

考核对标"1+X 标准"，随机确定角色。当学生在相邻任务抽到相同角色时，则与编号大的同学调换角色，比如：A 同学连续两次抽到质检员，第二次时，就与考评员交换角色（表 4–3 和表 4–4）。

表 4–3　岗位任务的角色职责

号码	对应角色	角色职责
1 号	指挥员	负责整个任务过程指令下达，合理分工，及时纠正主操员错误操作
2 号	主操员	负责主要施工操作
3 号	助理员	负责配合 2 号主操员完成施工任务
4 号	质检员 Q	负责质量验收、相关记录、规范填写任务验收单

续表

号码	对应角色	角色职责
5号	考评员	负责考核打分

表 4-4　灌浆料制作及检测考评单

考核项目	灌浆料制作及检测项目			
评价内容	配分	考核标准	“四色严线”培养目标	得分
职业素养				
佩戴安全帽	5	①内衬圆周大小调节到头部稍有约束感为宜。 ②系好下颚带，下颚带应紧贴下颚，松紧以下颚有约束感，但不难受为宜。 ③均满足以上要求可得 5 分，否则总分计 0 分	安全意识	
穿戴工装、手套	5	①劳保工装做的“统一、整齐、整洁”，并做的“三紧”，即领口紧、袖口紧、下摆紧，严禁卷袖口、卷裤腿等现象。 ②必须正确佩戴手套，方可进行实操考核。 ③均满足以上要求可得 5 分，否则总分计 0 分	安全意识	
安全操作	5	①操作过程中严格按照安全文明生产规定操作，无恶意损坏工具、原材料且无因操作失误造成人员伤害等行为。 ②均满足以上要求可得 5 分，否则总分计 0 分	安全意识	
场地清理	5	任务完成以后场地干净整洁	环保意识	
职业能力				
工程识图	5	①根据图纸正确读取构件尺寸。 ②读取尺寸无误得 5 分，否则总分计不及格	质量意识	
用量计算	2	①计算用量的体积，考虑套筒数量 $m=(\varphi_v+0.4\times n)(1+10\%)$。 ②总用量计算无误得 2 分，否则总分计不及格	质量意识	
	2	用水量计算正确得 2 分，否则总分计不及格	质量意识	
	2	干料用量计算正确得 2 分，否则总分计不及格	质量意识	
材料称量	2	称量前必须归零处理，否则总分计不及格	质量意识	
	2	正确使用工具（量筒或电子秤），根据计算水用量称量，称量无误得 2 分，否则总分计不及格	质量意识	
	2	正确使用工具（电子秤、小盆），根据计算灌浆料干料用量称量，称量无误得 2 分，否则总分计不及格	质量意识	
灌浆料制作	5	正确使用工具（量筒、搅拌容器），将水全部导入搅拌容器	规范意识	
	5	正确使用工具（小盆），推荐分两次加料，第一次先将 70% 干料倒入搅拌容器，第二次加入 30% 干料	规范意识	
	3	正确使用工具（搅拌器），推荐分两次搅拌，沿一个方向均匀搅拌封缝料，总共搅拌不少于 5 min	规范意识	
	5	搅拌完毕之后静置约 2 min，使灌浆料内气体自然排出	规范意识	

续表

考核项目	灌浆料制作及检测项目			
流动性检测	3	正确使用工具（玻璃板、抹布），用湿润抹布擦拭玻璃板，并放置平稳位置	规范意识	
	2	正确使用工具（截锥试模），大口朝下小口朝上，放置玻璃板正中央	规范意识	
	2	正确使用工具（勺子），舀出一部分灌浆料倒入截锥试模	规范意识	
	2	正确使用工具（铁棒），捣实截锥试模内灌浆料	规范意识	
	2	正确使用工具（小抹子），将截锥试模顶多余灌浆料抹平	规范意识	
	2	竖直提起截锥试模	规范意识	
	2	正确使用工具（钢卷尺），等灌浆料停止流动后，测量最大灰饼直径，并做记录	规范意识	
试块强度检测	2	制作符合规范要求数量的试块，并进行编号和记录	规范意识	
	2	在混凝土浇筑地点随机取样，3 个试件为一组	规范意识	
	2	在温度为 20 ℃ ±5 ℃的情况下，静置 1 ～ 2 个昼夜	规范意识	
	2	试件在试压前应先擦拭干净，测量尺寸并检查其外观。试件尺寸测量精确至 1 mm，并据此计算试件的承压面积值 A	规范意识	
	2	试件的承压面应与成型时的顶面垂直开动试验机，当上压板与试件接近时调整球座，使接触均衡	规范意识	
	2	正确使用试验机，连续而均匀地加荷	规范意识	
	5	加载至试件时，准确记录破坏荷载	规范意识	
强度计算	5	①混凝土立方体试件抗压强度计算取 3 个试件测值的算术平均值作为该组试件的抗压强度值。 ②计算正确则得 5 分，否则总分计不及格	质量意识	
资料填写	8	规范填写、字迹清楚	规范意识	
总分（百分制）				

任务 4.2　封缝施工

1. 知识目标

（1）掌握封缝施工的操作流程；

（2）掌握套筒内部通透性检查的方法；

（3）掌握抹子的使用方法及封缝施工质量要求。

2. 技能目标

（1）能正确使用工具完成封缝施工，达到工程质量要求；

（2）能正确完成封缝施工质量验收。

3. 素质目标

（1）培养封缝施工过程中安全、质量、环保、规范意识；

（2）培养独立思考，分析及解决施工质量问题的能力；

（3）树立严格按照标准完成封缝作业，注重细致耐心、一丝不苟的工作作风。

4. 素养提升

根据“中国青年五四奖章”获得者刘铖在疫情最严重的时刻勇于奉献的先进事迹，传授学生装配式建筑施工员的岗位职责，培养“工作成绩无关年纪，青年的我们一样能助力国家发展”的信念。

4.2.1 熟悉施工

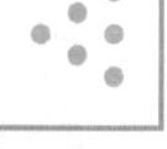

4.2.1.1 了解封缝料

封缝料用料计算及虚拟仿真

封缝料是一种以水泥为胶凝材料，配以细集料、外加剂和其他功能材料组成的特种干混砂浆。

封缝料主要用于预制混凝土梁柱及剪力墙等构件的坐浆施工、预制构件接缝封堵、设备垫块的坐浆安装等。在分仓、封仓施工完成后，才能进行灌浆料的灌浆连通施工，因此封浆料的封堵工作既关系到预制构件纵向连接质量，还关系到灌浆连通工作的顺利进行。因此，在选择封浆料时，要选择有质量保证，产品技术指标合格的产品。表 4-5 所示为封缝料性能指标。

表 4-5　封缝料性能指标

项目		性能指标
初始流动度 /mm		130 ～ 180
抗压强度 /MPa	4 h	≥ 10
	1 d	≥ 30
	3 d	≥ 45
	28 d	≥ 60
28 d 自干燥收缩 /%		≤ 0.045
3 h 竖向膨胀率 /%		0.02 ～ 2
氯离子含量 /%		≤ 0.06
泌水率 /%		0
注：氯离子含量以封浆料总量为基准，封浆料强度等级应较竖向构件相应提高一个等级		

4.2.1.2 封缝施工

接缝处理需要使用专用封缝料（坐浆料）时，要按说明书要求加水搅拌均匀。竖向构件宜采用连通腔灌浆，并应合理划分连通灌浆区域；每个区域除预留灌浆孔、出浆孔与排气孔外，应形成密闭空腔，不应漏浆；连通灌浆区域内任意两个灌浆套筒间距不宜超过 1.5 m。

仓体越大，灌浆阻力越大、灌浆压力越大、灌浆时间越长，对封缝的要求越高，灌浆不满的风险越大，分仓时两侧须内衬（内衬材料可以是软管、PVC 管，也可使用专用工具）分仓宽度 30 ～ 50 mm，分仓完成后在构件相应位置做出分仓标记，然后进行封仓施工，如图 4-4 和图 4-5 所示。

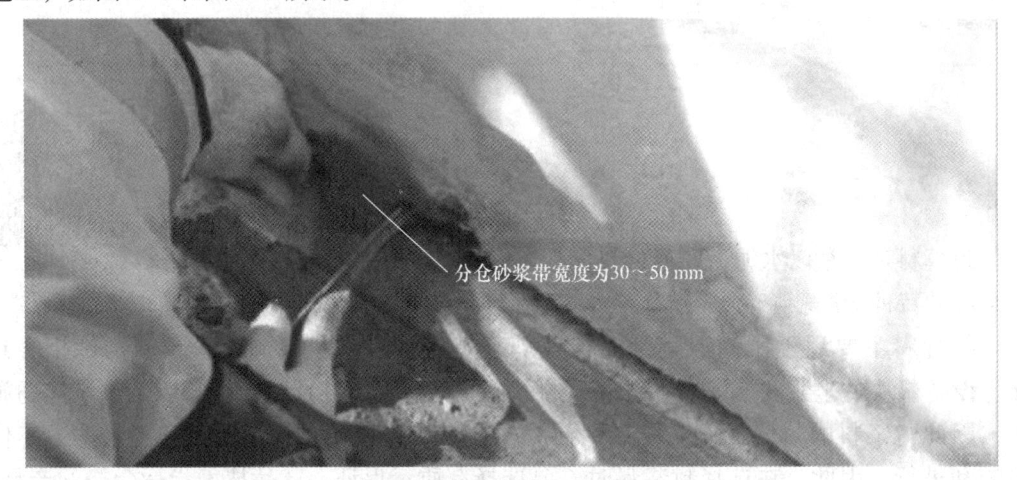

图 4-4　封缝施工（一）

图 4-5　封缝施工（二）

4.2.2 施工准备

4.2.2.1 材料准备

封缝料等材料进场使用前应提供出厂合格证及质量证明文件，并进行抽样检测，合格后方能使用。

4.2.2.2 工具准备

1. 劳保用品

工作服、安全帽、安全绳、手套。

2. 施工工具

泡沫软管或 PVC 管、间隔条、抹子和界面剂等。

4.2.3 施工工艺

4.2.3.1 基层清理

对底部与基层间的缝隙清理干净，不应有油污、浮浆（尘）、杂物和积水，可均匀喷涂能够提高黏结强度的界面剂。

灌浆前应保证坐浆区楼板面与墙板构件之间无灰渣、无油污、无杂物，可用吹风机进行清理。

4.2.3.2 分仓操作

采用连通腔灌浆时注意事项如下。

（1）连通灌浆区域是由一组灌浆套筒与安装就位后构件间空隙共同形成一个封闭区域，应合理划分连通灌浆区域，除灌浆孔、出浆孔、排气孔外，应形成密闭空腔，不应漏浆。

（2）预制墙与下表面、楼面之间的缝隙周围可采用封边砂浆进行封堵和分仓。

（3）灌浆套筒多余孔洞封堵采用橡皮塞。连通灌浆区域内任意两个灌浆套筒间距不宜超过 1.5 m。

图 4-6 所示为分仓操作示意。

图 4-6　分仓操作示意

根据分仓线，将专用工具塞入预制墙下方 20 mm 的缝隙内，将坐浆砂浆放置于拖板上，用另一专用工具塞填砂浆。

不采用连通灌浆方式时，预制构件就位前设置坐浆层，每个灌浆套筒独立灌浆。

图 4-7 所示为有套筒灌浆仓和无套筒灌浆仓。

图 4-7　有套筒灌浆仓和无套筒灌浆仓

4.2.3.3　封缝施工

封缝施工常见的质量问题及解决方法

自制新工具解决易堵孔的质量问题

首先根据厂家出厂合格证上提供的加水量，将材料缓慢加入称量好的水中搅拌均匀，使用时用抹刀将拌制好的封浆料批刮入构件底部缝隙，缝隙封堵应完整、充分。

封仓时，将专用工具伸入缝隙作为封仓砂浆的挡板，保证水泥砂浆嵌入坐浆层不大于 20 mm；然后用搅拌好的坐浆砂浆进行封仓施工；坐浆层采用不低于构件本身强度的水泥砂浆，坐浆层封堵应提前灌浆 1 天进行，以保证灌浆时封堵砂浆能达到足够的强度，如图 4–8 所示。

图 4–8　封缝施工操作

4.2.3.4　施工养护

待封缝料施工后表面触干凝结后，应定期洒水养护，防止表面龟裂现象的发生。

4.2.4　施工要点

4.2.4.1　分仓操作

1. 使用工具

卷尺、内衬。

2. 操作标准

（1）墙体控制线从距剪力墙边线 20 cm 处进行设置；根据预制墙的长度及灌浆套筒的位置进行分仓设置。

（2）实际未注明时，同一灌浆区域内，任意两个灌浆套筒的间距不宜超过 1.5 m。

3. 质量标准

间距及位置符合要求视为合格，否则为不合格。

4.2.4.2 封缝施工

1. 使用工具

抹子、抹刀、电子地秤、搅拌桶、电动搅拌机和量杯。

2. 操作标准

（1）正确使用电子地秤和量杯完成用水量及封缝料干料量的称量。

（2）封堵时，里面加内衬（内衬材料可以是泡沫软管、PVC 管，也可用 φ12 的 L 形钢筋弯头）。

（3）填抹 1.5 ～ 2 cm 高（确保不堵套筒孔），一段抹完后抽出内衬进行下一段填抹。

（4）段与段结合的部位、同一构件或同一仓要保证填抹密实，不得出现裂缝。

（5）为保证封仓的整体美观，在无灌浆孔的一侧，统一上下增加 100 mm 的结合面抹面。

（6）每道墙一次性嵌缝完成，不得将施工间歇的断面设置在同一块墙体上。

3. 质量标准

水量及干料量称量数值准确；缝隙封堵应完整、充分。

任务小结

预制构件灌浆施工之前需要进行封缝施工，根据预制墙的长度及灌浆套筒的位置进行分仓。分仓完成后在构件相应位置做出分仓标记，根据分仓线，将专用工具塞入预制墙下方 20 mm 的缝隙，将坐浆砂浆放置于拖板上，用另一专用工具塞填砂浆，缝隙封堵应完整、充分。

课后练习题

一、理论题

（1）【选择题】封缝施工的质量要求是（　　）。

A. 饱满密实　　B. 平顺完整

C. 美观整洁　　D. 横平竖直

（2）【选择题】封缝施工常用工具不包括（　　）。

A. 抹子　　B. 量杯

C. 抹刀　　D. 灌浆套筒

（3）【判断题】封缝施工常见的质量问题是钢筋锈蚀。（　　）

（4）【简答题】简述封缝施工的工艺流程及质量要点。

二、实训题

1. 任务描述

在“1+X 装配式建筑构件制作与安装职业技能等级证书”考核平台完成预制构件的封缝施工任务（表 4-6）。

表 4-6 “四色严线”封缝施工任务单

任务名称	封缝施工		
1 号指挥员	姓名	班级	小组编号
2 号主操员	姓名	班级	小组编号
3 号助理员	姓名	班级	小组编号
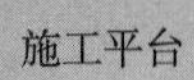 4 号质检员	姓名	班级	小组编号
5 号考评员	姓名	班级	小组编号
施工平台	 图 1 1+X 封缝施工任务考核平台		

续表

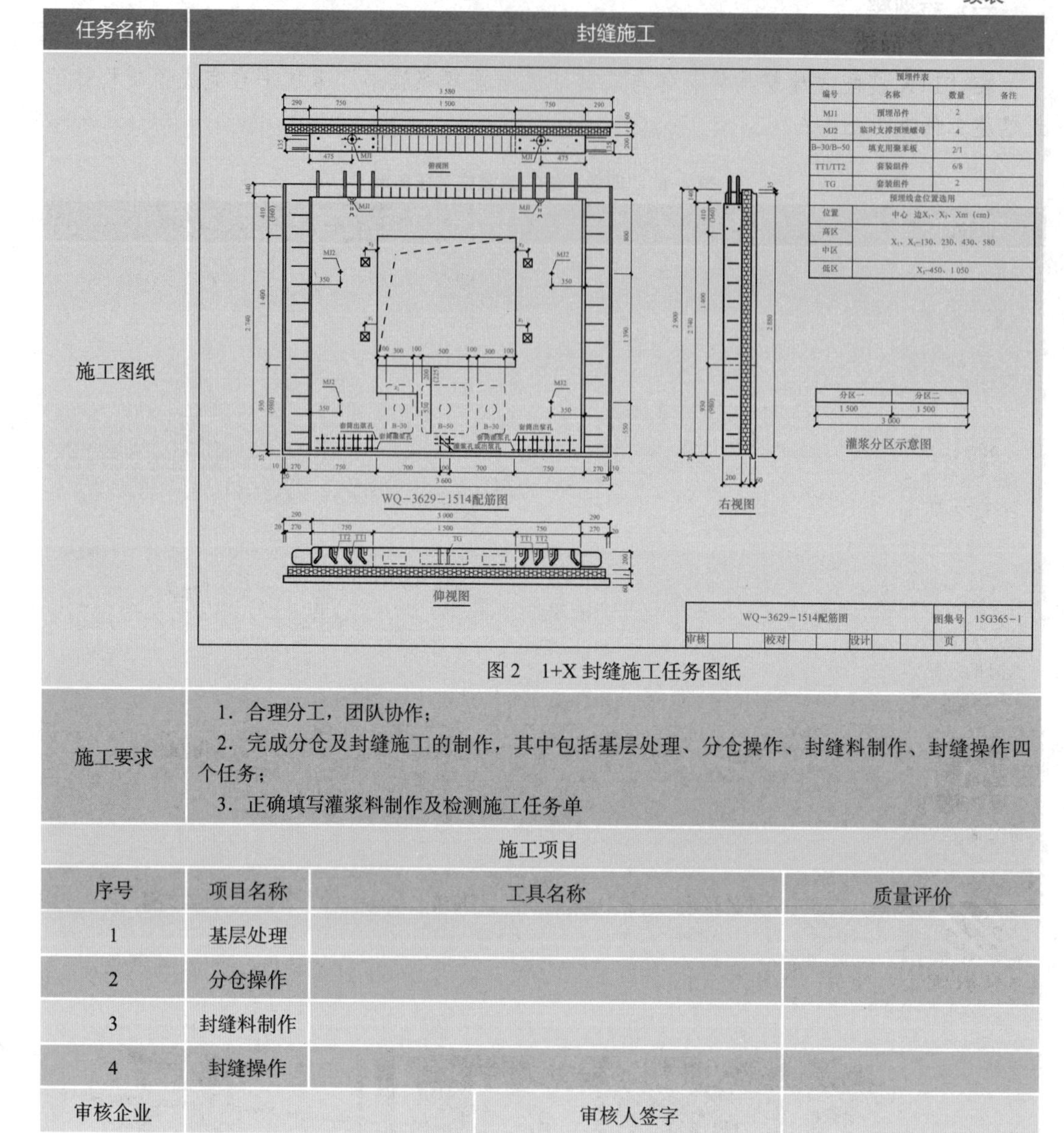

任务名称	封缝施工		
施工图纸	图2　1+X 封缝施工任务图纸		
施工要求	1. 合理分工，团队协作； 2. 完成分仓及封缝施工的制作，其中包括基层处理、分仓操作、封缝料制作、封缝操作四个任务； 3. 正确填写灌浆料制作及检测施工任务单		
施工项目			
序号	项目名称	工具名称	质量评价
1	基层处理		
2	分仓操作		
3	封缝料制作		
4	封缝操作		
审核企业		审核人签字	

2. 任务分析

重点：

（1）封缝施工质量要求。

（2）封缝料的制作方法。

难点：

接缝处饱满密实。

3. 任务考核

考核对标“1+X 标准”，随机确定角色。当学生在相邻任务抽到相同角色时，则与编号大的同学调换角色，例如：A 同学连续两次抽到质检员，第二次时，就与考评员交换角色（表 4-7 和表 4-8）。

表 4-7　岗位任务的角色职责

号码	对应角色	角色职责
1 号	指挥员	负责整个任务过程指令下达，合理分工，及时纠正主操员错误操作
2 号	主操员	负责主要施工操作
3 号	助理员	负责配合 2 号主操员完成施工任务
4 号	质检员 Q	负责质量验收、相关记录、规范填写任务验收单
5 号	考评员	负责考核打分

表 4-8　“四色严线”封缝施工考评单

考核项目	封缝施工		
1 号指挥员	姓名	班级	小组编号
2 号主操员	姓名	班级	小组编号
3 号助理员	姓名	班级	小组编号
Q 4 号质检员	姓名	班级	小组编号
5 号考评员	姓名	班级	小组编号

续表

考核项目	封缝施工			
考核对象 小组编号				
评价内容	配分	考核标准	“四色严线”培养目标	得分
职业素养				
佩戴 安全帽	5	①内衬圆周大小调节到头部稍有约束感为宜。 ②系好下颚带，下颚带应紧贴下颚，松紧以下颚有约束感，但不难受为宜。 ③均满足以上要求可得 5 分，否则总分计 0 分	安全意识	
穿戴工装、 手套	5	①劳保工装做的“统一、整齐、整洁”，并做的“三紧”，即领口紧、袖口紧、下摆紧，严禁卷袖口、卷裤腿等现象。 ②必须正确佩戴手套，方可进行实操考核。 ③均满足以上要求可得 5 分，否则总分计 0 分	安全意识	
安全操作	5	①操作过程中严格按照安全文明生产规定操作，无恶意损坏工具、原材料且无因操作失误造成人员伤害等行为。 ②均满足以上要求可得 5 分，否则总分计 0 分	安全意识	
场地 清理	5	任务完成以后场地干净整洁。正确使用工具（扫把、抹布）清理工作面余浆	环保意识	
职业能力				
基层清理	2	清理构件底部与基层间的缝隙	规范意识	
	2	不应有油污、浮浆（尘）、杂物和积水	规范意识	
	2	使用工具（喷壶），对水平工作面和竖向工作面进行洒水湿润处理	规范意识	
分仓操作	2	①根据图纸给出信息计算，当最远套筒距离是否≤ 1.5 m 则不需分仓，否则需要分仓。 ②满足以上要求可得 2 分，否则总分计不及格	质量意识	
	2	①根据图纸给出信息计算，当最远套筒距离是否≤ 1.5 m 则不需分仓，否则需要分仓。 ②满足以上要求可得 2 分，否则总分计不及格	质量意识	
封缝施工	2	正确使用工具（钢卷尺），测量构件长和宽（或看图纸），先给定计算条件：封缝料密度假设 2 300 kg/m^3，水：封缝料干料 = 12 ：100（质量比），考虑封缝料充足情况留出 10% 富余量。根据 $m=\rho v$（1+10%）公式计算水和封缝料干料分别用量	规范意识	
	2	正确使用工具（量筒或电子秤），根据计算水用量称量	规范意识	
	2	正确使用工具（电子秤、小盆），根据计算封缝料干料用量称量，注意小盆去皮。满足以上要求可得满分，否则不得分	规范意识	
	2	正确使用工具（小盆），推荐分两次加料，第一次先将 70% 干料倒入搅拌容器，第二次加入 30% 干料	规范意识	
	2	正确使用工具（搅拌器），推荐分两次搅拌，沿一个方向均匀搅拌封缝料，总共搅拌不少于 5 min	规范意识	

续表

考核项目	封缝施工			
封缝操作	5	正确使用材料（内衬，如 PVC 管或橡胶条），先沿一边布置，使封缝宽度控制为 1.5 ～ 2 cm	规范意识	
	5	正确使用工具（托板、小抹子）和材料（封缝料），沿一布置好内衬一边进行封缝	规范意识	
	5	填抹 1.5 ～ 2 cm 高（确保不堵套筒孔），一段抹完后抽出内衬进行下一段填抹	规范意识	
	5	抽出内衬时要求从一侧竖直保证不扰动封缝，然后进行下一边封缝。满足以上要求可得满分，否则不得分	规范意识	
	5	每道墙一次性嵌缝完成，不得将施工间歇的断面设置在同一块墙体上	规范意识	
质量验收	5	①正确使用工具（钢卷尺），按照考核员指定任意位置测量封缝宽度。 ②满足以上要求可得 5 分，否则总分计不及格	质量意识	
	5	①段与段结合的部位、同一构件或同一仓要保证填抹密实，不得出现裂缝。 ②满足以上要求可得 5 分，否则总分计不及格	质量意识	
	5	①肉眼观察封缝饱满度情况。满足以上要求可得满分，否则不得分。 ②满足以上要求可得 5 分，否则总分计不及格	质量意识	
余料称量	10	①“称量剩余封缝料”，剩余用量不超过总量 10%。 ②满足以上条件可得 10 分，否则该项不得分	环保意识	
资料填写	10	规范填写、字迹清楚	规范意识	
总分（百分制）				

任务 4.3　灌浆施工

1. 知识目标

（1）掌握灌浆施工原理；

（2）掌握灌浆施工工艺流程和操作要点；

（3）掌握灌浆施工质量验收标准。

2. 技能目标

（1）能根据施工方案正确完成预制构件灌浆施工；

（2）能正确完成预制构件灌浆施工质量验收。

3. 素质目标

（1）培养预制构件灌浆施工过程中的安全、质量、环保、规范意识；

（2）养成吃苦耐劳的劳动精神、勇于创新的创新精神，培养立志科技强国的家国情怀；

（3）树立严格按照标准要求作业，注重效率、精益求精的工匠精神。

4. 素养提升

梁思成是中国著名的建筑学家、建筑史家和建筑教育家。他早年就读于清华大学，后到美国留学，在宾夕法尼亚大学美术学院修习建筑专业，1928 年回国后，曾先后任职于东北大学建筑系、中国营造学社和清华大学建筑系。梁思成终其一生，在艰苦的环境中，不顾一切、致力于学术研究，在现代建筑教育、古建筑研究、城市规划、历史文物保护、建筑学术团体的创建和组织等多个领域做出了重大贡献。

根据建筑大师梁思成一生致力于中国建筑事业的先进事迹，培养学生“不畏困难、献身科学”的精神，强度灌浆施工的重要性，注重安全及规范操作，培养学生严保工程质量的底线意识。

4.3.1 熟悉施工

4.3.1.1 灌浆检查

在正式灌浆前，逐个检查各接头的灌浆孔和出浆孔内有无影响浆料流动的杂物，确保孔路畅通。

4.3.1.2 灌浆操作

灌浆施工流程

用灌浆泵从下部注浆孔注入，采用低压力灌浆工艺，通过控制灌浆泵内压力来控制灌浆过程，特别注意正常灌浆浆料要在自加水搅拌开始 20 ~ 30 min 内灌完，以尽量保留一定的操作应急时间。注意：同一仓只能在一个灌浆孔灌浆，不能同时选择两个以上灌浆孔灌浆；同一仓应连续灌浆，不得中途停顿。如果中途停顿，再次灌浆时，应保证已灌入的浆料有足够的流动性后，还需要将已经封堵的出浆孔打开，待灌浆料再次流出后逐个封堵出浆孔。

出浆孔出浆料后，及时用专用橡胶塞封堵，待所有的灌浆套筒的出浆孔均排出浆体并封堵后，调低灌浆设备的压力，开始保压，小墙板保压 30 s，大墙板保压 1 min（保压期间随机拔掉少数出浆孔橡胶塞，观察到灌浆料从出浆孔喷涌出时，要迅速封堵），经保压后拔除灌浆管。拔掉灌浆管到封堵橡胶塞时间，间隔不得超过 1 s，避免灌浆仓内经过保压的浆体溢出灌浆仓，造成灌浆不实。

灌浆料凝固后，取下灌出浆孔封堵胶塞，检查孔内凝固的灌浆料上表面应高于出浆孔下缘 5 mm 以上，灌浆完成后填写灌浆施工记录表，灌浆施工必须由专职质检人员及经理人员全过程旁站监督，每块预制墙板均要填写“装配式建筑灌浆施工检查记录表”（表 4–9），并留存照片和视频资料。

表 4-9 装配式建筑灌浆施工检查记录表

编号：

<table>
<tr><td>工程名称</td><td colspan="2"></td><td colspan="2">施工部位（构件编号）</td><td></td></tr>
<tr><td>施工日期</td><td colspan="2">年 月 日 时</td><td colspan="2">灌浆料批号</td><td></td></tr>
<tr><td>环境温度</td><td colspan="2"></td><td colspan="2">使用灌浆料总量</td><td>kg</td></tr>
<tr><td colspan="6">灌浆料制作</td></tr>
<tr><td>材料温度</td><td colspan="2">℃</td><td colspan="2">搅拌时间</td><td>min</td></tr>
<tr><td>水温</td><td colspan="2">℃</td><td colspan="2">流动度</td><td>mm</td></tr>
<tr><td>浆料温度</td><td colspan="2">℃（不高于 30 ℃）</td><td colspan="2">水料比</td><td>水 kg；料 kg</td></tr>
<tr><td colspan="6">工作界面完成检查情况描述</td></tr>
<tr><td colspan="3"></td><td colspan="2">是</td><td>否</td></tr>
<tr><td rowspan="2">界面检查</td><td colspan="2">套筒内杂物、垃圾是否清理干净</td><td colspan="2"></td><td></td></tr>
<tr><td colspan="2">灌浆孔、出浆孔是否完好、整洁</td><td colspan="2"></td><td></td></tr>
<tr><td rowspan="2">分仓封堵</td><td colspan="2">封堵材料：是否封堵密实</td><td colspan="2"></td><td></td></tr>
<tr><td colspan="2">分仓材料：是否按要求分仓</td><td colspan="2"></td><td></td></tr>
<tr><td>通气检查</td><td colspan="2">是否通畅</td><td colspan="2"></td><td></td></tr>
<tr><td colspan="6">灌浆口、出浆口示意图</td></tr>
<tr><td colspan="6"></td></tr>
<tr><td colspan="6">备注：</td></tr>
<tr><td>施工单位</td><td>灌浆作业人员</td><td>施工专项检验人员</td><td colspan="2">监理单位</td><td>监理人员</td></tr>
<tr><td></td><td></td><td></td><td colspan="2"></td><td></td></tr>
</table>

4.3.1.3 灌浆后节点保护

灌浆后灌浆料同试块强度达到 35 MPa 后方可进入下一道工序施工（扰动）。通常，环境温度在 15 ℃以上，24 h 内预制构件不得受扰动；环境温度为 5 ～ 15 ℃，48 h 内预制构件不得受扰动；环境温度在 5 ℃以下，须对预制构件接头部位加热保持在 5 ℃以上至少 48 h，期间预制构件不得受扰动，拆支撑要根据后续施工荷载情况确定。

4.3.1.4 灌浆质量控制措施

灌浆施工时，保证施工质量的控制措施如下。

（1）灌浆料的品种和质量必须符合设计要求和有关标准的规定。每次搅拌应有专人进行搅拌。

（2）每个孔都必须灌满，有浆料从排气孔流出视为该孔灌浆灌满，且在灌浆过程中配合比应符合使用说明书及相关规范要求。

（3）每次搅拌应记录水用量，严禁超过设计用量。

（4）灌浆前应充分润湿注浆孔洞，防止因孔内混凝土吸水导致注浆料开裂情况发生。

（5）因对过长的剪力墙进行分段，防止因注浆时间过长导致孔洞堵塞，若在灌浆时造成孔洞堵塞，应从其他孔洞进行补注，直至该孔洞注浆饱满。

（6）灌浆完毕，立即用清水清洗注浆机、搅拌设备等。

（7）灌浆完成后 24 h 内禁止对墙体进行扰动。

（8）待灌浆完成一天后应逐个对灌浆孔进行检查，发现有个别未灌满的情况应进行补灌。

（9）砂浆封堵 4 h 后可进行灌浆。

（10）采用机械灌浆，用塞子先将下排灌浆孔封堵，灌浆时待浆料从上排出浆孔溢出后逐个进行封堵。

（11）要求灌浆连续进行，每次拌制的浆料需在 30 min 内用完。

（12）低温施工注意事项：当环境温度低于 5 ℃时，需将搅拌用水加热到 20 ～ 30 ℃，搅拌完成时浆料温度为 15 ℃以上。灌浆完成后采取措施对套筒区域进行保温，使浆料强度满足设计要求。

4.3.2 施工准备

4.3.2.1 材料准备

灌浆料使用钢筋套筒连接用专用灌浆料。材料进场使用前应提供出厂合格证及质量证明文件，并进行抽样检测，合格后方能使用。其使用性能应符合《钢筋连接用套筒灌浆料》(JG/T 408—2019）的规定。

4.3.2.2 工具准备

1. 劳保用品

劳保用品有工作服、安全帽、安全绳、手套。

2. 施工工具

施工工具包括测温仪、电子秤和刻度杯、不锈钢制浆桶、水桶、手提变速搅拌机、灌浆机、灌浆胶枪等，如图 4-9 所示。

图 4-9　灌浆施工工具

4.3.3 施工工艺

4.3.3.1 浆孔清理

灌浆施工工艺

灌浆施工虚拟仿真

正式灌浆前，逐个检查各接头的灌浆孔和出浆孔内有无影响浆料流动的杂物，确保孔路畅通。

4.3.3.2 灌浆操作

由专业灌浆班组进行灌浆操作。灌浆泵（枪）从接头下方的灌浆孔处向套筒内压力灌浆。特别注意正常灌浆料要在自加水搅拌开始 20 ～ 30 min 内灌完，以尽量保留一定的操作应急时间。

灌浆操作时应注意以下事项。

（1）同一仓只能在一个灌浆孔灌浆，不能同时选择两个以上孔灌浆。

（2）同一仓应连续灌浆，不得中途停顿，如果中途停顿，再次灌浆时，应保证已灌入的灌浆料有足够的流动性后，还需要将已经封堵的出浆孔打开，待灌浆料再次流出后逐个封堵出浆孔。

4.3.3.3 设备冲洗

在灌浆施工前先用清水对灌浆机进行冲洗，确保灌浆机使用正常。

4.3.3.4 压力控制

灌浆过程中控制压力为 0.2 ～ 0.4 MPa。灌浆的实际效果为灌浆料从出浆孔溢流出来即可，即要控制好灌浆料从灌浆机枪头出浆的压力，控制在 0.2 MPa 即可，压力一旦过大，会将封缝料的封堵“冲坏”。

4.3.3.5 冒浆封堵

通过水平缝连通腔一次向构件的多个接头灌浆时，应按灌浆料排出先后依次封堵灌浆排浆孔，封堵时灌浆泵（枪）一直保持灌浆压力，直至所有灌排浆孔出浆并封堵牢固后再停止灌浆。如有漏浆，须立即补灌损失的浆料。

4.3.3.6 照片和影像记录

每块预制剪力墙灌浆完成后，待每一个出浆孔都有浆料溢流出灌浆料后，进行拍照或视频录像。留作影像资料，并随隐蔽验收的检验批上报主管部门。

4.3.3.7 旁站记录

灌浆前应告知监理单位，施工时应有监理单位人员进行旁站。施工单位需填写“灌浆质量控制记录表”。进行灌浆作业时应及时做好施工质量检查记录，留存影像资料，如图 4-10 所示。

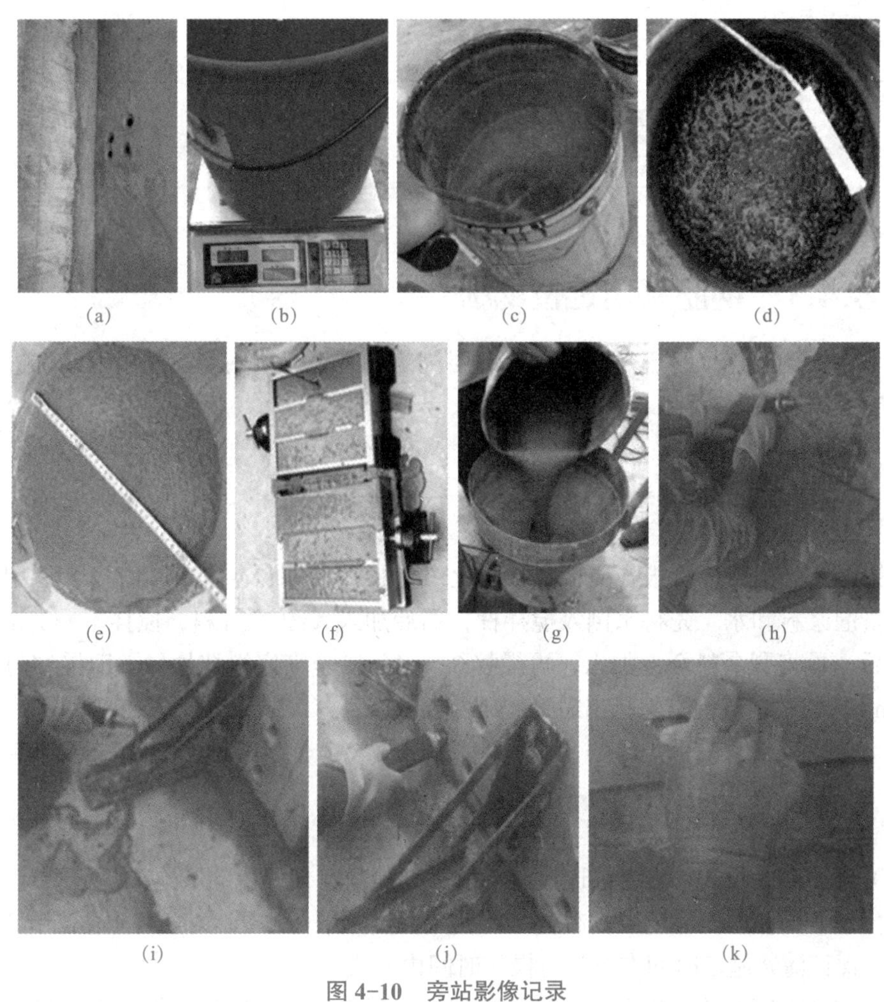

图 4-10　旁站影像记录

(a) 墙边堵缝；(b) 计量拌合用水；(c) 搅拌灌浆料＞ 5 min；(d) 胶料静沉＞ 2 min；
(e) 流动度测试≥ 300 mm；(f) 试块留置；(g) 灌浆料进泵；(h) 泵出湿润水；
(i) 线状浆液流出；(j) 开始灌浆；(k) 堵头封堵溢浆孔

4.3.3.8　现场问题处理

新工艺 L 型灌浆连接器确保灌浆施工饱满密实

根据现场的实际情况，针对现场常见问题以及处理方式见表 4-10。

表 4-10　现场常见问题以及处理方式

序号	问题	处理方式
1	灌浆机堵管	立即更换新的灌浆油管。堵塞的油管利用高压水枪冲洗干净，放置一边晾干
2	封堵失效，出现漏浆（点漏）	利用嵌缝料干粉撒在漏点上，用手进行压实过 2 ~ 3 min 即可
3	封堵失效，大面积漏浆	利用电镐将封堵的嵌缝料全部凿除。利用高压水枪对中套筒的灌浆孔进行冲洗。直至冲出清水。单独记录，重新封堵二次灌浆
4	灌浆完成后不密实	利用手动的灌浆胶枪，二次进行单孔灌浆

4.3.4 施工要点

4.3.4.1 钢筋采用定位钢板

为了保证套筒连接钢筋定位精确，每层浇筑混凝土时所用套筒连接钢筋都进行钢板定位，确保钢筋精度。

4.3.4.2 严格控制浆料配比

严格按产品出厂检验报告要求得水料比（如 12%，即 12 g 水 +100 g 干料）用电子秤分别称量灌浆料和水。先将水倒入搅拌桶，然后加入大约 70% 料，搅拌 1 ～ 2 min 至大致搅匀后，再将剩余料全部加入，再搅拌 3 ～ 4 min 至彻底搅拌均匀。搅拌均匀后静置 2 ～ 3 min，使浆内气泡自然排出后再使用。

4.3.4.3 同步落实现场实验

（1）流动度检验。每班灌浆连接施工前进行灌浆料初始流动度检验，记录有关参数，流动度合格方可使用。环境温度超过产品使用温度上限（35 ℃）时，须做实际可操作时间检验，保证灌浆施工时间在产品可操作时间内完成。

（2）现场强度检验。根据需要进行现场抗压强度检验。制作试件前灌浆料也需要静置 2 ～ 3 min，使浆内气泡自然排出。试块要密封后现场同条件养护。

4.3.4.4 重点把握过程控制

同一仓只能在一个灌浆孔灌浆，不能同时选择两个以上孔灌浆。

同一仓应连续灌浆，不得中途停顿。如果中途停顿，再次灌浆时，应保证已灌入的灌浆料有足够的流动性后，还需要将已经封堵的出浆孔打开，待灌浆料再次流出后逐个封堵出浆孔。

4.3.4.5 及时进行漏浆处理

通过水平缝连通腔一次向构件的多个接头灌浆时，应按灌浆料排出的先后顺序依次封堵出浆孔，封堵时灌浆泵（枪）一直保持灌浆压力，直至所有出浆孔出浆并封堵牢固后再停止灌浆。如有漏浆，须立即补灌损失的灌浆料。

4.3.4.6 随时做好充盈检验

灌浆料凝固后，取下灌出浆孔封堵胶塞，检查孔内凝固的灌浆料上表面应高于出浆孔下缘 5 mm 以上。

4.3.4.7 低温施工保证措施

环境温度在 5 ℃以下时，联系厂家配送低温专用灌浆料。低温灌浆后，应将预制构件灌浆部位加热到 5 ℃以上并保温 24 ～ 72 h，防止接头内灌浆料结冰。

4.3.4.8 高温施工保证措施

环境温度在 30 ℃以上时，现场需要降低一次拌合灌浆料数量，做到随拌随用，并适当增加 1% 的含水量，当气温超过 35 ℃时需要适量增加碎冰块降温，拌合时需保证冰块全部消融，含水率计算需考虑冰块。

4.3.4.9 施工完成成品保护

预制构件扰动和拆支撑模架条件为：灌浆后灌浆料同条件试块强度达到 35 MPa 后方可进入下一道工序施工。通常，环境温度在 15 ℃以上，2 h 内预制构件不得受扰动；环境温度为 5 ～ 15 ℃，48 h 内预制构件不得受扰动；环境温度在 5 ℃以下，须对构件接头部位加热保持在 5 ℃以上至少 48 h，期间预制构件不得受扰动。

4.3.4.10 灌浆施工全程摄像

每块预制剪力墙安装时施工管理人员全程摄像，留下影像资料。确保不存在套筒连接钢筋偏位后人为割除而破坏结构的情况。

任务小结

正式灌浆施工前，应对灌浆孔和出浆孔逐个清理，确保孔路畅通。灌浆泵（枪）从接头下方的灌浆孔处向套筒内压力灌浆，按浆料排出先后顺序依次封堵灌浆孔和出浆孔，封堵时灌浆泵（枪）一直保持灌浆压力，直至所有灌 / 出浆孔出浆并封堵牢固后再停止灌浆。同一仓只能在一个灌浆孔灌浆，并应连续灌浆。在灌浆施工前先用清水对灌浆机进行冲洗，确保灌浆机使用正常。灌浆施工全程摄像记录，施工时应有专门人员进行旁站监理，并做好施工质量检查记录，留存影像资料。

课后练习题

一、理论题

（1）【单选题】灌浆连接施工时，灌浆时间（　　）min。

A．≥ 30　　B．≤ 30　　C．≥ 40　　D．≤ 40

（2）【单选题】预制构件与后浇混凝土、灌浆料、坐浆材料的结合面应设置粗糙面、键槽，以下规定说法错误的是（　　）。

A．预制板与后浇混凝土叠合层之间的结合面应设置粗糙面

B．预制剪力墙的顶部和底部与后浇混凝土的结合面应设置粗糙面；侧面与后浇混凝土的结合面应设置粗糙面，也可设置键槽；键槽深度 t 不宜小于 20 mm，宽度 w 不宜小于深度的 3 倍且不宜大于深度的 10 倍。键槽间距宜等于键槽宽度，键槽端部斜面倾角不宜大于 30°

C．预制柱的底部应设置键槽且宜设置粗糙面，键槽应均匀布置，键槽深度不宜小于 30 mm，键槽端部斜面倾角不宜大于 30°。柱顶应设置粗糙面

D．粗糙面的面积不宜小于结合面的 70%，预制板的粗糙面凹凸深度不应小于 4 mm，预制梁端、预制柱端。预制墙端的粗糙面凹凸深度不应小于 6 mm

（3）【单选题】灌浆套筒应符合现《钢筋连接用灌浆套筒》（JG/T 398—2019）的有关规定。连接钢筋为 ϕ25 时，灌浆套筒灌浆端最小内径宜为（　　）mm。

A．35　　B．45　　C．50　　D．55

（4）【单选题】灌浆料宜在加水后（　　）min 内用完。

A．25　　B．30　　C．35　　D．40

（5）【判断题】全灌浆套筒的两端分别是非灌浆端和灌浆端。（　　）

（6）【判断题】灌浆施工时环境温度不宜低于 5 ℃。当连接部位养护温度低于 5 ℃时，应采取加热保温措施。（　　）

二、实训题

1. 任务描述

在“1+X 装配式建筑构件制作与安装职业技能等级证书”考核平台完成预制构件的灌浆施工任务（表 4–11）。

灌浆施工四色严线

表 4–11　“四色严线”灌浆施工任务单

任务名称	灌浆施工		
1 号指挥员	姓名	班级	小组编号
2 号主操员	姓名	班级	小组编号

续表

任务名称	灌浆施工		
3号助理员	姓名	班级	小组编号
4号质检员	姓名	班级	小组编号
5号考评员	姓名	班级	小组编号
施工平台	 图1　1+X灌浆施工考核平台		
施工图纸	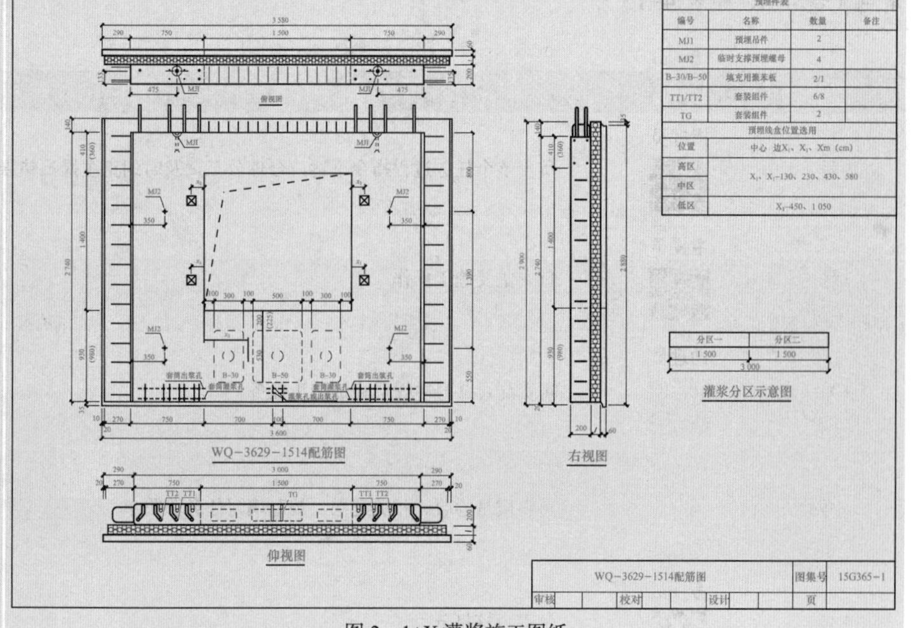 图2　1+X灌浆施工图纸		

续表

任务名称	灌浆施工		
施工要求	1. 合理分工，团队协作； 2. 完成灌浆料的制作，其中包括灌浆检查、注浆操作、施工记录和工具清理四个任务； 3. 正确填写灌浆料制作及检测施工任务单		
施工项目			
序号	项目名称	工具名称	质量评价
1	灌浆检查		
2	注浆操作		
3	施工记录		
4	工具清理		
审核企业	审核人签字		

2. 任务分析

重点：

（1）灌浆的施工流程。

（2）灌浆的施工要点。

难点：

如何确保饱满密实。

3. 任务考核

考核对标“1+X 标准”，随机确定角色。当学生在相邻任务抽到相同角色时，则与编号大的同学调换角色，例如：A 同学连续两次抽到质检员，第二次时，就与考评员交换角色（表 4-12 和表 4-13）。

表 4-12 岗位任务的角色职责

号码	对应角色	角色职责
1 号	指挥员	负责整个任务过程指令下达，合理分工，及时纠正主操员错误操作
2 号	主操员	负责主要施工操作
3 号	助理员	负责配合 2 号主操员完成施工任务
4 号	质检员 Q	负责质量验收、相关记录、规范填写任务验收单
5 号	考评员	负责考核打分

表 4-13 “四色严线”灌浆施工考评单

考核项目	灌浆施工			
5 号考评员	姓名	班级	小组编号	
考核对象小组编号				
评价内容	配分	考核标准	“四色严线”培养目标	得分
职业素养				
佩戴安全帽	5	①内衬圆周大小调节到头部稍有约束感为宜。 ②系好下颚带，下颚带应紧贴下颚，松紧以下颚有约束感，但不难受为宜。 ③均满足以上要求可得 5 分，否则总分计 0 分	安全意识	
穿戴工装、手套	5	①劳保工装做的“统一、整齐、整洁”，并做的“三紧”，即领口紧、袖口紧、下摆紧，严禁卷袖口、卷裤腿等现象。 ②必须正确佩戴手套，方可进行实操考核。 ③均满足以上要求可得 5 分，否则总分计 0 分	安全意识	
安全操作	5	①操作过程中严格按照安全文明生产规定操作，无恶意损坏工具、原材料且无因操作失误造成人员伤害等行为。 ②均满足以上要求可得 5 分，否则总分计 0 分	安全意识	
场地清理	5	①设备清洗是否干净、工具清洗是否干净、场地清洗是否干净。 ②每漏一项扣 5 分	环保意识	
职业能力				
湿润灌浆泵	4	正确使用工具（灌浆泵、塑料勺）和材料（水），将水倒入灌浆泵进行湿润，并将水全部排出	规范意识	
倒入灌浆料	4	正确使用工具（灌浆泵、搅拌容器），将灌浆料倒入灌浆泵	规范意识	
排出前端灌浆料	4	正确使用工具（灌浆泵），由于灌浆泵内有少量积水，因此需排出前端灌浆料	规范意识	
选择灌浆孔	4	正确使用工具（灌浆泵），选择下方灌浆孔，一仓室只能选择一个灌浆孔，其余为排浆孔，中途不得换灌浆孔	规范意识	
灌浆	4	正确使用工具（灌浆泵），灌浆时应连续灌浆，中间不得停顿	规范意识	
封堵排浆孔	5	正确使用工具（铁锤）和材料（橡胶塞），带排浆孔流出浆料并成圆柱状时进行封堵	规范意识	

续表

考核项目	灌浆施工			
保压	5	正确使用工具（灌浆泵），待排浆孔全部封堵后保压或慢速保持约 30 s，保证内部浆料充足	规范意识	
封堵灌浆孔	5	正确使用工具（铁锤）和材料（橡胶塞），待灌浆泵移除后迅速封堵灌浆孔	规范意识	
工作面清理	5	正确使用工具（扫把、抹布），清理工作面，保持干净	规范意识	
称量剩余灌浆料	5	正确使用工具（灌浆泵、电子秤、小盆），将浆料排入小盆，称量质量（注意去皮）	规范意识	
设备拆除	5	操作吊装设备将灌浆上部构件吊至清洗区	规范意识	
工具入库	5	将工具放置原位置	规范意识	
初始流动度 ≥ 300 mm	5	流动性符合要求得 5 分，若不满足要求则总分计不及格	质量意识	
是否饱满	5	饱满性符合要求得 5 分，若不满足要求则总分计不及格	质量意识	
是否漏浆	5	无漏浆则视为符合要求得 5 分，若不满足要求则总分计不及格	质量意识	
灌浆施工记录表	5	如实记录灌浆情况则得 5 分，若存在弄虚作假则总分计不及格	质量意识	
灌浆料剩余量 ≤ 1 kg	5	灌浆料剩余用量不超过 1 kg，满足以上条件可得 5 分，否则不得分	环保意识	
总得分				

项目5

预制构件连接施工

任务5.1 后浇节点连接

1. 知识目标

（1）掌握钢筋绑扎的要求及方法；

（2）掌握钢筋节点类型；

（3）掌握装配式建筑各节点钢筋施工工艺、质量验收标准。

2. 技能目标

（1）能根据施工方案正确完成常用节点识图及钢筋用量计算；

（2）能根据施工图纸正确完成节点钢筋施工及质量验收。

3. 素质目标

（1）培养预制构件钢筋施工过程中的安全、质量、环保、规范意识；

（2）养成吃苦耐劳的劳动精神、勇于创新的创新精神，培养立志科技强国的家国情怀；

（3）树立严格按照标准要求作业，注重效率、精益求精的工匠精神。

4. 素养提升

全国道德模范艾爱国三十年如一日，以“当工人就要当好工人”为座右铭。从进厂那天起，他白天认真学艺，晚上刻苦学习专业知识，长期勤学苦练，系统地阅读了《焊接工艺学》《现代焊接新技术》等100多本科技书籍，掌握了较扎实的专业理论知识，练就了一手过硬的绝活。他舍得吃苦、不怕吃亏、刻苦钻研，攻克焊接技术难关400多个，改进工艺100多项，尤其是在焊接难度最高的紫铜、铝镁合金、铸铁焊接等方面有精深造诣。

把艾爱国在焊接工艺上刻骨钻研、精益求精的精神传授给学生，要求钢筋节点施工也要做到精益求精。

5.1.1 熟悉施工

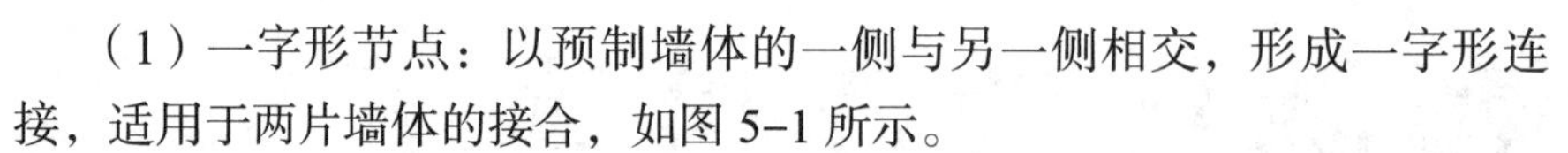

5.1.1.1 后浇节点的主要形式

节点类型

常见的后浇节点主要有以下三种形式。

（1）一字形节点：以预制墙体的一侧与另一侧相交，形成一字形连接，适用于两片墙体的接合，如图5-1所示。

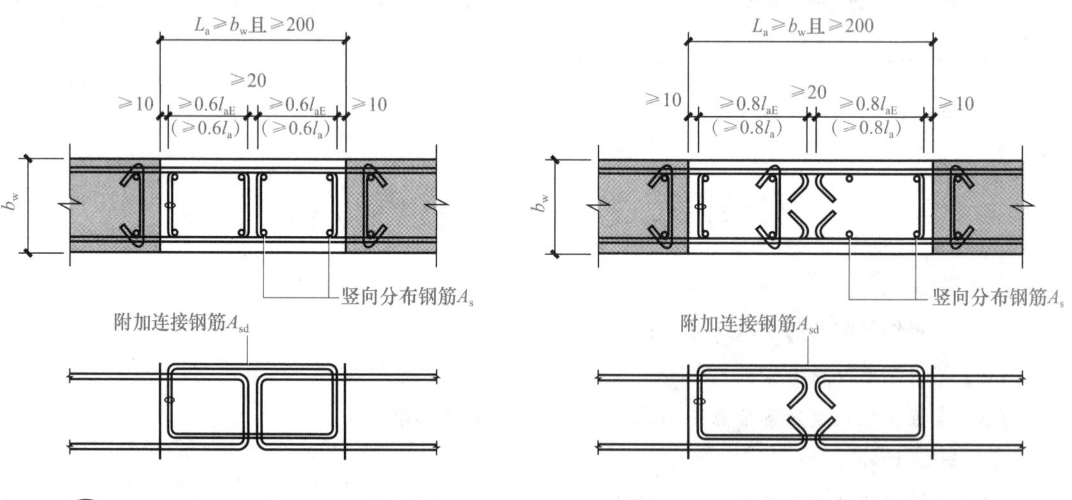

图5-1　一字形节点

L形节点识图

（2）L形节点：墙体呈L形连接，通常用于室内外交界处或需要拐角设计的场合，如图5-2所示。

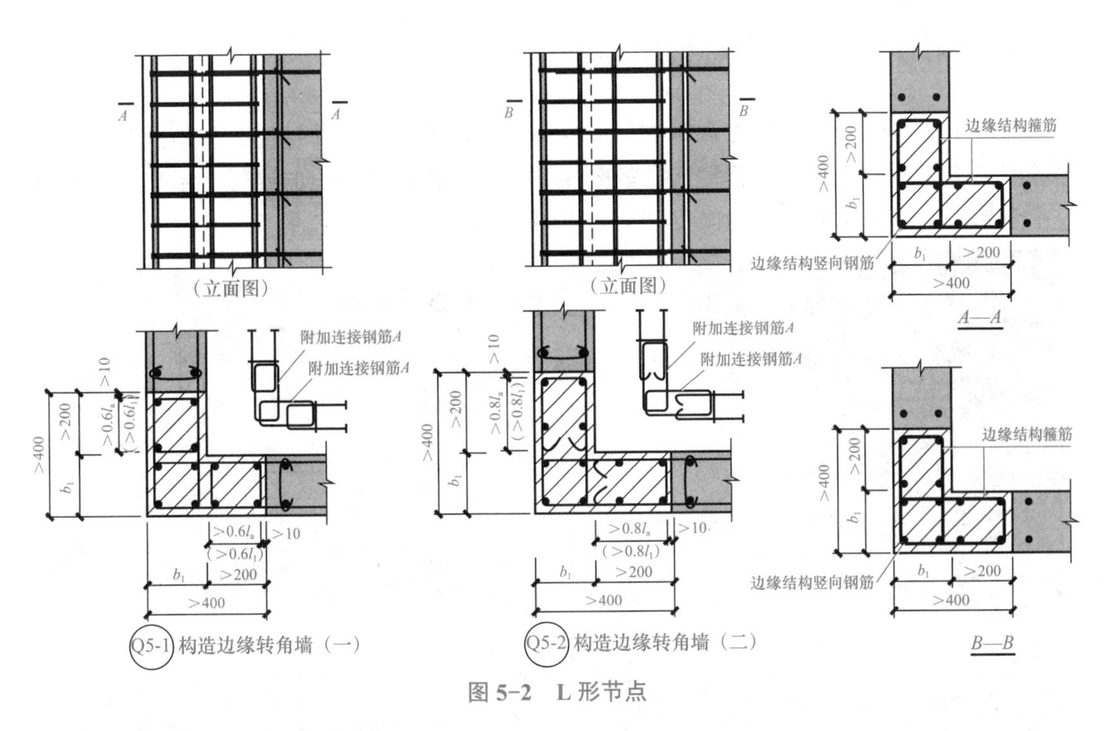

图 5-2　L 形节点

（3）T 形节点：一片墙体在另一片墙体上方，形成 T 形连接，常见于建筑结构的平面设计，如图 5-3 所示。

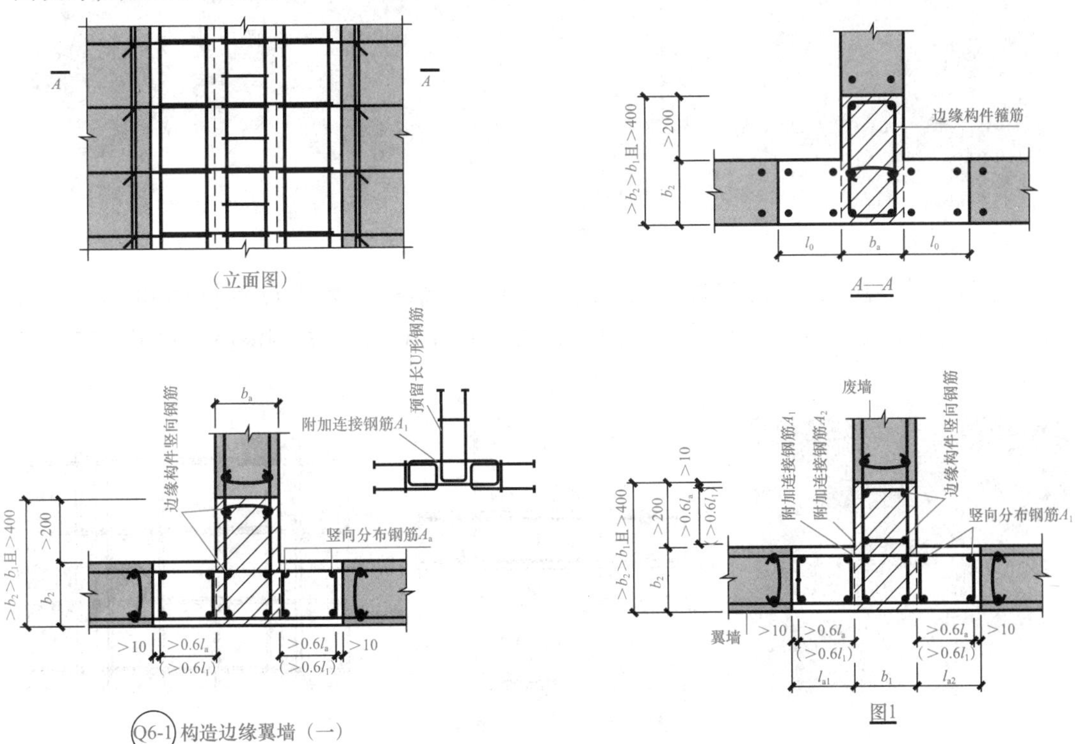

图 5-3　T 形节点

项目 1
项目 2
项目 3
项目 4
项目 5

5.1.1.2　后浇带节点构造要求

预制剪力墙的顶面、底面和两侧面应处理为粗糙面或者制作键槽，与预制剪力墙连接的圈梁上表面也应处理为粗糙面，如图 5-4 所示。粗糙面露出的混凝土粗集料粒径不宜小于其最大粒径的 1/3，且粗糙面凹凸不应小于 6 mm。

图 5-4　预制构件键槽和粗糙面

边缘构件应现浇，现浇段内按照现浇混凝土结构的要求设置箍筋和纵筋。如图 5-5 所示，预制剪力墙的水平钢筋应在现浇段内锚固，或者与现浇段内水平钢筋焊接或搭接。

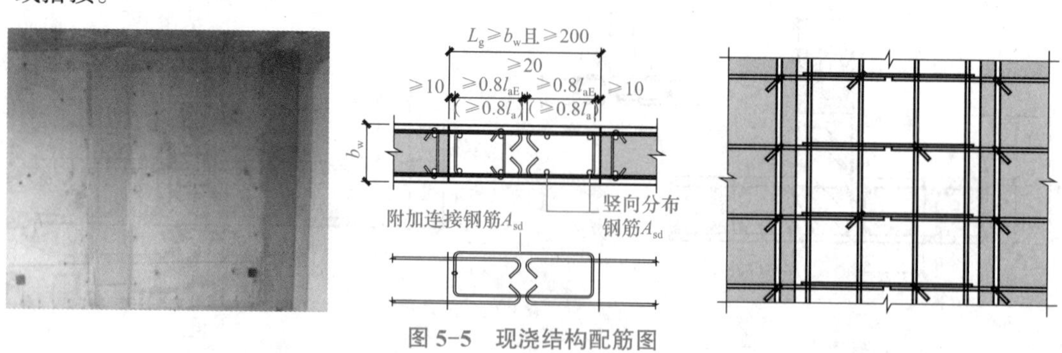

图 5-5　现浇结构配筋图

装配整体式混凝土结构竖向构件安装完成后应及时穿插进行边缘构件后浇带的钢筋和模板施工，并完成后浇混凝土施工。图 5-6 所示为现浇节点钢筋连接。

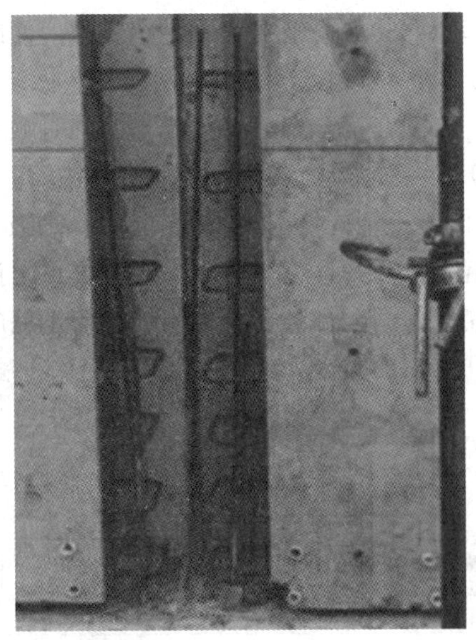

图 5-6　现浇节点钢筋连接

5.1.1.3　钢筋施工步骤

1. 在预制板上标明封闭箍筋位置

在预制板上标明封闭箍筋的具体位置，预先将箍筋按设计要求放置并交叉，以确保后续施工的准确性。

2. 校正竖向连接钢筋

首先对预留的竖向连接钢筋位置进行校正，确保其位置准确，然后连接上部竖向钢筋，注意保持垂直度和水平度。

3. 清理叠合板表面

在叠合构件叠合层进行钢筋绑扎前，清理叠合板上的杂物，确保绑扎过程中的钢筋间距符合设计要求。

4. 钢筋绑扎过程

按照设计要求，进行钢筋的弹线和绑扎。对于上部受力钢筋带弯钩的情况，确保弯钩向下摆放，以提高受力性能。注意搭接和间距，确保钢筋的连接牢固。

5. 避免局部钢筋堆载过大

在整个绑扎过程中，要特别注意避免局部钢筋堆载过大，这可能导致节点部位承受不均匀的力，影响整体结构的稳定性。

5.1.1.4　钢筋施工的注意事项

预制墙板连接部位宜先校正水平连接钢筋，后安装箍筋套，待墙体竖向钢筋连接完成后，绑扎箍筋，连接部位加密区的箍筋宜采用封闭箍筋；装配整体式混凝土结构后浇混凝土节点间的钢筋施工除满足本任务前面的相关规定外，还需要注意以下问题。

（1）后浇混凝土节点间的钢筋安装做法受操作顺序和空间的限制与常规做法有很大的不同，必须在符合相关规范要求的同时顺应装配整体式混凝土结构的要求。

（2）装配混凝土结构预制墙板间竖缝（墙板间混凝土后浇带）的钢筋安装做法按《装配式混凝土结构技术规程》（JGJ 1—2014）的要求"……约束边缘构件……宜全部采用后浇混凝土，并且应在后浇段内设置封闭箍筋。"

预制墙板间构件竖缝有加附加连接钢筋的做法，如果竖向分布钢筋按搭接做法预留，封闭箍筋或附加连接（也是封闭）钢筋均无法安装，只能用开口箍筋代替。

5.1.2 施工准备

5.1.2.1 材料准备

光圆钢筋：HPB300级钢筋（Q300钢钢筋）均轧制为光面圆形截面，供应形式有盘圆，直径不大于10 mm，长度为6～12 m；带肋钢筋：有螺旋形、人字形和月牙形三种，一般HRB335级、HRB400级钢筋轧制成人字形，HRB500级钢筋轧制成螺旋形及月牙形。

5.1.2.2 工具准备

1. 劳保用品

工作服、安全帽、安全绳、手套。

2. 施工工具

钢丝、套筒、扎钩等。

为剪力墙钢筋连接工具清单见表5-1。

表5-1 剪力墙钢筋连接工具清单

工具名称	实物图片	工具名称	实物图片
凿子		靠尺	

续表

工具名称	实物图片	工具名称	实物图片
直螺纹套筒		扎钩	
钢筋保护层垫块		钢卷尺	

5.1.3 施工工艺

5.1.3.1 钢筋布置

钢筋节点施工工艺

1. 竖向钢筋布置

首先确定连接方式是绑扎搭接还是直螺纹连接，然后依次完成竖向钢筋的布置，若为绑扎搭接，则用钢筋绑扎的方法将竖向钢筋与底部连接筋进行绑扎搭接，若为直螺纹套筒连接，则采用直螺纹套筒将竖向钢筋与底部连接筋相连。要求钢筋位置满足图纸要求。一字形节点、L形节点、T形节点的钢筋连接如图5-7所示。

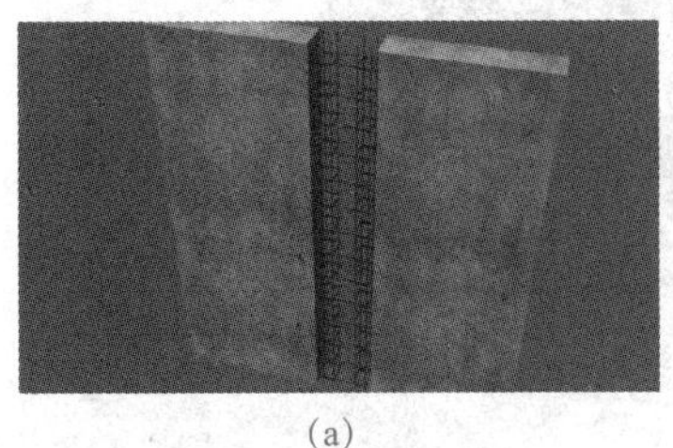

(a)

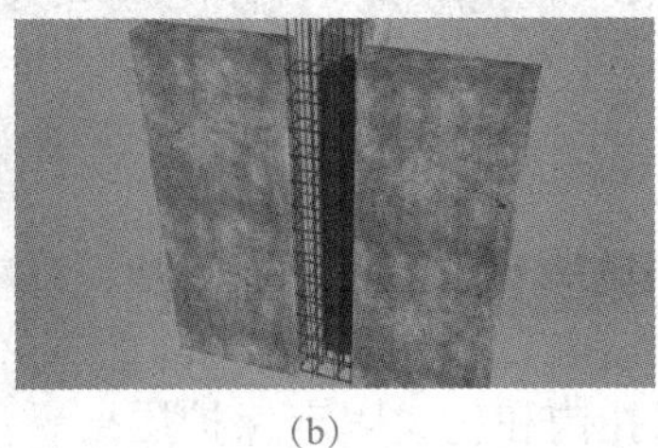

(b)

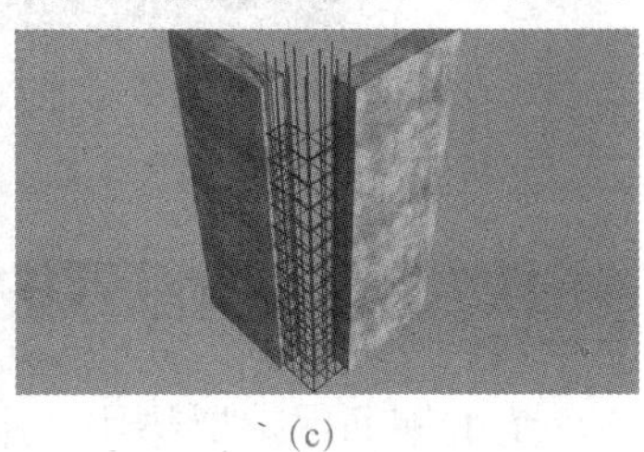

(c)

图5-7 不同类型节点钢筋连接
(a)一字形节点；(b)L形节点；(c)T形节点

2. 水平箍筋布置

根据图纸将水平钢筋摆放指定位置，并用工具（扎钩、镀锌铁丝）临时固定，要求箍筋间距、位置满足图纸要求。

《混凝土结构工程施工规范》（GB 50666—2011）规定，箍筋的弯钩方向应沿纵向受力钢筋方向错开设置，一般可以设置成沿纵向钢筋按顺时针方向或逆时针方向顺序排布，如图5-8所示。

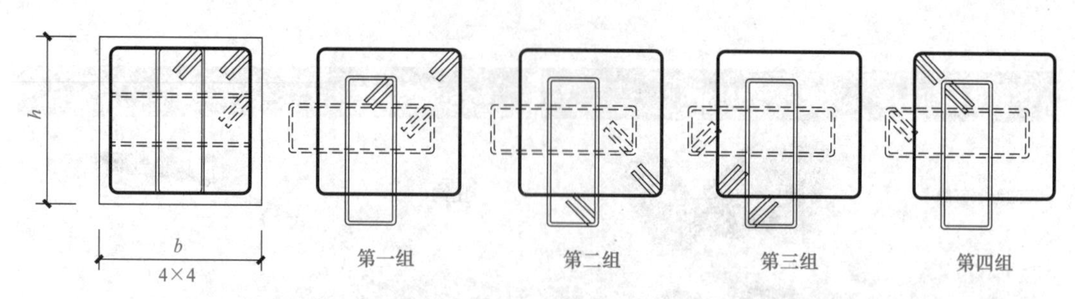

图 5-8 相邻四组箍筋弯钩排布规则

5.1.3.2 钢筋绑扎

进行二次绑扎时，使用扎钩和扎丝依次将水平箍筋和竖向钢筋绑扎在一起，要求绑扎操作规范、牢固，相邻绑扎点的扎丝扣成八字扣。采用这种绑扎方法，钢筋比较牢固，不容易移位和滑动，避免钢筋骨架歪斜变形。扎丝收口朝向钢筋内部，避免扎伤，如图 5-9 所示。

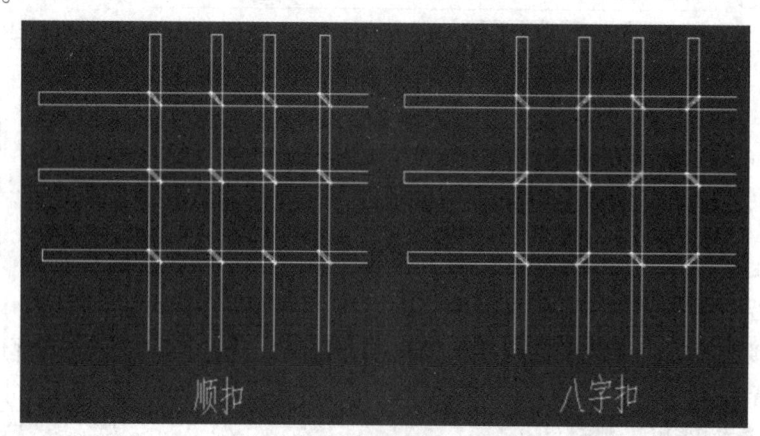

图 5-9 钢筋绑扎方法

5.1.3.3 钢筋保护层垫块放置及固定

垫上钢筋保护层垫块，用扎钩和扎丝固定保护层垫块，两个垫块间距为 500 mm 左右，如图 5-10 所示。

图 5-10 钢筋保护层垫块放置及固定

5.1.3.4 钢筋隐蔽工程验收

1. 钢筋绑扎牢固检验

手动检查钢筋绑扎牢固程度，要求绑扎牢固、无松动，相邻绑扎点的扎丝扣成八字扣，扎丝收口朝向钢筋内部。

2. 钢筋间距检验

用钢卷尺检查钢筋间距，要求与图纸误差范围小于 10 mm。

3. 钢筋保护层垫块间距检验

用钢卷尺检查钢筋保护层垫块间距，要求两个保护层垫块之间的间距为 500 mm 左右，误差小于 10 mm。

5.1.4 施工要点

5.1.4.1 钢筋识图及选择

1. 使用工具

图纸及钢筋。

2. 操作标准

（1）正确识读节点钢筋图纸，获得钢筋规格、形状、数量、长度、间距等信息，编制正确的钢筋下料单。

（2）根据钢筋下料单选择正确的钢筋规格、形状、数量、长度等。

3. 质量标准

选取钢筋类型及直径符合要求视为合格，否则为不合格。

5.1.4.2 钢筋及工作面处理

1. 使用工具

图纸及钢筋。

2. 操作标准

（1）正确使用钢丝刷完成钢筋除锈，钢筋无锈蚀情况。

（2）正确使用卷尺对每个钢筋进行长度测量，对不符合要求的钢筋用角磨机切割。

（3）正确使用靠尺对每个钢筋进行两个方向（90° 夹角）检查，对不符合要求的钢筋用钢管进行矫正。

（4）工作面凿毛深度应达集料新面，且应均匀、平整。在凿毛的同时，尚应凿除原截面的棱角。

（5）凿毛完成后，用扫把清扫工作面，清除已松动的集料、浮渣和粉尘，保持工作面干净清洁，使用喷壶对工作面进行洒水湿润。

（6）使用橡塑棉条材料，根据图纸沿预制剪力墙缝填充橡塑棉条。

3. 质量标准

所有项目质量评价均为合格，则后浇带连接施工钢筋及工作面处理质量综合评价为合格，否则为不合格。

5.1.4.3 钢筋连接

1. 使用工具

图纸、卷尺、垫块和扎丝。

2. 操作标准

（1）根据图纸，识读并选择正确规格的水平钢筋和竖向钢筋，确定钢筋位置及间距。

（2）按照图纸布置水平箍筋及竖向钢筋，要求箍筋间距、钢筋位置满足图纸要求，水平箍筋采用绑扎进行临时固定，竖向钢筋采用直螺纹套筒连接。

（3）进行二次绑扎，依次将水平箍筋和竖向钢筋绑扎在一起，要求绑扎操作规范、牢固。相邻绑扎点的扎丝扣成八字扣，扎丝收口朝向钢筋内部，避免扎伤。

（4）垫上钢筋保护层垫块，两个垫块间距为 500 mm 左右。

3. 质量标准

所有项目质量评价均为合格，则后浇带连接施工钢筋及工作面处理质量综合评价为合格，否则为不合格。

5.1.4.4 钢筋隐蔽工程验收

1. 使用工具

卷尺。

2. 操作标准

（1）手动检查钢筋绑扎牢固程度，要求绑扎牢固、无松动，相邻绑扎点的扎丝扣成八字扣，扎丝收口朝向钢筋内部。

（2）用卷尺检查钢筋间距，要求与图纸误差范围小于 10 mm。

（3）用卷尺检查钢筋保护层垫块间距，要求两个保护层垫块的间距为 500 mm 左右，误差范围小于 10 mm。

3. 质量标准

所有项目质量评价均为合格，则后浇带连接施工钢筋连接质量综合评价为合格，否则为不合格。

任务小结

常见的后浇节点主要有一字形节点、L 形节点和 T 形节点三种形式。在进行节点钢筋连接施工之前，需要识读节点钢筋图纸，选择正确钢筋类型，要对钢筋进行除锈和垂直度检查处理。节点钢筋连接施工主要流程包括钢筋布置、钢筋绑扎、钢筋保护层垫块放置及固定、钢筋隐蔽工程验收等。

课后练习题

一、理论题

（1）【单选题】装配式混凝土结构节点设计中，螺栓连接属于（　　）。

A．干式连接　　B．齿连接　　C．整体式连接　　D．齿板连接

（2）【单选题】预制墙板现浇节点区的（　　）是施工的重点。

A．模板支设　　B．钢筋绑扎　　C．混凝土浇筑　　D．钢筋连接

（3）【单选题】如果预制梁、柱混凝土强度等级不同时，预制梁柱节点区混凝土应按（　　）的混凝土浇筑。

A．强度等级低　　B．强度的平均值　　C．强度的中间值　　D．强度等级高

（4）【多选题】为了保证节点区模板支设的可靠性，通常采用在预制构件上预留（　　）等连接方式。

A．螺母　　B．预埋件　　C．孔洞　　D．支架

（5）【多选题】我国现行普遍应用的装配式建筑预制剪力墙搭接节点方式是（　　）。

A．钢筋套筒连接　　B．浆锚连接

C．螺栓连接　　D．混凝土后浇带

二、实操题

1. 任务描述

在“1+X 装配式建筑构件制作与安装职业技能等级证书”考核平台完成节点钢筋连接施工任务（表 5-2）。

表 5-2 “四色严线”节点钢筋连接施工任务单

任务名称	节点钢筋连接施工		
1 号指挥员	姓名	班级	小组编号
2 号主操员	姓名	班级	小组编号
3 号助理员	姓名	班级	小组编号
Q 4 号质检员	姓名	班级	小组编号

续表

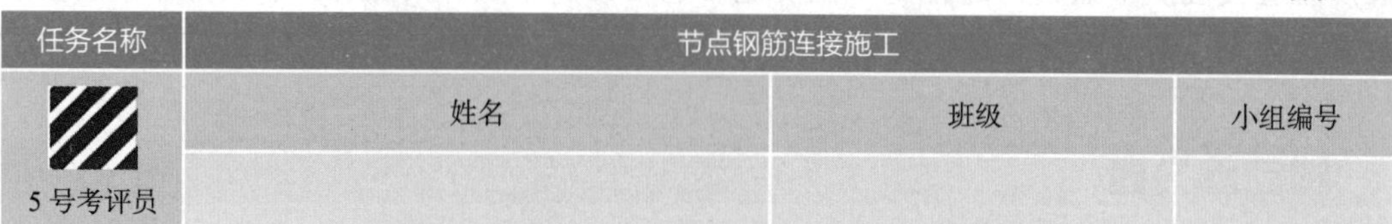

任务名称	节点钢筋连接施工		
5 号考评员	姓名	班级	小组编号

施工平台

图 1　1+X 节点钢筋连接操作平台

施工图纸

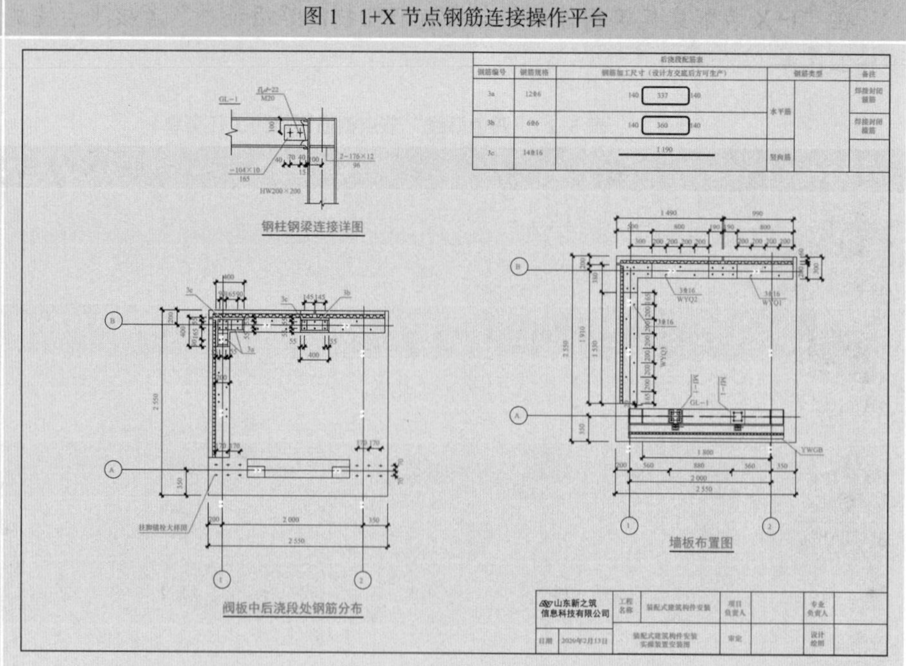

图 2　节点钢筋连接图纸

续表

任务名称	节点钢筋连接施工		
施工要求	1．合理分工，团队协作； 2．完成钢筋连接施工，其中包括钢筋识图及选择、钢筋及工作面处理、钢筋连接、钢筋隐蔽工程验收四个任务； 3．正确填写节点钢筋施工任务单		
施工项目			
序号	项目名称	工具名称	质量评价
1	钢筋识图及选择		
2	钢筋及工作面处理		
3	钢筋连接		
4	钢筋隐蔽工程验收		
审核企业		审核人签字	

2. 任务分析

重点：

（1）节点连接施工流程。

（2）钢筋摆放及绑扎方法。

难点：

钢筋绑扎质量。

3. 任务考核

考核对标“1+X标准”，随机确定角色。当学生在相邻任务抽到相同角色时，则与编号大的同学调换角色，例如：A同学连续两次抽到质检员，第二次时，就与考评员交换角色（表5-3）。

表5-3 岗位任务的角色职责

号码	对应角色	角色职责
1号	指挥员	负责整个任务过程指令下达，合理分工，及时纠正主操员错误操作
2号	主操员	负责主要施工操作
3号	助理员	负责配合2号主操员完成施工任务

续表

号码	对应角色	角色职责
4号	质检员 Q	负责质量验收、相关记录、规范填写任务验收单
5号	考评员	负责考核打分

对标职业岗位职业，分角色编制任务考核单，明确每一个角色的主要职业职责，培养学生的职业素养和职业意识。

1号指挥员：下达指令有误，给予扣分；人员安排不合理给予扣分，操作人员操作错误不制止，给予扣分。

2号主操员：不听从指令擅自施工，给予扣分；操作有误，给予扣分。

3号助理员：不配合主操员，给予扣分；施工过程操作有误，助理和员主操员一同扣分。

4号质检员：存在质量问题未发现，给予扣分；相关记录、填写任务验收单不合格，给予扣分。

5号考评员：完成考核单，对1～4号进行考核打分。

“四色严线”节点钢筋连接施工任务单见表5–4。

表5–4 “四色严线”节点钢筋连接施工任务单

考核项目	节点钢筋连接施工			
5号考评员	姓名	班级	小组编号	
考评对象	1号指挥员	考核对象小组编号		
评价内容	配分	考核标准	“四色严线”培养目标	得分
职业素养				
佩戴安全帽	5	①内衬圆周大小调节到头部稍有约束感为宜。 ②系好下颚带，下颚带应紧贴下颚，松紧以下颚有约束感，但不难受为宜。 ③均满足以上要求可得5分，否则总分计0分	安全意识	
穿戴工装、手套	5	①劳保工装做的“统一、整齐、整洁”，并做的“三紧”，即领口紧、袖口紧、下摆紧，严禁卷袖口、卷裤腿等现象。 ②必须正确佩戴手套，方可进行实操考核。 ③均满足以上要求可得5分，否则总分计0分	安全意识	

续表

考核项目	节点钢筋连接施工			
安全操作	5	①操作过程中严格按照安全文明生产规定操作，无恶意损坏工具、原材料且无因操作失误造成人员伤害等行为。 ②均满足以上要求可得5分，否则总分计0分	安全意识	
场地清理	5	①归还工具放置原位，分类明确，摆放整齐。 ②回收可再利用材料，放置原位，分类明确，摆放整齐。 ③场地和模台清洁干净，无垃圾。 ④每漏一项扣5分	环保意识	
职业能力				
钢筋识图	5	①识读图纸，获得钢筋规格、形状、数量、长度、间距等信息，编制正确的钢筋下料单。 ②均满足以上要求可得5分，否则总分计不及格	质量意识	
钢筋选择	5	①根据钢筋下料单选择正确的钢筋规格、形状、数量、长度等。 ②均满足以上要求可得5分，否则总分计不及格	质量意识	
连接钢筋除锈	5	正确使用工具（钢丝刷），对生锈钢筋处理，若没有生锈钢筋，则说明钢筋无须除锈	规范意识	
钢筋长度检查及校正	5	正确使用工具（钢卷尺、角磨机），对每个钢筋进行测量，对不符合要求钢筋指出，并用角磨机切割	规范意识	
钢筋垂直度检查及校正	5	正确使用工具（靠尺、钢管），对每个钢筋进行两个方向（90°夹角）测量，指出不符合要求钢筋，并用钢管校正	规范意识	
凿毛处理	5	正确使用工具（铁锤、錾子），对定位线内工作面进行粗糙面处理	规范意识	
工作面清理	5	正确使用工具（扫把），对工作面进行清理	规范意识	
洒水湿润	5	正确使用工具（喷壶），对工作面进行洒水湿润处理	规范意识	
接缝防水保温处理	5	正确使用材料（橡塑棉条），根据图纸沿板缝填充橡塑棉条	规范意识	
摆放水平钢筋	5	根据图纸将水平钢筋摆放指定位置，并用工具（扎钩、镀锌钢丝）临时固定	规范意识	
竖向钢筋与底部连接钢筋连接	5	首先确定连接方式是搭接还是直螺纹连接，假设为直螺纹连接，指挥主操人员依次安装竖向钢筋	规范意识	
钢筋绑扎	5	正确使用工具（扎钩）和材料（扎丝）依次绑扎钢筋连接处	规范意识	
固定保护层垫块	5	①正确使用工具（扎钩）和材料（扎丝、垫块）固定保护层垫块，一般垫块间距500 mm左右。 ②均满足以上要求可得5分，否则总分计不及格	质量意识	
钢筋牢固程度	5	手动检验钢筋是否牢固，并做记录	质量意识	

续表

考核项目	节点钢筋连接施工			
钢筋间距	5	①正确使用工具（钢卷尺）检验钢筋间距，根据图纸检查是否符合要求，并做记录。钢筋间距误差（10 mm，0）。 ②均满足以上要求可得 5 分，否则总分计不及格	质量意识	
保护层垫块间距	5	①正确使用工具（钢卷尺）检验间距是否符合要求，并做记录。垫块布置间距 500 mm，误差范围（10 mm，0）。 ②均满足以上要求可得 5 分，否则总分计不及格	质量意识	
总得分				

任务 5.2　模板安装

1. 知识目标

（1）掌握装配式建筑常用模板的特点；

（2）掌握装配式建筑模板施工工艺、质量验收标准。

2. 技能目标

（1）能根据施工方案正确完成常用模板选型及模板安装；

（2）能正确完成常用节点模板安装施工及质量验收。

3. 素质目标

（1）培养预制构件模板施工过程中的安全、质量、环保、规范意识；

（2）养成吃苦耐劳的劳动精神、勇于创新的创新精神，培养立志科技强国的家国情怀；

（3）树立严格按照标准要求作业，注重效率、精益求精的工匠精神。

4. 素养提升

2008 年 4 月 30 日，湖南省长沙市上河国际商业广场工程在施工过程中，发生一起模板坍塌事故，造成 8 人死亡、3 人重伤，直接经济损失为 339.4 万元。该事故的直接原因是天井顶盖模板支撑系统搭设材料不符合要求，据抽样检测，钢管力学性能试验合格率只有 22%，二直角扣件力学性能合格率只有 19.2%，对接扣件抗拉性能合格率为 70%，搭设不符合要求，横杆步距较大，未设置剪刀撑。“百年大计、质量为本”，装配式建筑施工员的核心职业素养就是质量意识，装配式建筑施工员的工作涉及千家万户的生命财产安全，严保工程质量是装配式建筑施工员必须坚守的道德底线。

5.2.1 熟悉施工

5.2.1.1 模板种类

模板按所用的材料不同，一般可分为木胶合板模板、竹胶合板模板、塑料模板、钢模板、铝模板等。其中，铝模板是建筑行业新兴起的绿色施工模板，因具有操作简单、施工快、回报高、环保节能、使用次数多、混凝土浇筑效果好、可回收等特点而被各建筑公司采用。

按施工工艺条件不同，模板可分为现场装拆式模板、固定式模板、移动式模板等。

按结构的类型不同，模板可分为基础模板、柱模板、梁模板、楼板模板、楼梯模板、墙模板、壳模板、烟囱模板等。

图 5-11 所示为不同材料的模板。

（a） （b） （c） （d）

图 5-11 不同材料的模板

（a）木模板；（b）竹胶合板模板；（c）组合钢板；（d）铝模板

5.2.1.2 现浇节点模板构造类型

根据现浇节点形式的不同，可以将现浇节点模板的构造类型分为一字形现浇节点模板、L 形现浇节点模板和 T 形现浇节点模板，如图 5-12 所示。

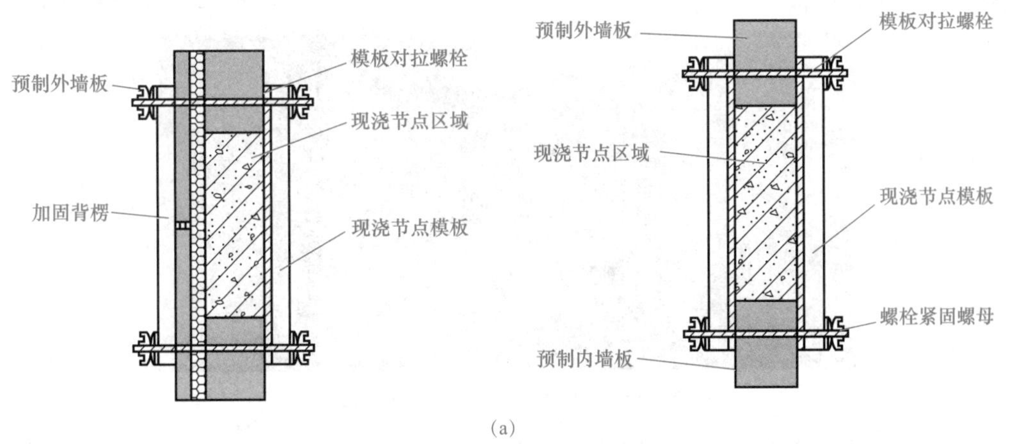

（a）

图 5-12 现浇节点模板示意

（a）一字形现浇节点模板

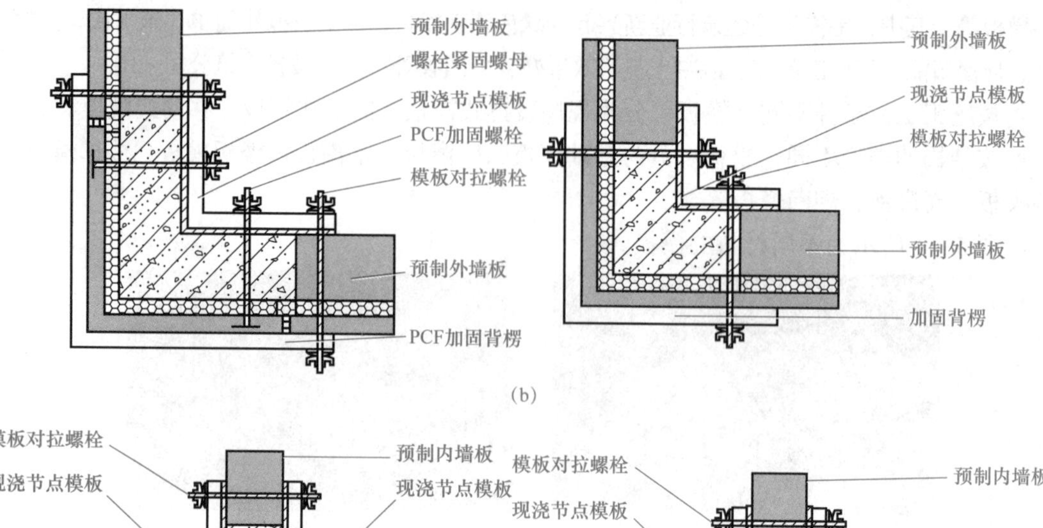

图 5-12　现浇节点模板示意（续）

(b) L 形现浇节点模板；(c) T 形现浇节点模板

5.2.1.3　模板选型

模板选型即选择模板的种类、构造类型及尺寸。图 5-13 所示为装配式建筑现浇节点模板。

图 5-13　装配式建筑现浇节点模板

模板种类可根据图纸设计说明或现场施工要求选择，一般多采用铝模板、木模板或组合钢板。如图 5-14 所示，有两处后浇节点需要选择模板，两面预制剪力墙之间后浇节点的连接需要选用一字形模板，预制剪力墙在转角处以后浇节点连接，应选用L形模板。

此外，还可以通过图纸标注尺寸确定所需模板的尺寸大小。

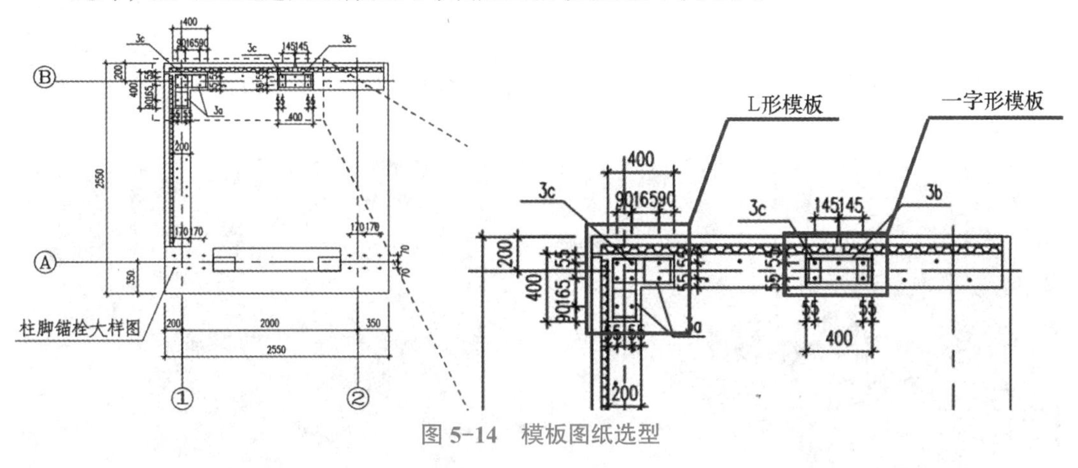

图 5-14　模板图纸选型

5.2.2 模板安装

5.2.2.1　模板安装工具

模板安装需要用到的工具有墨斗、防侧漏胶条、滚筒、脱模剂、背楞、对拉螺栓、扳手和卷尺等，如图 5-15 所示。

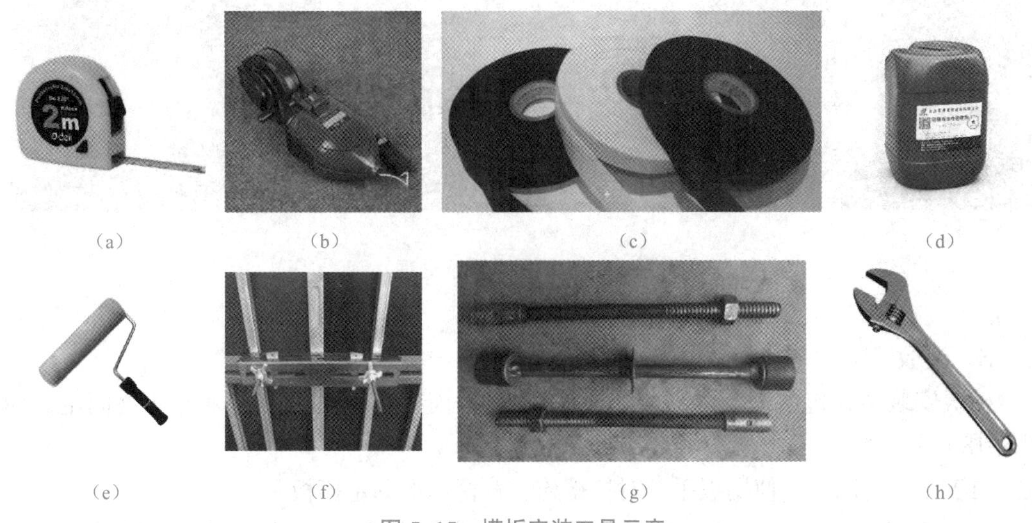

图 5-15　模板安装工具示意

（a）卷尺；（b）墨斗；（c）防侧漏胶条；（d）脱模剂；（e）滚筒；（f）背楞；（g）对拉螺栓；（h）扳手

5.2.2.2 模板安装工艺流程

模板安装流程

1. 模板定位画线

正确使用墨斗、卷尺，根据已有轴线或定位线引出 200 ～ 500 mm 控制线，如图 5-16 所示。

图 5-16　模板定位画线

2. 模板选型及处理

模板选型及处理主要包含三个内容，分别是粘贴防侧漏胶条、模板选型和粉刷脱模剂，如图 5-17 所示。

（1）粘贴防侧漏胶条：沿预制剪力墙后浇带连接侧周边及地面粘贴防侧漏胶条，要求粘贴平整、规则，其目的是防止后浇节点浇筑施工时混凝土从模板缝隙处漏出。

（2）模板选型：根据图纸选择正确模板，确定模板种类、构造类型和尺寸。

（3）粉刷脱模剂：正确使用滚筒在模板上涂刷脱模剂，要求均匀涂刷模板与混凝土接触面，其目的是浇筑施工完成后更好地脱模。

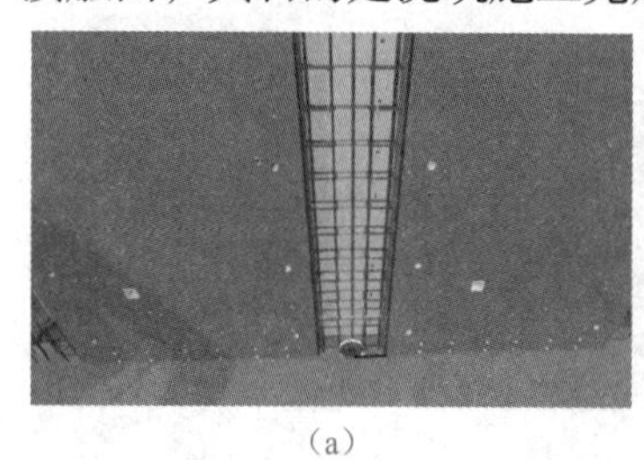
（a）

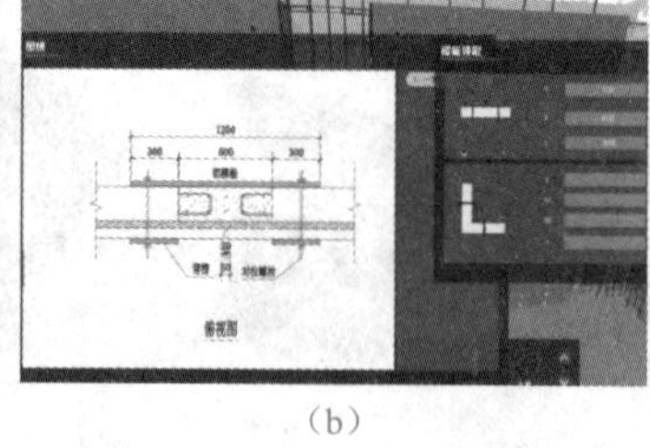
（b）

（c）

图 5-17　模板选型及处理

（a）粘贴防侧漏胶条；（b）模板选型；（c）粉刷脱模剂

3. 模板安装

模板安装主要包含三个内容，分别是模板初固定、模板位置矫正和模板终固定，如图 5-18 所示。

（1）模板初固定：使用扳手、对拉螺栓、背楞初次固定模板。

（2）模板位置矫正：使用钢卷尺检查模板安装位置是否符合要求，若误差大于 10 mm，则用橡皮锤校正。

（3）模板终固定：模板安装位置矫正完成后，使用扳手将对拉螺栓进行依次终拧，进行模板终固定。

图 5-18　模板安装

4. 模板隐蔽工程验收

模板隐蔽工程验收主要包含两个内容，分别是模板安装位置检查和模板安装牢固程度检查，如图 5-19 所示。

图 5-19　模板隐蔽工程验收

（1）模板安装位置检查：使用钢卷尺检查模板安装位置，要求与图纸相符，误差小于 10 mm。

（2）模板安装牢固程度检查：手动检查模板安装牢固程度，要求模板安装牢固、无松动。

在模板安装过程中，螺栓紧固时要注意，按先中间、后两边依次拧紧螺栓，一般分两段紧固，第一步拧 50% 左右的力矩，第二步拧 100% 的力矩，误差控制在 10% 之内。螺栓紧固顺序如图 5-20 所示。

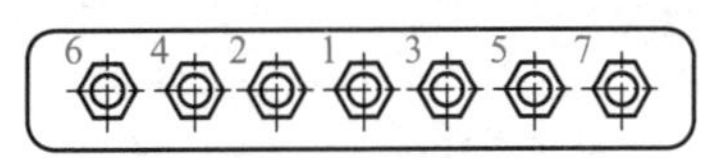

图 5-20　螺栓紧固顺序

任务小结

模板按所用的材料不同，一般可分为木胶合板模板、竹胶合板模板、塑料模板、钢模板、铝模板等；根据后浇节点形式的不同，可以将模板的构造类型分为一字形模板、L 形模板和 T 形模板；按施工工艺条件不同，模板可分为现场装拆式模板、固定式模板、移动式模板等；按结构的类型不同，模板可分为基础模板、柱模板、梁模板、楼板模板、楼梯模板、墙模板、壳模板、烟囱模板等。模板安装工艺流程为模板定位画线、模板选型及处理、模板安装和模板隐蔽工程验收。在模板安装过程中，螺栓紧固时要注意按先中间、后两边的原则依次拧紧螺栓。

课后练习题

一、理论题

（1）【单选题】预制剪力墙在转角处后浇节点连接，一般选用（　　）。

A．一字形模板　　B．L 形模板

C．T 形模板　　D．U 形模板

（2）【单选题】模板定位画线时，使用墨斗和卷尺，根据已有轴线或定位线引出（　　）mm 的控制线。

A．100 ～ 200　　B．100 ～ 500　　C．500 ～ 600　　D．200 ～ 500

（3）【单选题】在模板安装过程中，螺栓紧固时要注意（　　）依次拧紧螺栓。

A．先中间、后两边　　B．先两边、后中间

C．从上至下、从左至右　　D．从下至上、从右至左

二、实训题

1. 任务描述

在装配式虚拟仿真实训场中，根据模板安装任务单完成模板安装施工任务（表 5–5）。

表 5–5 "四色严线"模板安装施工任务单

任务名称	模板安装		
1 号指挥员	姓名	班级	小组编号
2 号主操员	姓名	班级	小组编号
3 号助理员	姓名	班级	小组编号

续表

任务名称	模板安装		
Q 4号质检员	姓名	班级	小组编号
5号考评员	姓名	班级	小组编号
施工平台	 图1　1+X模板施工考核平台		
施工图纸	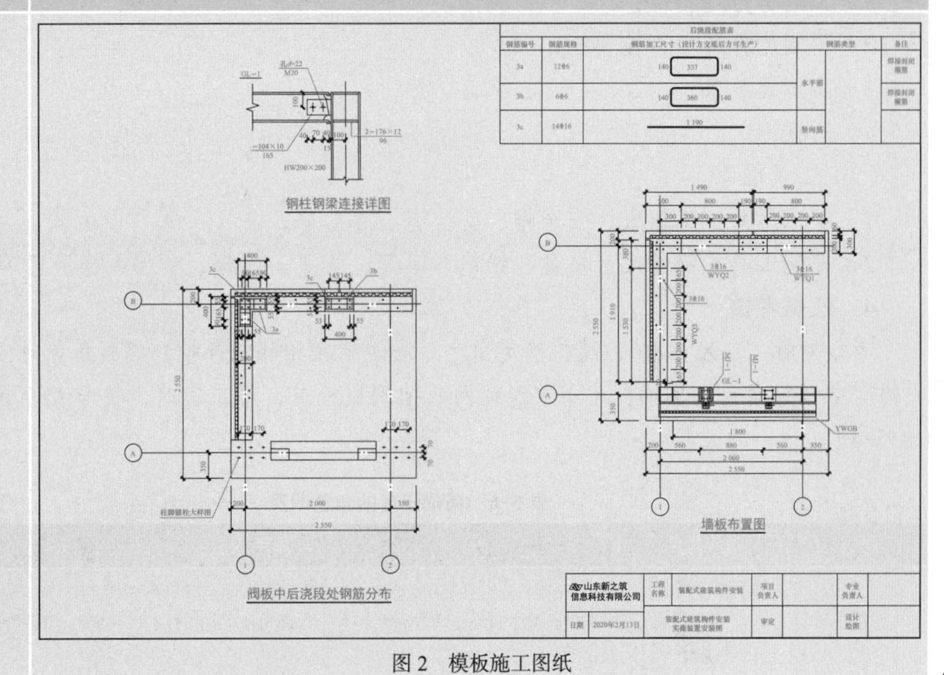 图2　模板施工图纸		

续表

任务名称	模板安装				
施工要求	1．合理分工，团队协作； 2．完成预制剪力墙模板安装施工，其中包括模板定位画线、模板选型及处理、模板安装、模板隐蔽工程验收等任务； 3．正确填写模板安装施工任务单				
施工项目					
序号	项目名称	工具名称			质量评价
1	模板定位画线				
2	模板选型及处理				
3	模板安装				
4	模板隐蔽工程验收				
审核企业				审核人签字	

2．任务分析

重点：

（1）模板选型及处理。

（2）模板安装施工流程。

难点：

模板安装螺栓紧固。

3．施工准备

（1）材料准备。

1）预制剪力墙构件；

2）预制构件节点连接模板；

3）防渗漏胶条；

4）脱模剂。

（2）工具准备。

1）劳保用品：工作服、安全帽、安全绳、手套等；

2）安装工具：钢卷尺、墨盒、铅笔、滚筒、扳手、螺栓、背楞、橡胶锤等。

4．任务考核

考核对标“1+X 标准”，随机确定角色。当学生在相邻任务抽到相同角色时，则与编号大的同学调换角色，例如：A 同学连续两次抽到质检员，第二次时，就与考评员交换角色（表 5–6）。

表 5–6　岗位任务的角色职责

号码	对应角色	角色职责
1 号	指挥员	负责整个任务过程指令下达，合理分工，及时纠正主操员错误操作

续表

号码	对应角色	角色职责
2号	主操员	负责主要施工操作
3号	助理员	负责配合2号主操员完成施工任务
4号	质检员 Q	负责质量验收、相关记录、规范填写任务验收单
5号	考评员	负责考核打分

（1）模板定位画线。

1）使用工具：钢卷尺、墨盒、铅笔等。

2）操作标准：正确使用墨斗，根据已有轴线或定位线引出200～500 mm的控制线，记录主控线长度和宽度数值，正确填写任务单。

3）质量标准：根据已有轴线或定位线引出200～500 mm的控制线，否则不合格。

（2）模板选型及处理。

1）使用工具：使用钢卷尺、滚筒等。

2）操作标准：

①粘贴防侧漏胶条。

②模板选型。

③粉刷脱模剂。

3）质量标准：

①操作符合以下要求，对应项目质量评价合格，否则为不合格：沿预制剪力墙后浇带连接侧周边及地面粘贴防侧漏胶条，要求粘贴平整、规则；根据图纸选择正确模板；正确使用滚筒在模板上涂刷脱模剂，要求均匀涂刷模板与混凝土接触面。

②所有项目质量评价均为合格，则预制剪力墙模板选型及处理综合评价为合格，否则为不合格。

（3）模板安装。

1）工具标准：使用工具扳手、螺栓、背楞、钢卷尺、橡胶锤等。

2）操作标准：

① 模板初固定。

② 模板位置矫正。

③ 模板终固定。

3）质量标准：

①所有项目质量评价均为合格、不合格。施工操作符合以下要求，对应项目质量评价为合格，否则为不合格。正确使用扳手、对拉螺栓、背楞初次固定墙板；使用钢卷尺检查模板安装位置是否符合要求，若误差大于10 mm，采用橡皮锤校正；模板安装位置矫正完成后，使用扳手将对拉螺栓进行依次终拧，进行模板终固定。

②整个施工过程操作均为合格，则预制剪力墙模板安装施工结果评价为合格，否则为不合格。

（4）模板隐蔽工程验收。

1）工具标准：使用工具钢卷尺、橡胶锤等。

2）操作标准：

①模板安装牢固程度检查。

②模板安装位置检查。

3）质量标准：

①所有项目质量评价均为合格、不合格。施工操作符合以下要求，对应项目质量评价为合格，否则为不合格。手动检查模板安装牢固程度，要求模板安装牢固、无松动；使用钢卷尺检查模板安装位置，要求与图纸相符，误差小于10 mm。

②整个施工过程操作均为合格，则预制剪力墙模板隐蔽工程验收场施工结果评价为合格，否则为不合格。

“四色严线”模板安装施工考核单见表5-7。

表5-7 “四色严线”模板安装施工考核单

考核项目	模板安装		
5号考评员	姓名	班级	小组编号
考评对象	1号指挥员	考核对象小组编号	
评价内容	配分	考核标准	得分
职业素养			
佩戴安全帽	5	①内衬圆周大小调节到头部稍有约束感为宜。 ②系好下颚带，下颚带应紧贴下颚，松紧以下颚有约束感，但不难受为宜。 ③均满足以上要求可得5分，否则总分计0分	
穿戴工装、手套	5	①劳保工装做的“统一、整齐、整洁”，并做的“三紧”，即领口紧、袖口紧、下摆紧，严禁卷袖口、卷裤腿等现象。 ②必须正确佩戴手套，方可进行实操考核。 ③均满足以上要求可得5分，否则总分计0分	

续表

考核项目	模板安装		
安全操作	5	①操作过程中严格按照安全文明生产规定操作，无恶意损坏工具、原材料且无因操作失误造成人员伤害等行为。 ②均满足以上要求可得 5 分，否则总分计 0 分	
场地清理	5	①归还工具放置原位，分类明确，摆放整齐。 ②回收可再利用材料，放置原位，分类明确，摆放整齐。 ③场地和模台清洁干净，无垃圾。 ④每漏一项扣 5 分	
职业能力			
弹控制线	10	①正确使用工具（钢卷尺、墨盒、铅笔），根据已有轴线或定位线引出 200 ~ 500 mm 控制线。 ②均满足以上要求可得 10 分，否则总分计不及格	
粘贴防侧漏、底漏胶条	10	正确使用材料（胶条）沿墙边竖直粘贴胶条，沿板顶模板位置粘贴胶条	
模板选型	10	正确使用工具（钢卷尺）和肉眼观察选择合适模板	
粉刷脱模剂	5	正确使用工具（滚筒）和材料（脱模剂），均匀涂刷与混凝土接触面	
模板初固定	5	正确使用工具（扳手、螺栓、背楞），依次按照背楞并用扳手初固定	
模板位置检查与校正	10	①正确使用工具（钢卷尺、橡胶锤），检查模板安装位置是否符合要求，若超出误差 > 1 cm，则用橡胶锤进行位置调整。 ②均满足以上要求可得 10 分，否则总分计不及格	
模板终固定	10	正确使用工具（扳手），对螺栓进行终拧	
模板牢固程度检查	10	正确使用工具（橡胶锤）检验是否牢固，并做记录	
模板安装位置检查	10	①正确使用工具（钢卷尺）检验是否符合要求，并做记录。 ②位置误差范围（10 mm，0），满足要求可得 10 分，否则总分计不及格	
总得分			

任务 5.3　打胶施工

1. 知识目标

（1）掌握封缝打胶施工流程；

（2）掌握封缝打胶施工要点；

（3）掌握封缝打胶质量验收标准。

2. 技能目标

（1）能正确运用打胶枪完成竖缝、水平缝打胶施工；

（2）能正确完成打胶施工质量验收。

3. 素质目标

（1）培养预制构件打胶施工过程中的安全、质量、环保、规范意识；

（2）养成吃苦耐劳的劳动精神、勇于创新的创新精神，培养立志科技强国的家国情怀；

（3）树立严格按照标准要求作业，注重效率、精益求精的工匠精神。

4. 素养提升

湖南省长沙市某小区2号栋住宅出现了大量的墙体渗水。通过该墙体渗水案例传授学生打胶施工质量的重要性，强调打胶施工的规范操作，培养学生严保工程质量的底线意识。

5.3.1 熟悉施工

墙板安装完毕，质量检查合格后，即可进行墙板防水接缝处理。板缝的防水构造（竖缝防水槽、水平缝防水台阶）必须完整，形状尺寸必须符合设计要求。如有损坏，应在墙板安装前用108胶水泥砂浆修补完好。

防水接缝处理注意事项如下。

（1）在下雨环境下禁止打胶，基层表面潮湿或有积水时，应用吹风机与毛巾将水渍与湿气弄干后在进行打胶作业。一定要保证基层干燥，且在施打作业完成后的180 min内不得进水。

（2）在做渗水试验前，水渍覆盖住的所有胶缝的位置必须保证已经过180 min以后，保证胶缝内的胶体已经充分干燥硬化，与基层已经完成紧密。

（3）打胶最好能一次成型，不得在一次施打过程中进行回枪施打。

（4）所施打的胶必须是弹性模量大的中性硅酮耐候密封胶，不要使用弹性模量小的结构胶，这样可以保证胶体成型后会有较强的弹性，有一定的变形能力，减少外界温度热胀冷缩导致的胶体与基层开裂。

（5）用打火机把玻璃嘴加热，捏扁，再以45° 一刀切，就能做出一个非常好用的玻璃嘴，它的作用在于增大刮口面积，减少出胶量，一边打一边刮，无溢出，很大程度上可以节省材料，按一下扳机就能够打出1 m以上，不存在连续按扳机造成玻璃胶衔接不上的问题，新手一样能打好玻璃胶。为了对付一些死角，还可以将两个玻璃嘴拼接起来或者加热弯成想要的形状。一般打平面用这个方法较好，而且这样的胶嘴打出的胶少，若打角则将胶嘴削成马蹄形出胶厚实。

（6）为了能让胶体与基层更紧密、更美观地结合。可以自己做一些胶嘴，将较薄的20线管用打火机烤软捏扁，冷却后将其切断套在原胶嘴上使用，当然也可以使用不锈钢和其他材料制作胶嘴。

5.3.2 施工准备

5.3.2.1 材料准备

1. 密封胶

UV 单组分 MS 密封胶：600 mL/ 支。

2. 界面处理剂

2006B（底涂）：500 mL/ 罐。

3. PE 泡沫棒

根据实际缝宽选择直径为 15 ～ 40 mm 的 PE 棒。

4. 美纹胶带

宽度 20 ～ 30 mm 的黏结性强的美纹胶带。

5.3.2.2 工具准备

1. 劳保用品

工作服、安全帽、安全绳、手套。

2. 施工工具

胶枪、剪刀、美工刀、毛刷、铲刀、刮刀等 。

图 5-21 所示为封缝打胶施工工具。

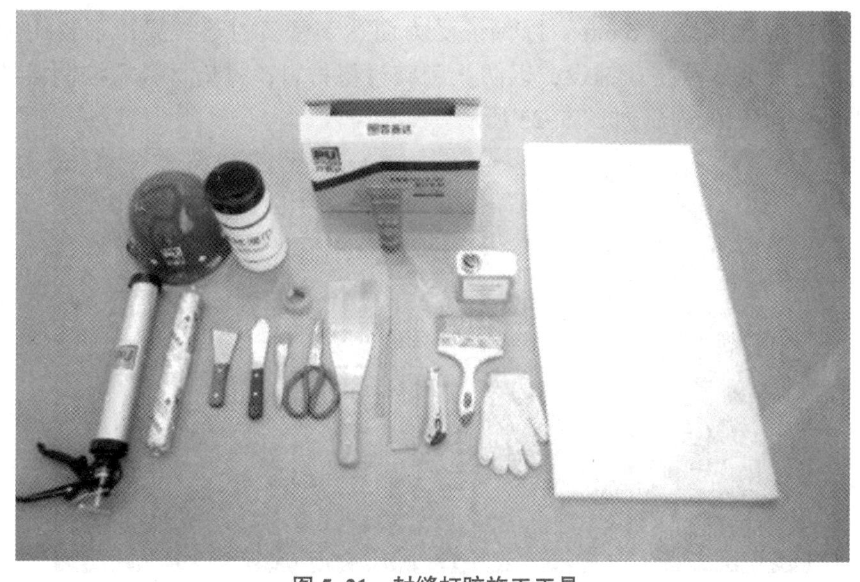

图 5-21 封缝打胶施工工具

5.3.3 施工工艺

打胶施工工艺流程

5.3.3.1 清理基层

清理接缝两侧灰尘、杂质等，确保显露施胶基面为原 PC 墙面，如图 5-22 所示。

图 5-22 基层清理施工

5.3.3.2 铺设垫层

衬垫材料应比接缝宽 5 mm，以保证受力而达到密实衬垫效果；不要用尖锐物品挤压，需要竹片或木片挤压铺设，以防止刺破衬垫材料；衬垫材料需控制接缝宽深比 2∶1，最低不小于 10 mm，如图 5-23 所示。

图 5-23 铺设垫层施工

5.3.3.3 贴美纹胶带

粘贴美纹胶带用于保护施胶缝两侧修饰平面；美纹胶带应贴紧贴实；美纹胶带应略往缝的混凝土边粘贴，以便修饰后更美观；粘贴破损处的混凝土基面时，应环绕破损处粘贴美纹胶带，如图 5-24 所示。

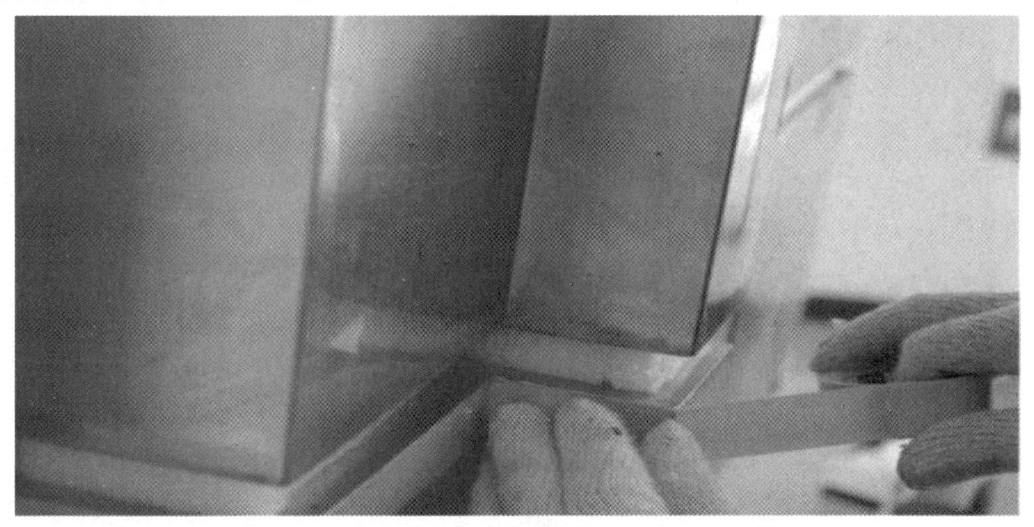

图 5-24 贴美纹胶带施工

5.3.3.4 涂刷底漆

涂刷底漆的毛刷应选用软质厚实羊毛刷，以便涂刷更高效；涂刷底漆应均匀，确保接缝两侧都涂刷到位，但不宜涂刷过厚，保证涂刷薄层均匀为宜，一般涂刷 3 次即可；底漆表干后（一般为 2 ～ 10 min）方可进行施胶操作；如涂刷超过 8 h，则需重新涂刷底漆再施胶，如图 5-25 所示。

图 5-25 涂刷底漆施工

5.3.3.5 打胶

按实际缝宽切好胶嘴，使出胶口略小于缝宽；将胶从底部自然往外挤压，并保证密封胶与接缝两侧贴实，不可有虚胶、漏胶现象；打胶宽度大于 40 mm，不能用其他材料封堵后再施工密封胶，应分两次打胶，如图 5-26 所示。

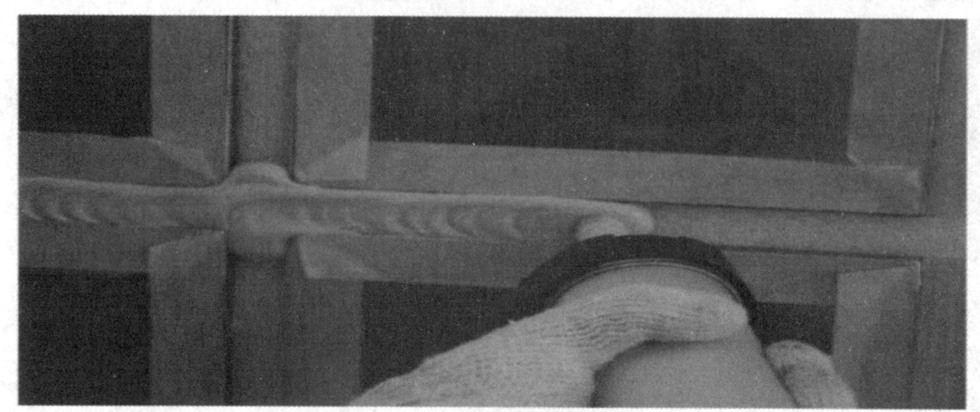

图 5-26 打胶施工

5.3.3.6 刮平修饰

根据实际要求选择适合的修饰方法（凹面法 / 凹槽法），确保加压部位饱满、密实，不结实的按压材料会影响黏结性能；十字缝先由上向下刮，然后向左、右两侧刮，这样才能保证胶的美观，如图 5-27 所示。

图 5-27 刮胶施工

5.3.3.7 清理归位

修饰完施胶面后，必须在胶表干前撕下美纹胶带，以防止胶体结皮后撕扯美纹胶带时带起胶体；撕美纹胶带时，美纹胶带与施胶基面大致成 45°，如图 5-28 所示。

图 5-28 清理归位施工

5.3.3.8 施工保护

可使用有机溶剂（酒精、天那水、稀释剂等）清洁接缝周边的污染物；施胶后在胶未深层固化前防止杂物碰刮密封胶，可贴标识、设置防护栏等措施，保证工地其他人员不破坏密封胶。施工成品如图 5-29 所示。

图 5-29 施工成品

5.3.4 施工要点

5.3.4.1 清理基层

1. 工具标准

角磨机。

2. 操作标准

使用角磨机，沿板缝方向自上而下清理浮浆。

3. 质量标准

无明显灰尘、杂质则项目质量评价为合格，否则为不合格。

5.3.4.2 铺设垫层

1. 使用工具

铲子。

2. 操作标准

（1）正确使用铲子按压 PE 棒。

（2）沿板缝填充 PE 棒；PE 棒必须顺直。

（3）PE 棒深入墙缝厚度 10 mm 以上。

3. 质量标准

（1）厚度在 10 mm 以上。

（2）平直顺，无刺破。

（3）所有项目质量评价均应为合格，否则为不合格。

5.3.4.3 贴美纹纸

1. 使用工具

美纹纸、剪刀。

2. 操作标准

沿板缝顺直粘贴。

3. 质量标准

（1）与板缝平齐。

（2）美缝纸不深入基层。

（3）所有项目质量评价均应为合格，否则为不合格。

5.3.4.4 涂刷底漆

1. 使用工具

毛刷、底涂液。

2. 操作标准

（1）使用毛刷涂刷底漆。

（2）必须沿板缝内侧均匀涂刷。

3. 质量标准

（1）涂刷均匀。

（2）内侧涂刷。

（3）所有项目质量评价均应为合格，否则为不合格。

5.3.4.5 打胶操作

1. 使用工具

打胶枪、密封胶。

2. 操作标准

（1）胶从底部自然往外挤压。

（2）并保证密封胶与接缝两侧贴实。

（3）胶面平整，厚度不小于 10 mm。

3. 质量标准

（1）不得有虚胶、漏胶现象。

（2）胶液饱满。

（3）所有项目质量评价均应为合格，否则为不合格。

5.3.4.6 刮平修饰

1. 使用工具

刮板。

2. 操作标准

沿板缝匀速刮平。

3. 质量标准

（1）不得反复操作。

（2）平直美观。

（3）所有项目质量评价均应为合格，否则为不合格。

5.3.4.7 清理归位

1. 使用工具

抹布、垃圾桶。

2. 操作标准

（1）将封缝打胶操作施工现场清理干净。

（2）所有工具归位。

3. 质量标准

（1）卫生状况良好。

（2）工具归位。

（3）所有项目质量评价均应为合格，否则为不合格。

任务小结

墙板安装完毕，质量检查合格后，即可进行墙板进行封缝打胶施工。打胶施工工艺流程包括清理基层、铺设垫层、贴美纹纸、涂刷底漆、打胶、刮平修饰和清理归位。打胶施工时要求将胶从底部自然往外挤压，保证密封胶与接缝两侧贴实，胶面平整，厚度不小于 10 mm；胶液饱满，不得有虚胶、漏胶现象。打胶完成后根据实际要求选择适合的修饰方法对打胶面刮平修饰，确保加压部位饱满、密实。十字缝先由上向下刮，然后向左、右两侧刮，这样才能保证胶的美观。

课后练习题

一、理论题

（1）【单选题】下列一定要进行封缝打胶施工工序的构件是（　　）。

A. 外挂墙板与外挂墙板之间

B. 预制剪力墙与外挂墙板之间

C. 内隔墙与外挂墙板之间

D. 预制建立墙与预制剪力墙之间

（2）【单选题】下列不适用于封缝打胶施工过程的一组工具是（　　）。

A. 打胶枪、吊篮、角磨机　　B. 钢丝刷、毛刷、填充 PE 棒

C. 美纹纸、底涂液、刮板　　D. 泡沫棒、安全带、铁锹

（3）【单选题】封缝打胶施工过程中，不符合规范要求的是（　　）。

A. 密封胶厚度不小于 10 mm

B. 为了保证密封胶的施工性能，接缝的宽度不大于 40 mm

C. 通常情况下，密封胶宽厚比为 2 ： 1，最小不低于 1 ： 1

D. 接缝宽度不能做太大，主要原因是容易造成密封胶浪费

打胶施工四色严线

二、实训题

1. 任务描述

在“1+X 装配式建筑构件制作与安装职业技能等级证书”考核平台完成十字缝打胶施工任务（表 5-8）。

表 5-8 “四色严线”封缝打胶施工任务单

任务名称	封缝打胶施工		
1 号指挥员	姓名	班级	小组编号
2 号主操员	姓名	班级	小组编号
3 号助理员	姓名	班级	小组编号
Q 4 号质检员	姓名	班级	小组编号
5 号考评员	姓名	班级	小组编号
施工平台	 图 1 1+X 封缝打胶考核平台		

续表

任务名称	封缝打胶施工		
施工要求	1．合理分工，团队协作； 2．完成封缝打胶施工，其中包括清理基层、铺设垫层、贴美纹胶带、涂刷底漆、打胶操作、刮平修饰、清理归位七个任务； 3．正确填写封缝打胶施工任务单		
施工项目			
序号	项目名称	工具名称	质量评价
1	清理基层		
2	铺设垫层		
3	贴美纹纸		
4	涂刷底漆		
5	打胶操作		
6	刮平修饰		
7	清理归位		
审核企业		审核人签字	

2．任务分析

重点：

（1）封缝打胶的施工流程。

（2）封缝打胶的施工要点。

难点：

如何确保不漏胶、不虚胶。

3．任务考核

考核对标“1+X 标准”，随机确定角色。当学生在相邻任务抽到相同角色时，则与编号大的同学调换角色，例如：A 同学连续两次抽到质检员，第二次时，就与考评员交换角色（表 5–9 和表 5–10）。

表 5–9　岗位任务的角色职责

号码	对应角色	角色职责
1 号	指挥员	负责整个任务过程指令下达，合理分工，及时纠正主操员错误操作
2 号	主操员	负责主要施工操作
3 号	助理员	负责配合 2 号主操员完成施工任务

续表

号码	对应角色	角色职责
4 号	质检员 Q	负责质量验收、相关记录、规范填写任务验收单
5 号	考评员	负责考核打分

表 5-10 “四色严线”封缝打胶施工考评单

考核项目	封缝打胶施工			
评价内容	配分	考核标准	“四色严线”培养目标	得分
职业素养				
佩戴安全帽	5	①内衬圆周大小调节到头部稍有约束感为宜。 ②系好下颚带，下颚带应紧贴下颚，松紧以下颚有约束感，但不难受为宜。 ③均满足以上要求可得 5 分，否则总分计 0 分	安全意识	
穿戴工装、手套	5	①劳保工装做的“统一、整齐、整洁”，并做的“三紧”，即领口紧、袖口紧、下摆紧，严禁卷袖口、卷裤腿等现象。 ②必须正确佩戴手套，方可进行实操考核。 ③均满足以上要求可得 5 分，否则总分计 0 分	安全意识	
安全操作	5	①操作过程中严格按照安全文明生产规定操作，无恶意损坏工具、原材料且无因操作失误造成人员伤害等行为。 ②均满足以上要求可得 5 分，否则总分计 0 分	安全意识	
场地清理	5	①归还工具放置原位，分类明确，摆放整齐。 ②回收可再利用材料，放置原位，分类明确，摆放整齐。 ③场地和模台清洁干净，无垃圾。 ④每漏一项扣 5 分	环保意识	
职业能力				
清理基层	10	检查有无灰尘、杂质	规范意识	
铺设垫层	10	厚度达到 10 mm 以上，同时平直顺，无刺破的要求	规范意识	
贴美纹胶带	5	达到与板缝平齐；美缝纸不深入基层的要求	规范意识	
涂刷底漆	5	检查涂刷是否均匀	规范意识	
打胶操作	20	①密封胶与接缝两侧贴实、胶液饱满的要求。 ②均满足以上要求可得 20 分，否则总分计不及格	质量意识	

续表

考核项目	封缝打胶施工			
刮平修饰	10	①达到平直美观的要求。 ②均满足以上要求可得 10 分，否则总分计不及格	质量意识	
清理归位	10	达到卫生状况良好、工具归位的要求	环保意识	
资料填写	10	规范填写、字迹清楚	规范意识	
总分（百分制）				

参 考 文 献

[1] 中华人民共和国住房和城乡建设部. GB/T 50010—2010（2024 年版）混凝结构设计标准 [S]. 北京：中国建筑工业出版社，2011.

[2] 中华人民共和国住房和城乡建设部. JGJ 355—2015（2023 年版）钢筋套筒灌浆连接应用技术规程 [S]. 北京：中国建筑工业出版社，2015.

[3] 中华人民共和国住房和城乡建设部. JGJ 1—2014 装配式混凝土结构技术规程 [S]. 北京：中国建筑工业出版社，2014.

[4] 上海隧道工程股份有限公司. 装配式建筑混凝土结构施工 [M]. 北京：中国建筑工业出版社，2016.

[5] 侯君伟. 装配式混凝土住宅工程施工手册 [M]. 北京：中国建筑工业出版社，2015.

[6] 中华人民共和国住房和城乡建设部. JG/T 408—2019 钢筋连接用套筒灌浆料 [S]. 北京：中国标准出版社，2020.

[7] 中华人民共和国住房和城乡建设部. JGJ 55—2011 普通混凝土配合比设计规程 [S]. 北京：中国建筑工业出版社，2011.

[8] 中华人民共和国住房和城乡建设部. JGJ 107—2016 钢筋机械连接技术规程 [S]. 北京：中国建筑工业出版社，2016.

[9] 中华人民共和国住房和城乡建设部. JGJ 130—2011 建筑施工扣件式钢管脚手架安全技术规范 [S]. 北京：中国建筑工业出版社，2011.

[10] 中华人民共和国住房和城乡建设部. JGJ 300—2013 建筑施工临时支撑结构技术规范 [S]. 北京：中国建筑工业出版社，2014.

[11] 中华人民共和国住房和城乡建设部. JGJ 59—2011 建筑施工安全检查标准 [S]. 北京：中国建筑工业出版社，2012.

[12] 中华人民共和国住房和城乡建设部. JGJ 162—2008 建筑施工模板安全技术规范 [S]. 北京：中国建筑工业出版社，2008.

[13] 中华人民共和国住房和城乡建设部. JGJ 196—2010 建筑施工塔式起重机安装、使用、拆卸安全技术规程 [S]. 北京：中国建筑工业出版社，2010.

[14] 中华人民共和国国家市场监督管理总局，中国国家标准化管理委员会. GB/T 5082—2019 起重机手势信号 [S]. 北京：中国标准出版社，2019.

[15] 中华人民共和国住房和城乡建设部. JGJ 80—2016 建筑施工高处作业安全技术规范 [S]. 北京：中国建筑工业出版社，2016.

[16] 中华人民共和国住房和城乡建设部. 15G365—1 预制混凝剪力墙外墙板 [S].

北京：中国计划出版社，2015.
[17] 中华人民共和国住房和城乡建设部. G310—1 ～ 2 装配式混凝土结构连接节点构造（2015 年合订本）[S]. 北京：中国计划出版社，2015.
[18] 中华人民共和国住房和城乡建设部. JG/T 225—2020 预应力混凝土用金属波纹管[S]. 北京：中国标准出版社，2020.
[19] 山东省住房和城乡建设厅，山东省市场监督管理局. DB37/T 5020—2023 装配整体式混凝土结构工程预制构件制作与验收标准[S]. 北京：中国计划出版社，2023.
[20] 中华人民共和国住房和城乡建设部. GB 50204—2015 混凝结构工程施工质量验收规范[S]. 北京：中国建筑工业出版社，2015.
[21] 中华人民共和国住房和城乡建设部. GB/T 50448—2015 水泥基灌浆料材料应用技术规范[S]. 北京：中国建筑工业出版社，2015.
[22] 江苏省市场监督管理局，江苏省住房和城乡建设厅. DB32/T 4301—2022 装配式结构工程施工质量验收规程[S]. 南京：江苏凤凰科学技术出版社，2022.
[23] 中华人民共和国住房和城乡建设部. 15G107—1 装配式混凝土结构表示方法及示例(剪力墙结构)[S]. 北京：中国计划出版社，2015.
[24] 中华人民共和国住房和城乡建设部. GB/T 51129—2017 装配式建筑评价标准[S]. 北京：中国建筑工业出版社，2018.
[25] 中华人民共和国住房和城乡建设部. 15J939—1 装配式混凝土结构住宅建筑设计示例(剪力墙结构)[S]. 北京：中国计划出版社，2015.